"十四五"职业教育国家规划教材

新编高等职业教育电子信息、机电类精品教材

电子应用技术项目教程

（第4版）

王彰云　谢兰清　主　编

王彩霞　张　琪　余　鹏　邓　卫　覃文石　副主编

陶　权　苏　伟　主　审

电子工業出版社

Publishing House of Electronics Industry

北京·BEIJING

内 容 简 介

本书依据电子应用技术课程教学大纲的要求，将教学内容按项目模块编写，以电子技术中的典型项目为载体，内容包括节能灯电路、直流稳压电源、扩音机电路、电冰箱冷藏室温控器、信号发生器、家用调光灯电路、救护车警笛电路、简单抢答器、电子表决器、一位十进制加法计算器、故障监测报警电路、由触发器构成的改进型抢答器、数字电子钟 13 个项目。以完成工作任务为主线，链接相应的理论知识和技能实训，融"做、学、教"为一体，充分体现了课程改革的新理念。书中穿插一些"小知识""小问答"等栏目，突出实际工作中的重点，使全书形式活泼。

本书实用性强，可作为高职高专院校电子、机电、电气、自动化等专业的教材，也可供从事相关工作的技术人员参考。

图书在版编目（CIP）数据

电子应用技术项目教程/王彰云，谢兰清主编. —4 版. —北京：电子工业出版社，2023.3
ISBN 978-7-121-45117-1

Ⅰ．①电… Ⅱ．①王… ②谢… Ⅲ．①电子技术–高等学校–教材 Ⅳ．①TN

中国国家版本馆 CIP 数据核字（2023）第 033168 号

责任编辑：王昭松　　　　　特约编辑：田学清
印　　刷：天津千鹤文化传播有限公司
装　　订：天津千鹤文化传播有限公司
出版发行：电子工业出版社
　　　　　北京市海淀区万寿路 173 信箱　　　邮编：100036
开　　本：787×1092　1/16　　印张：16.75　　字数：428.8 千字
版　　次：2009 年 2 月第 1 版
　　　　　2023 年 3 月第 4 版
印　　次：2025 年 1 月第 6 次印刷
定　　价：56.00 元

前　言

根据高职高专教育由"重视规模发展"转向"注重提高质量"的发展要求，教学应以培养就业市场为导向的具备职业化特征的高素质技能型人才为目标。本书编者结合教育部《关于全面提高高等职业教育教学质量的若干意见》（教高〔2006〕16号）精神，本着"以服务为宗旨、以就业为导向、以能力为本位"的指导思想，在深入开展以项目教学为主体的专业课程改革过程中，编写了本教材。通过到工厂、企业的生产一线进行广泛的专业调研，明确本书的编写以电子、机电、电气、自动化等专业学生的就业为导向，根据行业专家及企业技术人员对专业所涵盖的岗位进行工作任务和职业能力的分析，以电类专业共同具备的岗位职业能力为依据，遵循学生认知规律，紧密结合职业资格证书中对电子技能所提的要求，确定项目模块和课程内容。所有实践项目都与实际的电子产品或与电子产品的开发、设计、生产与维修的工作过程密切相关。

《电子应用技术项目教程》（第4版）根据教学及教学改革的需要，在第3版的基础上进行修订和完善。在"立德树人"视域下，以提高人才培养质量为目标，针对不同的学习项目增加了相应的思政目标及思政元素，实现知识传授、能力培养和价值引领的有机统一。同时增加了自我测试、微课视频、扫码看答案和新技术等栏目。

本书在如下方面体现了高职教育的特色。

（1）本书的编写打破了传统的章节划分的方法，构建了能力本位、项目引领、任务驱动的"做、学、教"一体化的项目化课程教学模式。彰显以人为本，以教师为主导、学生为主体的先进教育理念。

（2）校企双元合作开发了13个典型电子产品的设计与制作项目，构建了新型工作手册式的新形态教材，适合边教、边学、边做的教学方法。

（3）着眼应用。集成电路内容强调以应用为主，对集成电路内部电路分析不做要求，削减分立电路内容，突出集成电路内容。

（4）把握理论上的"度"。本书中的理论知识力图以"必需、够用"为度，注重技术，强调应用。

（5）可操作性强。本书的实践项目不仅实用性强，而且可操作性强。编者的教学实践表明，高职学生都能够在教师的指导下，很好地完成各项目的电路设计与制作工作，并使之实现相应的电路功能。

本书参考教学时间为80~98学时。参加本书编写的人员有谢兰清（编写项目8~项目13）、王彰云（编写项目 6、项目 7，开发配套数字教材）、王彩霞（编写项目 1、项目 2）、张琪（编写绪论和项目 3、项目 5）、李仕游（编写项目 4），余鹏、覃文石编写任务工单，杨梅生负责制作本书课件，谢兰清负责总体策划及全书统稿。

　　本书的思政目标和思政元素内容由思想政治教育专任教师邓卫进行设计和审核。广西区级教学名师、自动化类行业专家陶权教授担任主审，陶权教授在百忙之中对全部书稿进行了详细的审阅，并提出了许多宝贵意见，在此表示衷心感谢！本书的编写还得到了行业企业专家广西玉柴机器股份有限公司维修电工首席技能大师苏伟的支持，对项目的选择与提炼进行了具体的指导，并担任教材审阅工作，在此也表示衷心感谢！另外，在本书的编写过程中，编者参考了大量有关文献资料，在此对书后参考文献中所列的作者深表谢意。

　　由于编者水平有限，时间仓促，书中难免有疏漏及不妥之处，殷切希望使用本书的师生和读者批评指正。

编　者

目 录

绪　　论

一、电子技术的发展概况

电子技术的发展历程很短，迄今不过百年，但它却从根本上改变了世界的面貌，为人类生产和生活条件的改善做出了巨大的贡献。在 21 世纪，电子技术仍然充当着高新技术的领头羊。

纵观电子技术的发展历程，电子元器件的演变和发展推动了电子技术的发展。

第一代电子元器件是电子管。1904 年，英国科学家费莱明发明了真空二极管；1907 年，美国学者德福雷斯成功创造了真空三极管，这标志着人类控制电子、驯服电子和驾驭电子时代的开始；1925 年以后，陆续出现了性能更加完善的真空四极管、五极管及复合管，使得短波无线电通信迅速发展。

第二代电子元器件是晶体管。1948 年，美国科学家巴丁、布莱廷和肖克莱发明了世界上第一只晶体管，开创了电子元器件和电子设备小型化的新纪元。

第三代电子元器件是集成电路。20 世纪 60 年代初期集成电路问世，标志着人类进入了微电子时代。

第四代电子元器件是大规模集成电路。20 世纪 60 年代末期出现了包含 1000 个以上晶体管和元件的单块晶片。

第五代电子元器件是超大规模集成电路。1977 年，日本科学家在 6.1mm×5.8mm 的硅片上集成的晶体管个数超过 15 万个。

超大规模集成电路的出现，使过去占满一个大厅的、庞大笨重的电子设备现在可以缩小到衬衣纽扣大小的一块晶片上了。

根据摩尔定律，芯片的集成度每隔 18~24 个月就会增加 1 倍，这就相当于计算机的计算能力每年会增加 50%~60%。但是芯片之路还十分漫长，至少还有一个世纪的发展潜力。

随着电子技术的发展，新的电子元器件也在不断出现。1991 年，日本东京大学成功研制了钻石晶体管，这种晶体管不仅具有钻石特有的硬度，而且在 1000℃ 高温下也能正常工作；1991 年，我国 26 岁的留法博士生彭学舟成功试制了全塑晶体管，这种晶体管具有柔性，可制作比液晶显示屏更大的屏幕，且成本低、经济效益高。

二、电子技术的应用领域

电子技术的应用领域极为广泛。

在天文学方面，与电子学结合得最好的就是射电天文学，利用高灵敏度的毫米波或远红外的接收机来探测宇宙中各种物质所辐射的谱线，使人们进一步了解宇宙中存在的自然现象及其规律。

在地质学方面，普遍采用电子学中的遥感技术对地面、海面、地下、水下的资源、外貌和其他特性进行探测。

在生物学研究中，与电子学密切结合的是仿生电子学，机器人就是一例。1997 年，由日本本田技术研究所开发的机器人，拥有和人一样的外形，能够自如行走并可上下台阶，还可以用脚停住和踢开滚来的球等。

在工业生产和工程施工方面，电子技术可应用于生产和施工的综合自动化，也就是电子计算机化。

在交通运输的控制和自动化管理方面，电子技术可应用于运行车辆的调度、客票的预订等。

在医学方面，电子技术可应用于诊、断、治三个方面。利用"CT 技术"可观察人体内的病变；利用计算机可开出治疗方案和医嘱；利用 X 射线、激光等照射人体可以治疗癌症。

现代战争也是电子战、信息战，无人驾驶飞机实际上就是电子遥控飞机。

日常生活中的电视机、录音机、录像机、电风扇、洗衣机等都离不开电子技术。

三、模拟信号和数字信号

在我们周围存在着形形色色的物理量，尽管它们的性质各异，但就其变化规律的特点而言，不外乎两大类：模拟信号和数字信号，如图 0.1 和图 0.2 所示。

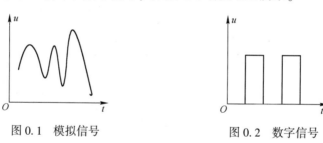

图 0.1　模拟信号　　　　　图 0.2　数字信号

1. 模拟信号

模拟信号是指数值随时间连续变化的信号。人们从自然界感知的许多物理量均具有模拟性质，如速度、压力、声音、温度等。在工程技术上，为了便于分析，常用传感器将模拟量转化为电流、电压或电阻等电学量，以便用电路进行分析和处理。传输、处理模拟信号的电路称为模拟电子电路，简称模拟电路。在模拟电路中主要研究输入、输出信号的大小、相位、失真等问题。

2. 数字信号

数字信号是指数值随时间不连续变化的信号，即数字信号具有离散性。交通信号灯控制电路、智力竞赛抢答电路及计算机键盘输入电路中的信号都是数字信号。对数字信号进行传输、处理的电子电路称为数字电子电路，简称数字电路。在数字电路中主要研究输入、输出信号之间的逻辑关系。

数字电路又称开关电路或逻辑电路，其利用半导体器件的开、关特性使电路输出高、低两种电平，从而控制事物相反的两种状态，如灯的亮和灭，开关的开和关，电机的转动和停止。数字电路中的信号只有高、低两种电平，分别用二进制数 1 和 0 表示，即数字信号都是由 0 和 1 组成的一串二进制代码。

现代电子技术的发展已经将模拟电子技术和数字电子技术融为一体，在一个电路甚至一块芯片中，可以将模拟信号和数字信号同时进行处理，如移动通信所使用的手机，就是将语音这样的模拟信号进行数字化处理后发射出去。

四、电子技术课程的特点

电子技术是高等职业技术院校电类专业的一门专业基础课程，同时是一门实践性很强的课程。本课程与数学、物理、电路分析等课程有着明显的区别，主要表现在工程性和实践性方面。

1. 工程性

在电子技术课程中，需要学会从工程的角度思考和处理问题。

（1）实际工程需要证明其可行性。本课程特别重视电子电路的定性分析，定性分析是对电路是否能够满足功能和性能要求的可行性分析。

（2）实践工程在满足基本性能指标的前提下总是允许存在一定的误差范围，这种计算称为"近似估算"。若确实需要精确求解，则读者可借助于各种 EDA 软件。

（3）近似分析要"合理"。在估算时必须考虑"研究的是什么问题？在什么条件下哪些参数可忽略不计？忽略的原因是什么？"也就是说，近似应有道理。

（4）估算不同的参数需要采用不同的模型、不同的条件；解决不同的问题应构造不同的等效模型。

2. 实践性

实用的电子电路几乎都要通过调试才能满足预期的指标，掌握常用电子仪器的使用方法、电子电路的测试方法、故障的判断和排除方法是教学的基本要求。了解各元器件参数对性能的影响是正确调试的前提，了解测试的原理是正确判断和排除故障的基础。

读者通过学习电子技术要达到"四会"。

（1）会认识和检测常用电子元器件。

（2）会认识和分析常用基本电子电路。

（3）会焊接和安装小型电子电器产品。

（4）会调试和维护小型电子系统。

五、现代电子技术的相关职业

很多领域都会应用到电子技术，目前，现代电子技术的相关职业主要有以下几类。

1. 电子工程技术人员

电子工程技术人员是指从事电子材料、电子元器件、微电子、雷达系统工程、广播视听设备、电子仪器等研究、设计、制造和使用维护的工程技术人员。

2. 通信工程技术人员

通信工程技术人员是指从事光纤通信、卫星通信、数字微波通信、无线和移动通信、通信交换系统、综合业务数字网（ISDN）和有线传输系统的研究、开发、设计、制造与使用维护的工程技术人员。

3. 计算机与应用工程技术人员

计算机与应用工程技术人员是指从事计算机硬件、软件、网络研究、设计、开发、调试、集成维护和管理的工程技术人员。

4. 电气工程技术人员

电气工程技术人员是指从事电机与电气、电力拖动与自动控制系统及装置、电线电缆电工材料等研究、开发、设计、制造、试验的工程技术人员。

5. 电力工程技术人员

电力工程技术人员是指从事电站与电力系统的研究、开发、设计、安装、运行、检修、管理的工程技术人员。

6. 电子专用设备装配调试人员

电子专用设备装配调试人员是指从事生产电子产品专用设备装配、调试的人员。

7. 仪器仪表装配人员

仪器仪表装配人员是指操作机械设备和使用工具、仪器仪表，进行测绘、电子、电工、光电、计时仪器仪表和工业自动化仪器仪表及装置等的装配人员。

8. 日用机械电器制造装配人员

日用机械电器制造装配人员是指从事日用机械电器部件、整机装配、调试和检测的人员。

9. 仪器仪表修理人员

仪器仪表修理人员是指使用工具、量具、仪器仪表及工艺装备，对力学、电子、光学、光电、分析测绘、医疗保健、工业自动化等相关设备和其他电子仪器仪表进行修理的人员。

10. 电子元器件制造人员

电子元器件制造人员是指从事真空电子器件、半导体分立器件、集成电路和液晶显示器件制造、装配、调试的人员；使用设备对阻容元件、电声元件、压电晶体和器件、控制元件、磁记录元件及印制电路板等电子元件进行制造、装配和调试的人员。

11. 电子设备装配调试人员

电子设备装配调试人员是指从事电子计算机、通信、传输和信息处理设备，广播视听设备、雷达、自动控制设备和电子仪器仪表的装配调试人员。

12. 电子产品维修人员

电子产品维修人员是指使用测试仪器仪表和工具，修理电子计算机、计算机外部设备和其他电子产品及仪器仪表的人员。

从事上述职业的人员需要具备的条件是掌握现代电子技术的基础知识。

六、电子技术的学习方法

电子技术具有很强的工程性和实践性，而且课程本身概念多、理论多、理论性强、原理抽象。因此读者在学习该课程时需要根据课程特点，采取有效的学习方法。

1. 抓基本概念

学习电子技术，理解是关键，这就要从基本概念抓起。基本概念的定义是不变的，要先知其意，再灵活应用。基本概念是进行分析和计算的前提，要学会定性分析，务必防止用所谓的严密数学推导掩盖问题的物理本质。读者在掌握基本概念、基本电路的基础上还应该掌握基本分析方法。不同类型的电路具有不同的功能，需要不同的参数，且有不同的求解方法。基本分析方法包括电路的识别方法、性能指标的估算方法和描述方法、电路形式及参数的选择方法等。

各种用途的电路千变万化，但它们具有共同的特点——所包含的基本原理和基本分析与设计方法是相通的。读者要学习的不是各种电路的简单罗列，不是死记硬背各种电路，而是掌握它们的基本概念、基本原理、基本分析与设计方法，只有这样才能对给出的任意一种电路进行分析，或者根据要求设计出满足实际需要的电子电路。

2. 抓规律，抓相互联系

电子技术内容繁多，总结规律十分重要。读者要先抓住问题是如何提出的，有什么矛盾，如何解决，然后进一步改进。具体而言，基本电路的组成原则是不变的，电路却是千变万化的，要注意记住电路的组成原则，而不是记住每个电路。每个项目都有其基本电路，掌握这些电路是学好该课程的关键。某种基本电路通常不是指某一电路，而是指具有相同功能和结构特征的所有电路。掌握它们至少应了解其生产背景、结构特点、性能特点及改进之处。

3. 抓重点，注重掌握功能部件的外部特性

数字集成电路的种类很多，各种电路的内部结构及内部工作过程千差万别，特别是大规模集成电路的内部结构更为复杂。学习这些电路时，不可能也没有必要一一记住它们，主要是了解电路的结构特点及工作原理，重点掌握它们的外部特性（主要是输入和输出之间的逻辑关系）和使用方法，并在此基础上正确地利用各类电路完成满足实际需要的逻辑设计。

4. 抓理论联系实际

电子技术是实践性很强的学科，一方面要注意理论联系实际，另一方面要多接触实际。在可能的条件下，读者可多做些电子制作实践，这样不仅便于掌握理论知识，而且能够提高解决问题的能力。

项目 1 节能灯电路的制作

■ 能力目标

（1）能根据电子元器件的外观、图形符号，进行正确识别。

（2）能运用万用表检测阻抗元件、二极管的极性和好坏。

（3）能正确选用电子元器件。

■ 知识目标

（1）了解阻抗元件的标称阻值与标志。

（2）理解 PN 结的形成及导电特性，了解二极管的结构；理解二极管的工作特性及主要参数；熟悉各种特殊二极管的符号、测试及实际应用。

■ 素质目标

（1）树立专业意识、前沿意识、工程意识等职业意识。

（2）理解国家节能环保、绿色发展的发展理念。

【任务工单】

工作任务		节能灯电路的制作				
姓名		班级		学号		日期	

📖 **学习情景**

　　扫一扫二维码观看《多用节能灯 省电省钱又环保》视频。

　　节能灯的特点是节能，在学习制作节能灯电路时，应明确节能的重要意义，树立生态文明的理念。可以从身边点滴小事做起，在衣、食、住、行、游等方面，践行简约适度的生活方式，让绿色低碳生活成为新时尚，如关紧水龙头、人走灯灭、节约用纸、自备环保购物袋等。同时努力学习，提高技能，进行绿色低碳技术的创新，创造出更多节能低耗产品，以实际行动推动形成绿色发展方式。图 1.1 所示为一个 LED 节能灯电路的原理图。

多用节能灯
省电省钱又环保

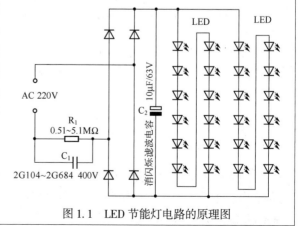

图 1.1　LED 节能灯电路的原理图

学习目标

1. 熟悉 LED 节能灯电路的组成及工作原理。
2. 会正确选用及检测阻抗元件、二极管等电子元器件。
3. 能熟练使用电子焊接工具，完成节能灯电路的装接。

任务要求

1. 各小组制订工作计划。
2. 识别节能灯电路原理图，明确元器件连接和电路连线。
3. 画出装配图。
4. 完成电路所需元器件的购买与检测。
5. 根据装配图制作节能灯电路。
6. 完成节能灯电路功能检测和故障排除。
7. 通过小组讨论完成电路的详细分析并撰写任务工单。

任务分组

班级		组号		分工
组长		学号		
组员		学号		
组员		学号		

获取信息

认真阅读任务要求，理解工作任务内容，明确工作任务目标，为顺利完成工作任务、回答引导问题，做好充分的知识准备、技能准备和工具耗材的准备，同时拟订任务实施计划。

在图 1.1 中，LED 节能灯使用 220V 电源供电，工作原理非常简单，采用电容 C_1 降压，不消耗电能、不发热、效果好。R_1 为高压泄流电阻，该电阻可以装也可以不装，主要是为了给电容放电，防止触电伤人。220V 交流电经 C_1 降压后，经二极管全波桥式整流，并通过 C_2（消闪烁滤波电容）滤波后给两组 LED 提供恒流电源，每组串联 12 个 LED。C_2 用来防止开灯时的冲击电流对 LED 的损坏，因为 C_1 的存在，所以开灯的瞬间它会产生一个很大的充电电流，该电流流过 LED 将会对 LED 产生损坏，有了 C_2 的介入，可以起到开灯防冲击的保护作用。该电路的优点是恒流源、电源功耗小、体积小、电路简单、经济、实用。

引导问题

1. LED 的全称是（　　　　　　　）。一般有（　　　）、（　　　）、（　　　）、红光等光源。
2. 图 1.1 中，电容 C_1 的作用是（　　　　　　　），电阻 R_1 的作用是（　　　　　　　）。
3. 图 1.1 中，LED 节能灯的组成为（　　）、（　　）、（　　）等电路。

工作计划

工序步骤安排

序号	工作内容	计划用时	备注

进行决策

1. 各小组派代表阐述设计方案。

2. 各小组对其他小组的设计方案提出自己的看法。

3. 教师对大家完成的方案进行点评,选出最佳方案。

工作实施

1. 确定元器件需求。根据电路设计方案、芯片选型方案、元器件参数,填写元器件需求明细表。

元器件需求明细表

序号	名称	规格型号	数量
1	灯杯	螺口、电镀玻璃反光	1 个
2	玻璃	圆形、透明	1 个
3	电路板	双面、0.8mm	1 块
4	LED	白光、通孔式	24 个
5	电阻器(电位器)	0.51~5.1MΩ	1 个
6	涤纶电容	2G104~2G684	1 个
7	二极管	1N4007	4 个
8	消闪烁滤波电容	10μF/63V	1 个

2. 安装。按正确方法检测元器件,参照图 1.2 连接线路。使用电烙铁焊接电路。

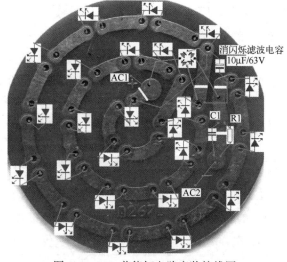

图 1.2　LED 节能灯电路安装接线图

3. 功能测试。通电后，LED 节能灯是否被点亮。

课堂讨论

在完成电路焊接和功能测试时，发现其中一组 LED 中 2 个 LED 的灯珠焊点接不好，导致只有一半的灯珠亮，这个问题说明了什么？

课程思政

通过观看白炽灯和 LED 节能灯的耗电量视频，请谈谈对节能减排、绿色发展的看法？

评价反馈

评分表

班级		姓名		学号		小组	
学习任务名称							
自我评价	1	6S 管理				□符合　□不符合	
	2	能准时上、下课				□符合　□不符合	
	3	着装符合职业规范				□符合　□不符合	
	4	能独立完成工作页填写				□符合　□不符合	
	5	利用教材、课件和网络资源等查找有效信息				□符合　□不符合	
	6	能正确使用工具及设备				□符合　□不符合	
	7	能制订合理的任务计划及人员分工				□符合　□不符合	
	8	工作过程中材料工具能摆放整齐				□符合　□不符合	
	9	工作过程中自觉遵守安全用电规划				□符合　□不符合	
	10	工作完成后自觉整理、清理工位				□符合　□不符合	
	学习效果自我评价等级： 评价人签名：					□优秀　□良好 □合格　□不合格	
小组评价	11	能在小组内积极发言，出谋划策				□能　□不能	
	12	能积极配合小组成员完成工作任务				□优秀　□良好 □合格　□不合格	
	13	能积极完成所分配的任务				□优秀　□良好 □合格　□不合格	
	14	能清晰表达自己的观点				□能　□不能	
	15	具有安全、规划和环保意识				□能　□不能	
	16	遵守课堂纪律，不做与课程无关的事情				□能　□不能	
	17	自觉维护教学仪器设备完好性				□能　□不能	
	18	任务是否按时完成				□是　□否	
	19	能撰写个人任务学习小结				□优秀　□良好 □合格　□不合格	
	20	是否保持设备、工具完好或造成设备、工具可修复性损坏				□是　□不是	
	学习效果小组评价等级： 小组评分人签名：					□优秀　□良好 □合格　□不合格	

续表

	21	能进行学习准备	□能	□不能
教师评价	22	引导问题填写	□优秀	□良好
			□合格	□不合格
	23	是否规划操作	□是	□不是
	24	完成质量	□优秀	□良好
			□合格	□不合格
	25	关键操作要领掌握	□优秀	□良好
			□合格	□不合格
	26	完成速度	□按时	□不按时
	27	6S管理、环保节能	□符合	□不符合
	28	参与讨论主动性	□能	□不能
	29	能沟通协作	□能	□不能
	30	展示汇报	□优秀	□良好
			□合格	□不合格

教师评价等级: 评语: 　　　　　　　　　　　指导教师:	□优秀　　□良好 □合格　　□不合格

学生综合成绩评定:	□优秀　　□良好 □合格　　□不合格

评价实施说明	1. 在任务实施过程中未出现人身伤害事故或设备严重损坏的前提下进行评价。 2. 评价方法。 　（1）自我评价：1~10项中，能达到9项及以上为优，能达到7项及以上为良，能达到6项及以上为合格，低于6项为不合格。 　（2）小组评价：11~20项中，能达到9项及以上为优，能达到7项及以上为良，能达到6项及以上为合格，低于6项为不合格。 　（3）教师评价：21~30项中，能达到9项及以上为优，能达到7项及以上为良，能达到6项及以上为合格，低于6项为不合格。 　（4）学生个人综合成绩评定：教师根据学生自我评价、小组评价、教师评价及课堂记录，对每个学生工作任务完成情况进行综合等级评价，综合评价等级与分数的对应关系为 　　优：90分及以上，良：75~89分，合格：60~74分，不合格：60分以下

1.1 【知识链接】 电阻器

　　电阻器（简称电阻）是电气、电子设备中使用率最高的基本元件之一，主要用于控制和调节电器中的电流和电压，或者用作消耗电能的负载。任何电子电路都是由元器件组成的，电阻、电容、电感和半导体器件（二极管、三极管、集成电路等）是电工与电子技术中常用的元器件，也是电子产品中用得最多的元器件。为了正确地选择和使用这些元器件，必须了解它们的一些基本常识。下面就它们的型号命名方法、主要技术指标、标识方法等做简单介绍。

　　电阻按构成材料的不同分为合金型电阻、薄膜型电阻、合成型电阻等类型；按结构的不同分为固定电阻、可变电阻和电位器等。电阻的实物图如图 1.3 所示，其图形符号如图 1.4 所示。

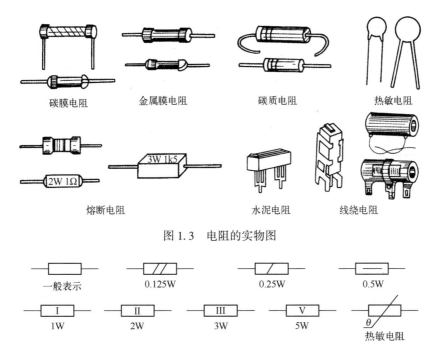

图 1.3 电阻的实物图

图 1.4 电阻的图形符号

1.1.1 电阻的型号命名方法

电阻的型号由四部分组成，其命名方法如图 1.5 所示。

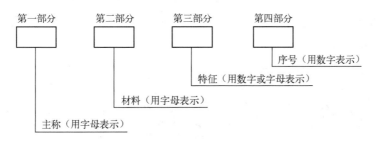

图 1.5 电阻的型号命名方法

电阻的名称、材料和特征等各部分符号意义如表 1.1 所示。

表 1.1 电阻的名称、材料和特征等各部分符号意义

第一部分 （用字母表示名称）		第二部分 （用字母表示材料）		第三部分 （用数字或字母表示特征）		第四部分 （用数字表示序号）
符号	意义	符号	意义	符号	意义	
R	电阻	T	碳膜	1	普通	
W	电位器	P	硼碳膜	2	普通	

续表

第一部分 (用字母表示名称)		第二部分 (用字母表示材料)		第三部分 (用数字或字母表示特征)		第四部分 (用数字表示序号)
符号	意义	符号	意义	符号	意义	
		U	硅碳膜	3	超高频	
		H	合成膜	4	高阻	
		I	玻璃釉膜	5	高温	
		J	金属膜（箔）	7	精密	
		Y	氧化膜	8	电阻器：高压；电位器：特殊	
		S	有机实心	9	特殊	
		N	无机实心	G	高功率	
		X	线绕	T	可调	
		C	沉积膜	X	小型	
		G	光敏	L	测量用	
				W	微调	
				D	多圈	

示例：

R J 2 1 – 0.25 – 8.2k Ⅱ

主称：电阻
材料：金属膜
特征：普通
序号：1

额定功率：1/4W
标称阻值：8.2kΩ
允许误差：Ⅱ级 ±10%

1.1.2　电阻的主要参数

电阻的参数很多，通常考虑标称阻值、允许误差和额定功率等。对有特殊要求的电阻还应考虑它的温度系数和稳定性、最大工作电压、噪声和高频特性（高频下电阻的寄生电感和寄生电容影响）等。

1. 标称阻值与允许误差

电阻的标称阻值及允许误差有 E6、E12、E24、E48、E96、E192 六个系列，表 1.2 列出了 E24、E12 和 E6 三个系列的标称阻值及允许误差。标称阻值可以乘以 10^n 加以扩展，如 3.9 这个标称阻值，可扩展为 3.9Ω、39Ω、390Ω、3.9kΩ 等。

表 1.2　三个系列的电阻的标称阻值

系　　列	允许误差	标称阻值											
E24	Ⅰ级±5%	1.0	1.1	1.2	1.3	1.5	1.6	1.8	2.0	2.2	2.4	2.7	3.0	3.3
		3.6	3.9	4.3	4.7	5.1	5.6	6.2	6.8	7.5	8.2	9.1	
E12	Ⅱ级±10%	1.0	1.2	1.5	1.8	2.2	2.7	3.3	3.9	4.7	5.6	6.8	8.2	
E6	Ⅲ级±20%	1.0	1.5	2.2	3.3	4.7	6.8							

电阻的标称阻值和实测值之间允许的最大偏差范围叫作电阻的允许误差。通常电阻的允许误差分为三级：Ⅰ级允许误差为±5%，Ⅱ级允许误差为±10%，Ⅲ级允许误差为±20%。

电阻的标称阻值和允许误差一般都标注在电阻体上，常用标注方法有以下几种。

（1）直标法。在电阻表面用阿拉伯数字和单位符号直接标出，如图 1.6 所示。

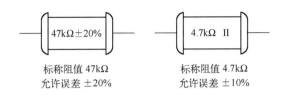

标称阻值 47kΩ　　　　　标称阻值 4.7kΩ
允许误差 ±20%　　　　　允许误差 ±10%

图 1.6　直标法

 小知识

　　若电阻表面未标出其允许误差，则表示允许误差为±20%；若直标法未标出单位，则其单位为 Ω。

（2）文字符号法。用阿拉伯数字和文字按一定规则组合标出。符号前面的数字表示整数，后面的数字依次表示第一位小数和第二位小数，如图 1.7 所示。

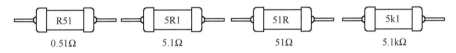

R51　　　　　5R1　　　　　51R　　　　　5k1
0.51Ω　　　　5.1Ω　　　　　51Ω　　　　　5.1kΩ

图 1.7　文字符号法

例如，5R1 表示 5.1Ω，5k1 表示 5.1kΩ。

（3）数码法。当阻值大于或等于 10Ω 时，用三位阿拉伯数字表示，前两位表示阻值的有效数字，第三位表示有效数字后零的个数。例如，100 表示 10Ω，102 表示 1000Ω。

（4）色环标注法。用不同的色环标注在电阻上，以标明电阻的标称阻值和允许误差。电阻的色环标注符号意义如表 1.3 所示。

表 1.3　电阻的色环标注符号意义

颜　　色	有 效 数 字	倍 乘 数	允许误差（%）
金	—	10^{-1}	±5
银	—	10^{-2}	±10
黑	0	10^{0}	—
棕	1	10^{1}	±1
红	2	10^{2}	±2
橙	3	10^{3}	—
黄	4	10^{4}	—
绿	5	10^{5}	±0.5
蓝	6	10^{6}	±0.25
紫	7	10^{7}	±0.1
灰	8	10^{8}	—

续表

颜　色	有效数字	倍　乘　数	允许误差（%）
白	9	10^9	$-20 \sim +50$
无色	—	—	± 20

常见的色环标注法有四色环法和五色环法两种。四色环法一般用于普通电阻标注，五色环法一般用于精密电阻标注。四色环电阻的色环标注意义：从左至右第一、二位色环表示有效数字，第三位色环表示倍乘数，即有效数字后面零的个数，第四位色环表示允许误差，如图 1.8（a）所示。若某电阻上的色环依次为绿、黑、橙、无色，则其阻值为 $50\Omega \times 1000 = 50k\Omega$，允许误差为 $\pm 20\%$；若某电阻上的色环依次为棕、黑、金、金，则其阻值为 $10\Omega \times 0.1 = 1\Omega$，允许误差为 $\pm 5\%$。

五色环电阻的色环标注意义：从左至右第一、二、三位色环表示有效数字，第四位色环表示倍乘数，第五位色环表示允许误差，如图 1.8（b）所示。若某电阻上的色环依次为棕、蓝、绿、黑、棕，则表示 $165\Omega \pm 1\%$ 的电阻。

（a）四色环电阻器　　　　　　　　（b）五色环电阻器

图 1.8　电阻的色环标注意义

2. 额定功率

电阻的额定功率是指在规定的环境温度和湿度下，电阻长期连续工作并能满足规定的性能要求时，所允许耗散的最大功率。电阻的额定功率在图形符号上的标注如图 1.4 所示。

 自我测试 1

自我测试 1

1.（多选题）在某电阻上用数码标注 103，请问此电阻的标称阻值是（　　　）。

A. 103Ω　　　　　　　B. 10000Ω　　　　　　　C. $10k\Omega$　　　　　　　D. $103k\Omega$

2.（多选题）某电阻上的色环依次为棕、黑、红、金，则该电阻的标称阻值及允许误差分别为（　　　）。

　　A. 1000Ω，$\pm 5\%$　　　　　　　　　　　　B. $1k\Omega$，$\pm 5\%$

　　C. 100Ω，$\pm 10\%$　　　　　　　　　　　　D. $1k\Omega$，$\pm 20\%$

3.（多选题）在某电阻上用文字符号标注 2k7，则此电阻的标称阻值是（　　　）。

A. $2.7k\Omega$　　　　　　B. 27Ω　　　　　　　C. 2700Ω　　　　　　　D. 2.7Ω

4.（多选题）某电阻上的色环依次为棕、红、黄、金，则该电阻的标称阻值及允许误差分别为（　　　）。

　　A. 120Ω，$\pm 5\%$　　　　　　　　　　　　B. $120k\Omega$，$\pm 10\%$

　　C. 120kΩ，±5%　　　　　　　　　　　　D. 120000Ω，±5%

　　5. （单选题）某电阻上的色环依次为棕、棕、红、银，则该电阻的标称阻值及允许误差分别为（　　　）。

　　A. 1000Ω，±5%　　　　　　　　　　　　B. 1100Ω，±10%

　　C. 2000Ω，±10%　　　　　　　　　　　　D. 2200Ω，±20%

1.1.3　电位器

　　电位器是通过旋转轴或滑动臂来调节阻值的可变电阻。电位器有三个引出端，一个为滑动端，另外两个为固定端，滑动端运动时使其阻值在标称阻值范围内变化。

　　电位器种类很多，有碳膜电位器、有机实心电位器、线绕电位器等。碳膜电位器应用较广泛，在收录机、电视机等电子产品中，用作音量、音调、电压、亮度、对比度、聚焦等调节。电位器从外形结构分为带开关电位器和不带开关电位器（带开关电位器有推拉式和旋柄式两种）、双联电位器和单联电位器等。常见电位器的图形符号及外形如图1.9所示。

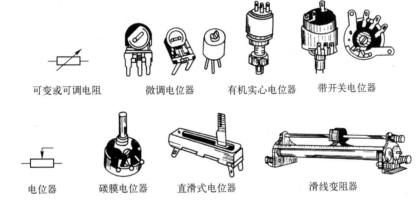

可变或可调电阻　　　微调电位器　　　有机实心电位器　　　带开关电位器

电位器　　　碳膜电位器　　　直滑式电位器　　　滑线变阻器

图 1.9　常见电位器的图形符号及外形

1.1.4　电阻的检测

　　电阻的主要故障有过流烧毁（大多开路）、变值、断裂、引脚脱焊等。电位器还经常出现滑动头与电阻片接触不良等情况。

　　电阻的检测方法有以下几种。

1. 观察外表

　　电阻应标志清晰，保护层完好，帽盖与电阻体结合紧密，无断裂和烧焦现象。电位器应转动灵活，手感接触均匀；若带有开关，则应听到开关接通时清脆的"叭哒"声。

2. 用万用表欧姆挡检测电阻的标称阻值

　　用此法检测时需要注意以下几点。

　　（1）对焊接在电路中的电阻进行检测时，必须关掉电源。

　　（2）将电阻的一个连接端从电路中焊下，消除相连元器件对被测电阻的影响。

（3）测量者的手不能同时触及被测电阻的两端。

用万用表检测电阻如图 1.10 所示。用万用表检测电位器如图 1.11 所示。

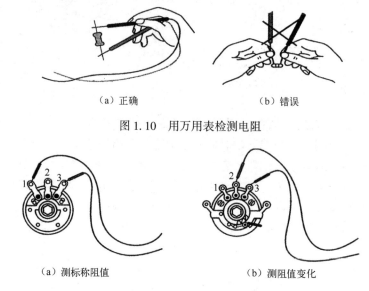

（a）正确　　　　　　　　　　（b）错误

图 1.10　用万用表检测电阻

（a）测标称阻值　　　　　　　　　　（b）测阻值变化

图 1.11　用万用表检测电位器

对电位器尚需检测滑动头与电阻片接触是否良好，可先将万用表的两个表笔分别与滑动头和任一固定接头相连，然后旋动电位器把柄，观察其阻值的变化是否连续均匀。

3. 用万用表电压挡检测电阻性能

此法可在电路带电情况下进行检测。通过测量电阻两端电压，根据欧姆定律分析电阻性能的好坏。

1.2　【知识链接】　电容器

电容器（简称电容）也是组成电子电路和设备的基本元器件之一，利用电容充电、放电和隔直流、通交流的特性，在电路中可用于交流耦合、滤波、隔直、延时、交流旁路和组成振荡电路等。电容的外形及图形符号如图 1.12 所示。

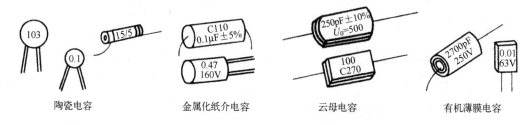

陶瓷电容　　　　　　金属化纸介电容　　　　　　云母电容　　　　　　有机薄膜电容

图 1.12　电容的外形及图形符号

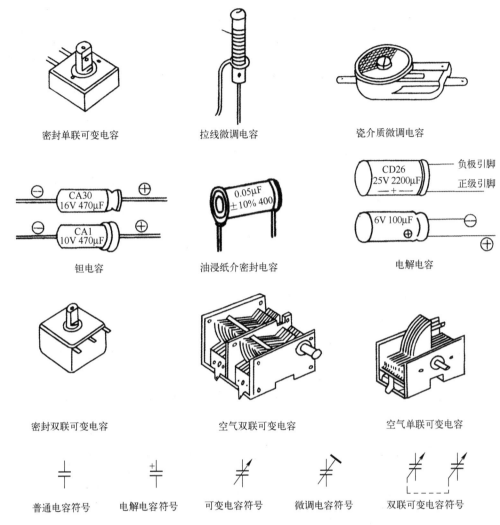

图 1.12 电容的外形及图形符号（续）

1.2.1 电容的型号命名方法

国产电容的型号一般由四部分组成，各部分的符号意义如表 1.4 所示。电容的型号命名方法如图 1.13 所示。

表 1.4 电容的名称、材料和特征符号意义

第一部分 （用字母表示名称）		第二部分 （用字母表示材料）		第三部分 （用字母或数字表示特征）						
					意义					
符号	意义	符号	意义	数字	瓷介	云母	有机	电解	字母	意义
C	电容	A	钽电解	1	圆形	非密封	非密封	箔式	G	高功率
		B	聚苯乙烯有机薄膜	2	管形	非密封	非密封	箔式	T	
		C	高频陶瓷	3	叠片	密封	密封	烧结粉，非固体	W	微调

续表

第一部分 (用字母表示名称)		第二部分 (用字母表示材料)		第三部分 (用字母或数字表示特征)						
符号	意义	符号	意义	数字	意义				字母	意义
					瓷介	云母	有机	电解		
		D	铝电解	4	独石	密封	密封	烧结粉,固体		
		E	其他材料电解	5	穿心		穿心			
		G	合金电解	6	支柱					
		H	纸膜复合	7				无极性		
		I	玻璃釉	8	高压	高压	高压			
		J	金属化纸介	9			特殊	特殊		
		L	聚酯涤纶有机薄膜							
		N	铌电解							
		O	玻璃膜							
		Q	漆膜							
		ST	低频陶瓷							
		VX	云母纸							
		Y	云母							
		Z	纸							

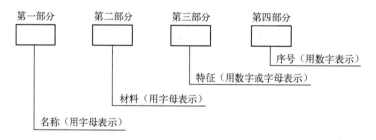

图 1.13　电容的型号命名方法

示例：

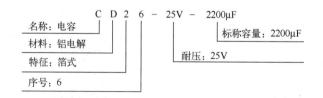

1.2.2　电容的主要参数

电容的主要参数有标称容量、允许误差、额定直流工作电压和绝缘电阻等。

1. 标称容量和允许误差

电容的标称容量系列同电阻采用的系列相同，即 E6、E12、E24 系列。

电容的允许误差一般分为三级，即 Ⅰ 级允许误差为±5%，Ⅱ 级允许误差为±10%，Ⅲ 级允许误差为±20%。而电解电容的允许误差用 J 表示允许误差为±5%；K 表示允许误差为±10%；M 表示允许误差为±20%。

电容的标称容量和允许误差都标注在电容上。其标注方法有以下几种。

（1）直标法。将标称容量及允许误差直接标注在电容上，如图 1.14（a）所示。

小知识

> 用直标法标注的标称容量，有时电容上不标注其单位，其识读方法为：凡数值大于 1 的无极性电容，其标称容量单位为 pF，如 4700 表示标称容量为 4700pF；凡数值小于 1 的电容，其标称容量单位为 μF，如 0.01 表示标称容量为 0.01μF；凡有极性电容，其标称容量单位是 μF，如 10 表示标称容量为 10μF。

（2）文字符号法。将标称容量的整数部分标注在其单位词头符号前面，标称容量的小数部分标注在其单位词头符号后面，标称容量单位词头符号所占位置就是小数点的位置，如 4n7 就表示标称容量为 4.7nF（4700pF），如图 1.14（b）所示。若在数字前标注有 R 字样，则标称容量为零点几微法，如 R47 就表示标称容量为 0.47μF。

（3）数码表示法。用三位数字表示电容标称容量大小，其中前两位数字为电容标称容量的有效数字，第三位数字表示有效数字后面零的个数，单位是 pF，如 103 就表示标称容量为 10×10^3 pF。若第三位数字是"9"，则有效数字应乘以 10^{-1}，如 229 就表示标称容量为 22×10^{-1} pF。

你知道吗？

> 数码表示法与直标法对初学者来讲，比较容易混淆，其区别方法为，直标法的第三位有效数字一般为 0，而数码表示法的第三位有效数字则不为 0。

（4）色环标注法。电容的色环标注法原则与电阻相同，颜色意义也与电阻基本相同，其标称容量单位为 pF。当电容引脚同向时，色环的识别顺序是从上到下，如图 1.14（c）所示，表示标称容量为 4700pF。

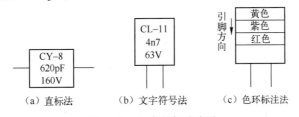

（a）直标法　　　（b）文字符号法　　　（c）色环标注法

图 1.14　电容的标注方法

2. 额定直流工作电压（耐压）

电容的额定直流工作电压是表示电容接入电路后，能长期连续可靠地工作，不被击穿时所能承受的最大直流电压。电容在使用时其电压绝对不允许超过耐压，否则就会被损坏或被击穿，甚至电容本身会爆裂。

如果电容接入交流电路，那么其电压最大值不能超过耐压。

3. 绝缘电阻

绝缘电阻是表示电容绝缘性能好坏的一个重要参数，其大小取决于介质绝缘质量的优劣及电容的结构、制造工艺。电容的绝缘电阻越大越好，当电容两极加上直流电压时，绝缘电阻越大，两极之间产生的漏电流越小；反之，则漏电流越大。

1.2.3 电容的检测

电容的质量优劣主要表现在容量和绝缘电阻。利用万用表的欧姆挡可以简单地测出电容的优劣，粗略地辨别其漏电、容量衰减或失效的情况。

具体方法：根据电容的容量选用合适的量程，在一般情况下，$1 \sim 47\mu F$ 的电容，可用 R×1k 挡测量，大于 $47\mu F$ 的电容可用 R×100 挡测量。将黑表笔接电容正极，红表笔接电容负极，若指针摆动大，且返回慢，返回位置接近∞，则说明该电容正常，且容量大；若指针摆动大，但返回时指针显示的值较小，则说明该电容的绝缘电阻小，漏电流大；若指针摆动大，接近于 0，且不返回，则说明该电容内部短路；若指针不摆动，则说明该电容内部开路，电容失效。

对于正、负极标志不明的电解电容，可利用上述测量绝缘电阻的方法加以判别。先任意测一下绝缘电阻，记住其大小，然后交换表笔测出另一个电阻，两次测量中电阻大的那一次便是正向接法，即黑表笔接的是电解电容正极，红表笔接的是电解电容负极。

可变电容的检测方法如下。

（1）用手缓慢旋动转轴，应感觉十分平滑，不应有时松时紧甚至卡滞的现象。将转轴向前、后、上、下、左、右等各个方向推动时，转轴不应摇动。

（2）一只手旋动转轴，另一只手轻摸动片组的外缘，不应有任何松脱现象。转轴与动片组之间接触不良的可变电容，不能继续使用。

（3）将万用表置于 R×10k 挡，一只手将两个表笔分别接可变电容的动片和定片的引出端，另一只手将转轴缓缓来回旋动，万用表指针都应在∞位置不动。若指针有时指向 0，则说明动片和定片之间存在短路点；若旋到某一角度，万用表读数不是∞而是有限阻值，则说明可变电容动片和定片之间存在漏电现象。

1.3 【知识链接】 电感器

电感器（简称电感）与电容一样，也是一种储能元件，在电路中具有阻交流、通直流的作用，与电容配合可用于调谐、振荡、耦合、滤波、分频等电路。电感种类很多，分类方法也不相同，总体上可以归为两大类：电感线圈和变压器。

1.3.1 电感的分类

1. 电感线圈

电感线圈有小型固定电感线圈、空心线圈、扼流线圈、可变电感线圈、微调电感线圈。图 1.15 所示为部分电感的图形符号及外形。

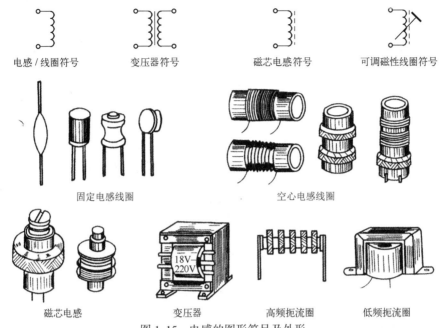

电感 / 线圈符号　　　变压器符号　　　　磁芯电感符号　　　可调磁性线圈符号

固定电感线圈　　　　　　　　　　空心电感线圈

磁芯电感　　　　　变压器　　　　高频扼流圈　　　　低频扼流圈

图 1.15　电感的图形符号及外形

（1）小型固定电感线圈。将线圈绕制在软磁铁氧体上，用环氧树脂或塑料封装起来制成。小型固定电感线圈的感量较小，一般为 $0.1 \sim 100\mu H$，工作频率为 $10kHz \sim 200MHz$。它具有体积小、质量小、结构牢固和安装方便等优点，广泛用于视听设备等电子电器。

（2）空心线圈。用导线直接在骨架上绕制而成。线圈内没有磁芯或铁芯，有的抽去了骨架，电感量很小，多用于调频电器。

（3）扼流线圈。扼流线圈又称阻流线圈，有高频扼流圈和低频扼流圈之分。高频扼流圈主要用来阻止电路中高频信号通过，由空心线圈中插入磁芯组成；低频扼流圈主要用来阻止电路中低频信号通过，由硅钢片铁芯及绕组组成。低频扼流圈常与电容一起构成电子设备中的电源滤波网络。

（4）可变电感线圈。通过调节磁芯位置来改变感量，如无线电广播接收机中的磁棒式天线线圈。

（5）微调电感线圈。线圈中间装有可调节的磁芯，通过调节磁芯在线圈中的位置来改变感量，如电视广播接收机中的行线性线圈、行振荡线圈等。

2. 变压器

变压器一般由线圈、铁（磁）芯和骨架等组成。在电路中利用变压器可以对交流电（或信号）进行电压变换、电流变换和阻抗变换，可以传递信号、隔断直流等。常见的变压器有以下几种。

（1）低频变压器。低频变压器可分为音频变压器和电源变压器两种。音频变压器又可分为输入变压器、推动变压器、线间变压器等。

（2）中频变压器。中频变压器（又称中周）的适用频率为几千赫到几十兆赫。在超外差接收机中，它起选频和耦合作用，在很大程度上决定着整机接收灵敏度、选择性和通频带等指标，其谐振频率在调幅式广播接收机中为 $465kHz$，在调频式广播接收机中为 $10.7MHz$。

（3）高频变压器。高频变压器又称耦合线圈和调谐线圈，天线线圈和振荡线圈都是高频变压器。

部分变压器的图形符号及外形如图 1.16 所示。

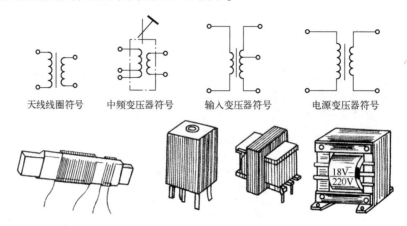

天线线圈符号　　中频变压器符号　　输入变压器符号　　电源变压器符号

图 1.16　变压器的图形符号及外形

1.3.2　电感的主要参数

1. 电感线圈的主要参数

电感线圈的主要参数有电感量及允许误差、品质因数、分布电容、额定电流。

（1）电感量及允许误差。电感量是电感线圈的一个重要参数，它与线圈圈数、绕制方式及磁芯的材料等因素有关。线圈圈数越多，绕制的线圈越集中在一起，电感量越大；线圈内有磁芯的比无磁芯的电感量大；磁芯磁导率大的电感量大。电感量用 L 表示，单位为亨（H），其允许误差通常有三个等级，Ⅰ级允许误差为±5%，Ⅱ级允许误差为±10%，Ⅲ级允许误差为±20%。

（2）品质因数。品质因数是电感线圈的另一主要参数，通常用字母 Q 来表示。Q 越高表明电感线圈的功率损耗越小，效率越高，即"品质"越好。用高 Q 值线圈与电容组成的谐振电路具有更好的谐振特性。

（3）分布电容。电感器线圈与线圈之间，层与层之间都存在一个小的电容，这一电容称为线圈的分布电容（或称为寄生电容）。分布电容的存在使线圈的工作频率受到限制，并使线圈的 Q 值下降。高频线圈的蜂房绕法或分段绕法就是为减小分布电容而设计的。

（4）额定电流。额定电流是电感线圈中允许通过的最大电流，额定电流的大小与绕制线圈的线径粗细有关。国产色码电感通常用在电感上印刷字母的方法来表示最大直流工作电流，字母 A、B、C、D、E 分别表示最大工作电流为 50mA、150mA、300mA、700mA、1600mA。

2. 变压器的主要参数

（1）匝数比。变压器初级绕组的匝数 N_1 与次级绕组的匝数 N_2 之比称为匝数比，即 $n = N_1/N_2$。

（2）额定功率。额定功率是指在规定的频率和电压下，变压器长时间工作而不超过规定温升的最大输出功率，单位是 V·A。

（3）效率。效率是指变压器输出功率与输入功率之比的百分数，即

效率 =（输出功率/输入功率）×100%

变压器效率越高，各种损耗越小。一般电源变压器和音频变压器要考虑效率，而中频、高频变压器一般不考虑效率。

（4）温升。变压器在通电工作后，其温度上升至稳定值时，变压器温度高出周围环境温度的数值称为温升。变压器的温升越小越好。

（5）绝缘电阻。变压器绝缘电阻的大小不仅关系到变压器的电气性能，在电源变压器中还与人身安全有关。用 1kV 摇表测量时，变压器的绝缘电阻应在 10MΩ 以上。

除上述五项参数之外，不同用途的变压器还有一些其他参数。

3. 参数表示方法

变压器的参数表示通常采用直标法。电感线圈的参数表示方法主要有两种：直标法和色码法。色码法的读码含义同色码电阻。

1.3.3　电感的检测

1. 电感线圈的检测

用万用表测量线圈的直流电阻可简易判断电感的好坏。电感的直流电阻一般很小。匝数多、线径细的线圈能达几十欧姆。对于有抽头的线圈，各脚之间的电阻均很小，仅有几欧姆左右。若用万用表 R×1 挡测得的电阻远大于上述电阻，则说明线圈已经开路。

2. 变压器的简易检测

用万用表检测变压器首先要通过测量线圈电阻识别接线端，再测量绝缘电阻、温升。

（1）识别接线端。在晶体管电路中使用的电源变压器，一般只有初、次级两个绕组。次级绕组的匝数少而导线粗，多数为两个出线端，也有的为三个出线端，其中一个为中心抽头，中心抽头两边的直流电阻应相等。

灯丝变压器只有初、次级两个绕组，初级绕组导线较细，次级绕组导线较粗。

半导体收音机中使用的输入、输出音频变压器，初级直流电阻大，次级直流电阻小。

（2）测量绝缘电阻。用万用表 R×10k 挡分别测量初级绕组与铁芯间、次级绕组与铁芯间、初级绕组与次级绕组间的电阻，应均为 ∞，若指针向右偏转，则说明变压器绝缘性能不良。

（3）测温升。先让变压器通电片刻，然后切断电源，用手指背迅速擦一下变压器外壳，感觉是否有发热现象，若热到手不能接触变压器外壳的程度，则说明变压器已有短路性故障。

1.4　【知识链接】　二极管

1.4.1　半导体的基础知识

自然界的物质，按导电能力的不同，可分为导体、绝缘体和半导体三大类。通常将电阻

率小于 $10^{-4}\Omega/cm$ 的物质称为导体，如金、银、铜、铁等金属都是良好的导体。将电阻率大于 $10^{9}\Omega/cm$ 的物质称为绝缘体，如橡胶、塑料等。导电能力介于导体和绝缘体之间的物质称为半导体。

1. 半导体

常用的半导体材料有硅（Si）、锗（Ge）、砷化镓（GaAs）等。图 1.17 所示为半导体原子结构和简化模型图。半导体从它被发现以来就得到了广泛的应用，是因为半导体具有以下三种与众不同的特性。

（1）热敏特性。当温度升高时，半导体的导电性会得到明显的改善，温度越高，导电能力就越强。利用这一特性，可以将其制成热敏电阻和热敏元件。

（2）光敏特性。半导体受到光的照射，会显著地影响其导电性，光照越强，导电能力越强。利用这一特性可以将其制成光敏传感器、光电控制开关及火灾报警装置。

（3）掺杂特性。在纯度很高的半导体（又称本征半导体）中掺入微量的杂质元素（杂质原子均匀地分布在半导体原子之间），也会使其导电性显著增强，掺杂的浓度越高，导电能力就越强。利用这一特性可以将其制成各种晶体管和集成电路等半导体器件。

通常把纯度很高、晶体结构完整的半导体称为本征半导体。本征半导体导电能力较弱。图 1.18 所示为本征半导体结构图。

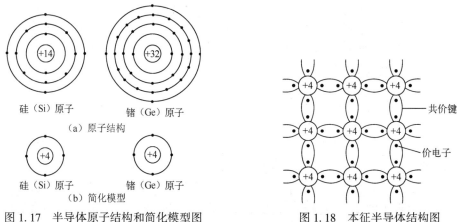

图 1.17　半导体原子结构和简化模型图　　　图 1.18　本征半导体结构图

如果在本征半导体中掺入微量的杂质，其导电能力会显著变化。根据掺入杂质的不同，可以将本征半导体分为 P 型半导体和 N 型半导体。

（1）P 型半导体。在本征半导体中掺入微量的三价元素硼（B），就形成 P 型半导体。图 1.19 所示为 P 型半导体结构图。

在 P 型半导体中，空穴的浓度比自由电子的浓度高得多，当在它两端加电压时，空穴周围的自由电子就会填充原来的空穴，形成新的空穴，好像空穴定向流动一样，形成电流。

（2）N 型半导体。在本征半导体中掺入微量的五价元素磷（P），就形成 N 型半导体。图 1.20 所示为 N 型半导体结构图。N 型半导体中自由电子的浓度比空穴的浓度高得多。当在它两端加电压时，主要由自由电子定向流动形成电流。

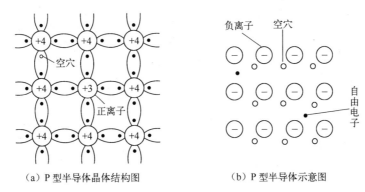

（a）P 型半导体晶体结构图　　　　　（b）P 型半导体示意图

图 1.19　P 型半导体结构图

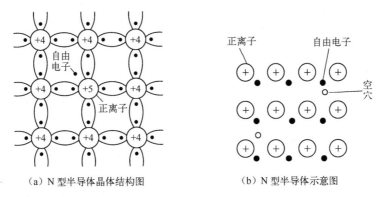

（a）N 型半导体晶体结构图　　　　　（b）N 型半导体示意图

图 1.20　N 型半导体结构图

2. PN 结及其单向导电性

（1）PN 结的形成。由于 P 型半导体和 N 型半导体交界面两侧存在载流子浓度差，P 区中的多数载流子（空穴）就要向 N 区扩散。同样，N 区的多数载流子（自由电子）也向 P 区扩散。在扩散中，由于部分自由电子与空穴复合消失，因此在交界面上，靠 N 区一侧就留下不可移动的正电荷离子，而靠 P 区一侧就留下不可移动的负电荷离子，从而形成空间电荷区。在空间电荷区产生一个从 N 区指向 P 区的内电场（自建电场），如图 1.21 所示。

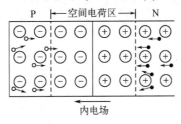

图 1.21　PN 结的形成

随着扩散的进行，内电场不断增强，内电场的加强又反过来阻碍扩散运动，使 P 区的少数载流子（自由电子）向 N 区漂移，N 区的少数载流子（空穴）向 P 区漂移，当扩散和漂移达到动态平衡时，即扩散运动的载流子数等于漂移运动的载流子数时，空间电荷区维持在一定厚度，称为 PN 结。在这个空间电荷区内，能移动的载流子极少，故又称耗尽层或阻挡层。

（2）PN 结的单向导电性。当 PN 结外加正向电压（称为正向偏置），即电源正极接 P 区，负极接 N 区时，回路有较大的正向电流，PN 结处于正向导通状态，如图 1.22（a）所示。

当 PN 结外加反向电压（称为反向偏置），即电源正极接 N 区，负极接 P 区时，回路有较弱的反向电流，PN 结处于几乎不导电的截止状态，如图 1.22（b）所示。

综上所述，PN 结就像一个阀门，给它加正向电压时，电流很大，电阻较小，PN 结处于正向导通状态；给它加反向电压时，电流几乎为零，电阻很大，PN 结处于反向截止状态。这种特性就是 PN 结的单向导电性。

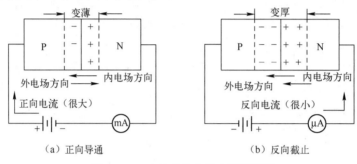

（a）正向导通　　　　　　　　（b）反向截止

图 1.22　PN 结的单向导电性原理图

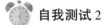 **自我测试 2**

自我测试 2

1. （单选题）在本征半导体中掺入（　　　）元素可形成 P 型半导体。

A. 五价　　　　　　　B. 四价　　　　　　　C. 三价

2. （单选题）在（　　　）半导体中，自由电子是多数载流子，空穴是少数载流子。

A. N 型　　　　　　　　　　　　　　B. P 型

3. （单选题）当 PN 结加正向电压时，其空间电荷区将（　　　）。

A. 变厚，电流几乎为零　　　　　　　B. 变薄，电流很大

4. （判断题）当 PN 结加正向电压时，就是将电源正极接 P 区，负极接 N 区。（　　　）

A. 正确　　　　　　　　　　　　　　B. 错误

5. （判断题）PN 结 N 区的电位高于 P 区的电位时，称为正向偏置。（　　　）

A. 正确　　　　　　　　　　　　　　B. 错误

1.4.2　二极管的基础知识

二极管是一种非线性半导体器件，它具有单向导电性，广泛用于整流、稳压、检波、限幅等场合。

1. 二极管的结构

二极管由一个 PN 结加上管壳封装而成，从 P 端引出的一个电极称为阳极，从 N 端引出另一个电极称为阴极。二极管的实物外形如图 1.23 所示。

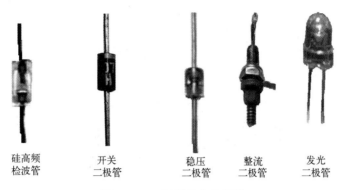

硅高频
检波管　　　开关
二极管　　　稳压
二极管　　整流
二极管　　发光
二极管

图 1.23　二极管的实物外形

2. 二极管的类型

二极管按制造的材料分类，有硅二极管和锗二极管；按用途分类，有整流二极管、开关二极管、稳压二极管等；按结构分类，主要有点接触型二极管和面接触型二极管。

点接触型二极管的 PN 结面积小，结电容也小，因而不允许通过较大的电流，但可在高频率下工作；而面接触型二极管的 PN 结面积大，可以通过较大的电流，但只在较低频率下工作。二极管的内部结构及图形符号如图 1.24 所示。

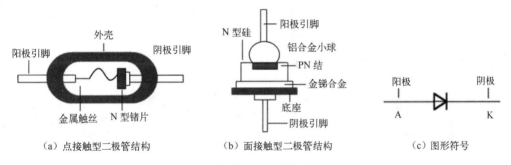

（a）点接触型二极管结构　　　（b）面接触型二极管结构　　　（c）图形符号

图 1.24　二极管的内部结构及图形符号

3. 二极管的特性

流过二极管的电流与其两端电压之间的关系曲线称为二极管的伏安特性。硅二极管伏安特性曲线如图 1.25 所示。伏安特性表明二极管具有单向导电性。

（1）正向特性。当加在二极管两端的正向电压较小时，由于外电场不足以克服内电场，故多数载流子扩散运动不能进行，正向电流几乎为零，二极管不导通，把对应的这部分区域称为"死区"。死区电压的大小与材料的类型有关，一般硅二极管的死区电压为 0.5V 左右；锗二极管的死区电压为 0.1V 左右。

当正向电压大于死区电压时，外电场削弱了内电场，帮助多数载流子进行扩散运动，正向电流增大，二极管导通，这时正向电压稍有增大，电流会迅速增加，电压与电流的关系呈现指数关系。图 1.25 中的曲线显示，二极管正向导通后其管压降很小（硅管为 0.6~0.7V，锗管为 0.2~0.3V），相当于开关闭合。

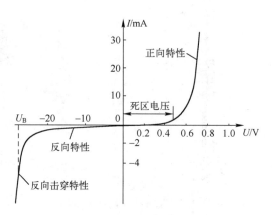

图 1.25　硅二极管伏安特性曲线

（2）反向特性。当给二极管加反向电压时，外电场作用增强了内电场对多数载流子扩散运动的阻碍作用，扩散运动很难进行，只有少数载流子在这两个电场的作用下通过 PN 结，形成很小的反向电流。由于载流子数很少，即使增加反向电压，反向电流仍基本保持不变，称此电流为反向饱和电流。所以如果给二极管加反向电压，二极管将接近于截止状态，相当于开关断开。

（3）反向击穿特性。如果继续增加反向电压，当超过 U_B 时，反向电流急剧增大，这种现象称为反向击穿，U_B 为反向击穿电压。当二极管被反向击穿后，如果不对反向电流加以限制，将烧坏二极管，所以普通二极管不允许工作在反向击穿区。

4. 二极管的参数

为了正确、合理地使用二极管，必须了解二极管的指标参数。

（1）最大整流电流 I_F。最大整流电流是指二极管长期工作时，允许通过二极管的最大正向平均电流。因为电流通过 PN 结要引起二极管发热，电流太大，发热量超过限度，就会使 PN 结烧坏。

（2）最高反向工作电压 U_{RM}。最高反向工作电压是指允许加在二极管上的反向电压的最大值。一般手册上给出的最高反向工作电压约为击穿电压的一半，以确保二极管安全工作。

（3）反向电流 I_R。反向电流是指在室温下，二极管两端加上规定反向电压时所通过的电流。其数值越小，说明二极管的单向导电性越好。硅二极管的反向电流比锗二极管的反向电流要小。另外，二极管受温度的影响较大，当温度增加时，反向电流会急剧增加，在使用时需要加以注意。

表 1.5~表 1.8 列出了 2AP、2CZ、国外 1N 系列二极管型号的主要参数。

表 1.5　2AP1~2AP10 二极管型号和主要参数

型　　号	最大整流电流 /mA	反向击穿电压 /V	最高反向工作电压 /V	最高工作频率 /MHz
2AP1	16	≥40	20	150
2AP2	16	≥45	30	150
2AP3	25	≥45	30	150

续表

型　号	最大整流电流/mA	反向击穿电压/V	最高反向工作电压/V	最高工作频率/MHz
2AP4	16	≥75	50	150
2AP5	16	≥110	75	150
2AP6	12	≥150	100	150
2AP7	12	≥150	100	150
2AP8	35	≥20	10	150
2AP9	8	≥20	15	100
2AP10	8	≥35	30	100

表 1.6　2CZ 系列部分硅整流二极管型号和主要参数

型　号	最大整流电流/A	最高反向工作电压/V	正向电压降/V	反向漏电流/A	储存温度/℃
2CZ52A~M	0.1	25~1000	≤1.0	≤5	-40~+150
2CZ53A~M	0.3				
2CZ54A~M	0.5			≤10	
2CZ55A~M	1				
2CZ56A~M	3		≤0.8	≤20	140
2CZ57A~M	5				

表 1.7　2CZ 系列硅整流二极管最高反向工作电压分档标志

最高反向工作电压（V）	25	50	100	200	300	400	500	600	700	800	900	1000
分档标志	A	B	C	D	E	F	G	H	J	K	L	M

表 1.8　国外 1N 系列普通二极管和主要技术参数

型　号	最高反向工作电压/V	最大整流电流/A	正向电压降/V	反向电流/A
1N4001	50	1	≤1	≤10
1N4002	100	1	≤1	≤10
1N4004	400	1	≤1	≤10
1N4007	1000	1	≤1	≤10
1N5401	100	3	≤1.2	≤10
1N5404	400	3	≤1.2	≤10
1N5407	800	3	≤1.2	≤10
1N5408	1000	3	≤1.2	≤10

1.4.3　特殊二极管

特殊二极管包括稳压二极管、发光二极管、光电二极管。

（1）稳压二极管。稳压二极管的实物外形如图 1.23 所示，它是一种能稳定电压的二极管，图 1.26 给出了它的图形符号及伏安特性。其正向特性曲线与普通二极管的相似，反向特性曲线比普通二极管的更陡些，稳压二极管能正常工作在反向击穿区 BC 段内，在此区域，反向电流变化时，二极管两端电压变化很小，因此具有稳压作用。

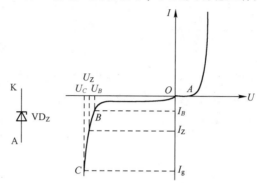

图 1.26　稳压二极管的图形符号及伏安特性

稳压二极管的主要参数如下。

① 稳定电压 U_Z。指在规定测试条件下，稳压二极管工作在反向击穿区时的稳定电压。例如，2CW53 型硅稳压二极管在测试电流 $I_Z = 10\text{mA}$ 时的稳定电压 U_Z 为 4.0~5.8V。

② 最小稳定电流 I_{Zmin}。指稳压二极管进入反击穿区时的转折点电流。稳压二极管工作时，反向电流必须大于 I_{Zmin}，否则不能稳压。

③ 最大稳定电流 I_{Zmax}。指稳压二极管长期工作时，允许通过的最大反向电流。例如，2CW53 型稳压二极管的 $I_{Zmax} = 41\text{mA}$。在使用稳压二极管时，工作电流不允许超过 I_{Zmax}，否则可能会因过热而烧坏二极管。

④ 稳定电流 I_Z。指稳压二极管在稳定电压下的工作电流，其范围为 $I_{Zmin} \sim I_{Zmax}$。

⑤ 耗散功率 P_{ZM}。指稳压二极管稳定电压 U_Z 与最大稳定电流 I_{Zmax} 的乘积。在使用中若超过这个数值，二极管将被烧坏。

⑥ 动态电阻 r_Z。指稳压二极管工作在稳压区时，两端电压变化量与电流变化量之比，即 $r_Z = \Delta U_Z / \Delta I_Z$，动态电阻越小，稳压性能越好。

（2）发光二极管。发光二极管（LED）是一种能把电能转换成光能的半导体器件，由磷砷化镓（GaAsP）、磷化镓（GaP）等半导体材料制成。当 PN 结加正向电压时，多数载流子在进行扩散运动的过程相遇而复合，其过剩的能量以光子的形式释放出来，从而产生具有一定波长的光。发光二极管的实物图和图形符号如图 1.27 所示。

（3）光电二极管。光电二极管的 PN 结与普通二极管不同，其 P 区比 N 区薄得多，为了获得光照，在其管壳上设有一个玻璃窗口。光电二极管在反向偏置状态下工作，无光照时，光电二极管在反向电压作用下，通过的电流很小；受到光照时，PN 结将产生大量载流子，反向电流明显增大。这种由于光照而产生的电流称为光电流，它的大小与光照度有关。光电二极管的图形符号及其应用电路如图 1.28 所示。

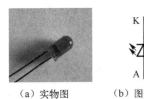

　　(a) 实物图　　　 (b) 图形符号

图 1.27　发光二极管的实物图和图形符号　　　 图 1.28　光电二极管的图形符号及其应用电路

 小问答

如何用万用表测量二极管的极性和性能好坏?

自我测试 3

　　　　　　　　　　　　　　　　　　　　　　　　　　　　　　　　　 自我测试 3

1. (单选题) 稳压二极管的正常工作状态是 (　　　)。

A. 导通状态　　　　　 B. 截止状态　　　　 C. 反向击穿状态　　 D. 任意状态

2. (单选题) 硅二极管的死区电压为 (　　　)。

A. 0.5 V　　　　　　　 B. 0.1 V　　　　　　 C. 0.7 V　　　　　　 D. 0.3 V

3. (单选题) 锗二极管正向导通后其管压降大约为 (　　　)。

A. 0.5 V　　　　　　　 B. 0.1 V　　　　　　 C. 0.7 V　　　　　　 D. 0.3 V

4. (单选题) 二极管的正极的电位是 -10V,负极电位是 -5V,则该二极管处于 (　　　) 状态。

A. 零偏　　　　　　　 B. 反偏　　　　　　 C. 正偏

5. (判断题) 普通二极管反向击穿后会烧坏二极管,所以不允许其工作在反向击穿区。(　　　)

A. 正确　　　　　　　　　　　　　 B. 错误

6. (判断题) 普通二极管不允许工作在反向击穿区,稳压二极管也是一样的。(　　　)

A. 正确　　　　　　　　　　　　　 B. 错误

1.4.4　半导体分立器件的型号命名方法

1. 国产半导体分立器件的命名方法

　　根据 GB/T 249—2017 规定,国产半导体分立器件的型号由五部分组成,其命名方法如图 1.29 所示,各部分的符号意义如表 1.9 所示。

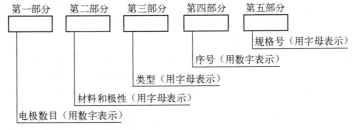

图 1.29　国产半导体分立器件的型号命名方法

表 1.9　国内半导体分立器件型号组成部分的符号及其意义

第一部分 (用数字表示器件的电极数目)		第二部分 (用字母表示器件的材料和极性)		第三部分 (用字母表示器件的类型)				第四部分 (用数字表示器件序号)	第五部分 (用字母表示规格号)
符号	意义	符号	意义	符号	意义	符号	意义	反映了直流参数、交流参数和极限参数等的差别	反映了承受反向击穿电压的程度,规格号为 A、B、C、D、…。其中 A 承受的反向击穿电压最低,B 次之,之后依次类推
2	二极管	A B C D E	N 型,锗材料 P 型,锗材料 N 型,硅材料 P 型,硅材料 化合物或合金材料	P V W C Z L S N U K X G	普通管 微波管 稳压管 参量管 整流管 整流堆 隧道管 阻尼管 光电器件 开关管 低频小功率管 ($f_a<3MHz,$ $P_C<1W$) 高频小功率管 ($f_a≥3MHz,$ $P_C<1W$)	D A T Y B J CS BT FH PIN JG	低频大功率管 高频大功率管 半导体闸流管 (可控整流管) 体效应器件 雪崩管 阶跃恢复管 场效应器件 半导体特殊器件 复合管 PIN 管 激光器件		
3	三极管	A B C D E	PNP 型,锗材料 NPN 型,锗材料 PNP 型,硅材料 NPN 型,硅材料 化合物或合金材料						

　　一些特殊半导体分立器件如场效应器件、半导体特殊器件、复合管、PIN 型管、激光器件的型号命名只有第三、四、五部分。

　　示例:

2. 日本半导体分立器件的命名方法

　　日本工业标准(JIS—C—7012)规定,日本半导体分立器件型号命名由五部分组成,第一部分用数字表示半导体器件有效电极数目或类型,如 1 表示二极管,2 表示三极管;第二部分用 S 表示已在日本电子工业协会(JEIA)注册登记的半导体器件;第三部分用字母表示该器件使用材料、极性和类型;第四部分表示该器件在日本电子工业协会的登记号;第五部分表示同一型号的改进型产品标志。此外,有时还附加后缀字母及符号,以便进一步说明该器件的特殊用途。例如,H 是日立公司专门为通信工业制造的高可靠性半导体器件;Z 是松下公司专门为通信设备制造的高可靠性器件等。后缀第二个字母作为器件某些参数的分档标志,如日立公司用 A、B、C、D 等说明该器件 β 值的分档情况。其型号命名方法如表 1.10 所示。

表 1.10　日本半导体分立器件的型号命名方法

第一部分 (用数字表示器件有效电极数目或类型)		第二部分 (日本电子工业协会注册标志)		第三部分 (用字母表示器件使用材料、极性和类型)		第四部分 (器件在日本电子工业协会的登记号)		第五部分 (同一型号的改进型产品标志)	
符号	含义	符号	含义	符号	含义	符号	含义	符号	含义
0	光电二极管或三极管及上述器件的组合管	S	已在日本电子工业协会注册登记的半导体器件	A	PNP 高频晶体管	多位数字	该器件在日本电子工业协会注册的登记号 不同厂家生产的性能相同器件可以使用同一个登记号	A B C D	表示该器件 β 值的分档情况
1	二极管			B	PNP 低频晶体管				
2	三极管或具有 3 个电极的其他器件			C	NPN 高频晶体管				
3	具有 4 个有效电极			D	NPN 低频晶体管				
n	具有 $n+1$ 个有效电极的器件			F	P 控制极晶闸管				
				G	N 控制极晶闸管				
				H	N 基极单结晶体管				
				J	P 沟道场效应管				
				K	N 沟道场效应管				
				M	双向晶闸管				

示例：

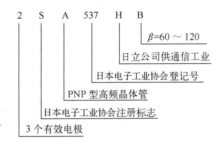

2　S　A　537　H　B

β=60 ~ 120
日立公司供通信工业
日本电子工业协会登记号
PNP 型高频晶体管
日本电子工业协会注册标志
3 个有效电极

3. 美国半导体分立器件的命名方法

美国电子工业协会（EIA）半导体分立器件的命名型号由五部分组成，第一部分为前缀，第五部分为后缀，中间部分为型号基本部分，这五部分符号及意义如表 1.11 所示。

表 1.11　美国半导体分立器件的型号命名方法

第一部分 (用符号表示器件类别)		第二部分 (用数字表示 PN 结数目)		第三部分 (美国电子工业协会注册标志)		第四部分 (美国电子工业协会登记号)		第五部分 (用字母表示器件分档)	
符号	含义	符号	含义	符号	含义	符号	含义	符号	含义
JAN 或 J	军用品	1	二极管	N	该器件已在美国电子工业协会注册登记	多位数字	该器件在美国电子工业协会的登记号	A B C D	同一型号器件的不同档次
		2	三极管						
无	非军用品	3	3 个 PN 结器件						
		n	n 个 PN 结器件						

示例：

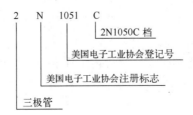

2　N　1051　C

2N1050C 档
美国电子工业协会登记号
美国电子工业协会注册标志
三极管

1.4.5　二极管的选用与检测

（1）二极管的选用。二极管因结构工艺的不同可分为点接触型二极管和面接触型二极管。点接触型二极管工作频率高，承受高电压和大电流的能力差，一般用于检波、小电流整流、高频开关电路；面接触型二极管适用于工作频率较低，工作电压、工作电流、功率均较大的场合。选用二极管时应根据不同使用场合从正向电流、反向饱和电流、最大反向电压、工作频率、恢复特性等方面进行综合考虑。

（2）二极管的检测。将万用表置于 R×100 挡或 R×1k 挡（一些有特殊要求的二极管，可选用其他挡），用红、黑表笔分别接二极管的电极引脚，应测得一大一小两个电阻，其中电阻小的一次，黑表笔所接为二极管正极，红表笔所接为二极管负极；而电阻大的一次，黑表笔所接为二极管负极，红表笔所接为二极管正极。正、反向电阻相差越大，说明其单向导电性能越好。若测得正、反向电阻相差不大，则说明二极管单向导电性能变差；若正、反向电阻都很大，则说明二极管已开路失效；若正、反向电阻都很小，则说明二极管已被击穿失效。当二极管出现上述三种情况时，须对其进行更换。普通二极管检测示意图如图 1.30 所示。

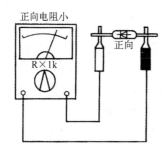
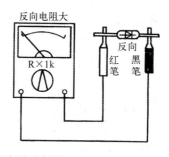

图 1.30　普通二极管检测示意图

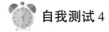 **自我测试 4**

自我测试 4

　1.（单选题）用万用表测量二极管的正、反向电阻，若正向电阻较小，而反向电阻较大，则说明二极管（　　）。

　A. 性能良好　　　　　　B. 被击穿短路　　　　C. 开路失效

　2.（单选题）用万用表测量二极管的正、反向电阻，若正、反向电阻都很大，则说明二极管（　　）。

　A. 性能良好　　　　　　B. 被击穿短路　　　　C. 开路失效

　3.（单选题）用万用表测量二极管的正、反向电阻，若正、反向电阻都很小，则说明二极管（　　）。

　A. 性能良好　　　　　　B. 被击穿短路　　　　C. 开路失效

　4.（判断题）用万用表检测普通二极管的极性时，一般选用 R×100 挡。（　　）

　A. 正确　　　　　　　　　　　　　B. 错误

　5.（判断题）用万用表检测发光二极管的极性时，一般选用 R×10k 挡。（　　）

　A. 正确　　　　　　　　　　　　　B. 错误

1.5 【知识拓展】 贴片元件的识别与检测

1.5.1 贴片电阻

贴片电阻是电路板上应用数量最多的一种元件，形状为矩形，一般为黑色，电阻体上一般标注白色数字（小型电阻无标识，称为无印字贴片电阻），如图 1.31 所示。贴片电阻的基本参数有标称阻值、额定功率、允许误差。

图 1.31　贴片电阻外形

1. 贴片电阻的识别

（1）标称阻值。最常见的是数字标识法。① 用三位数字表示阻值，前两位为十位、个位值，为有效数，第三位是 0 的个数或称为 10 的 X 次方，若标注为 152，则为 1500Ω；② 用四位数字表示阻值，前三位为有效数，即百位、十位和个位值，第四位为 0 的个数，若标注 1501，则为 1500Ω。

（2）额定功率。一般功率越大，电阻体积也越大，功率级别是随着尺寸逐步递增的。另外，相同的外形，颜色越深，功率越大。

2. 贴片电阻的检测

（1）用万用表在线测量，所测阻值大于标称阻值时，说明元件有断路性故障或阻值变大，已经损坏；所测阻值小于标称阻值时，要考虑外围并联元件对其造成的影响，应将元件一端或两端脱开电路进行测量，以便得出确切的测量结果。

（2）贴片电阻的外观检查。

① 贴片电阻表面二次玻璃体保护膜应覆盖完好，若出现脱落，则可能已经损坏；

② 元件表面应该是平整的，若出现凹凸，则可能已经损坏；

③ 元件引出端电极一般应平整、无裂痕针孔、无变色现象，若出现裂纹，则可能已经损坏；

④ 贴片电阻表面颜色烧黑，可能已经损坏；

⑤ 贴片电阻变形，可能已经损坏。

1.5.2　贴片电容

贴片电容是电路板上应用数量较多的一种元件，形状为矩形，有黄色、青色、青灰色，以半透明浅黄色最为常见（高温烧结而成的陶瓷电容，无法印出标识）。小容量（pF 级）电容体上一般无标识，μF 级电容才有标识（应用不多，容量稍大的电容，使用带引脚的插孔电容），无极性贴片电容和贴片钽电容外形如图 1.32 所示。

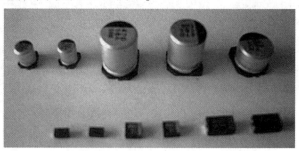

图 1.32　无极性贴片电容和贴片钽电容外形

1. 贴片电容的识别

有极性贴片电容的标注法如下。

（1）数字标注法。用一位字母+三位数字组成，如 A475，数字中前两位为有效值，末位为零的个数，即 4700000pF＝4.7μF。A 为耐压级别，10V。

（2）直接标注法。例如，16V　10，为容量 10μF，耐压 16V 的有极性电容。

（3）四色环标注法。

2. 贴片电容的检测

无极性贴片电容的检测。如果在线检测，万用表测量得出电容两引脚之间的阻值，其实是与电容相连接的外电路"综合阻值"，若电容处于短路或近于短路情况（阻值极低）下，才能有所反映；将电容脱开原电路，测量其阻值应为无穷大；用指针式万用表的 R×10k 挡测量 0.1μF 左右的电容时，指针有跳动（充电）现象，静止后归于无穷大；若测得为固定阻值，则说明电容已经损坏。

有极性贴片电容的检测。贴片电容有击穿短路、内部电极断路、漏电、容量减小等故障，其检测方法与普通电解电容的检测与判断方法一样。用数字万用表测量容量或指针式万用表的电阻挡测量充、放电现象和静态阻值，都可以判断电容的好坏。

小　　结

1. 电容是一种储能元件，在电路中具有通交流、阻直流的作用。电感也是一种储能元件，在电路中具有阻交流、通直流的作用。电感与电容配合可用于调谐、振荡、耦合、滤波、分频等电路。

2. 理想二极管正向导通时，忽略其正向压降，可以将其看作短路；当二极管反偏时，忽略其反向电流，可以将其看作断路。这就是二极管的单向导电性。

3. 稳压二极管具有稳压作用，通常工作在反向击穿区；普通二极管不允许工作在反向击穿区。

习 题 1

一、填空题

1.1 在选用整流二极管时，主要考虑的两个参数是_____和_____。

1.2 二极管具有_____特性，故可作为整流元件使用。

1.3 PN 结的单向导电性表现为：加正向电压时_____；加反向电压时_____。PN 结加反向电压时的电流称为_____。

1.4 用万用表测量二极管的正、反向电阻，若正向电阻较小，而反向电阻较大，则说明二极管_____；若正、反向电阻都很小，则说明二极管_____；若正、反向电阻都很大，则说明二极管_____。

1.5 二极管的 P 端接高电位，N 端接低电位，则二极管 PN 结加的是_____向电压；反之，二极管 PN 结加的是_____向电压。

1.6 二极管按制造的材料分类，有_____二极管和_____二极管；按用途分类，有_____二极管、_____二极管、_____二极管等；按结构分类，主要有_____型二极管和_____型二极管。

1.7 特殊二极管包括_____二极管、_____二极管、_____二极管。

1.8 电阻按构成材料的不同分为_____型电阻、_____型电阻、_____型电阻等类型；按结构的不同分为_____电阻、_____电阻和_____器等。

二、判断题（正确的打√，错误的打×）

1.9 二极管是一种线性半导体器件。（ ）

1.10 测量电阻时，人体电阻的介入不会影响测量值的准确性。（ ）

1.11 仅从外观无法判别二极管的极性。（ ）

1.12 仅从外观无法判别电解电容器的极性。（ ）

1.13 电阻、电容、电感和各半导体器件（二极管、三极管、集成电路等）是电工与电子技术中常用的元器件，但不是电子产品中用得最多的元器件。（ ）

三、选择题

1.14 检测电位器好坏及阻值变化时，可先将万用表的两个表笔分别与滑动头和任一固定接头相连，然后旋动电位器把柄，观察其阻值的变化是否连续均匀，正常情况下最大变化阻值应_____或_____标称阻值。

A. 小于 B. 大于 C. 等于

1.15 二极管的检测通常将万用表置于_____挡或_____挡，但一些有特殊要求的二极管，可选用其他挡，如发光二极管，通常将万用表置于_____挡，以检测其性能好坏。

A. R×1 B. R×10 C. R×1k D. R×10k E. R×100

1.16 当 PN 结外加正向电压（称为正向偏置）时，电源正极接_____区，负极接_____区，这时回路有_____的正向电流，PN 结处于正向_____状态；当 PN 结外加反向电压（称为反向偏置）时，电源正极接_____区，负极接_____区，这时回路有_____的反向电流，PN 结处于几乎不导电的_____状态。

A. 较弱 B. 截止 C. M D. q E. 较大

F. N G. 导通 H. P

项目 2　直流稳压电源的制作

■ 能力目标

(1) 能完成直流稳压电源电路的测试与维修。

(2) 能完成直流稳压电源电路的设计与制作。

■ 知识目标

了解半导体的基本知识，熟悉二极管、三极管的结构及特性；掌握桥式整流电路的组成、原理及正确接法；了解电容及电感滤波的原理；掌握硅稳压管稳压电路的组成与工作原理；了解串联型稳压电路的组成与原理；掌握三端集成稳压器的应用。

■ 素质目标

(1) 培养创新意识，提升电子产品创新的专业能力。

(2) 培养班组管理、团队组织能力。

【任务工单】

工作任务	+5V 直流稳压电源的制作					
姓名		班级		学号		日期	

学习情景

某电子科技公司接到订单生产无线智能家居控制系统，需要为 STM32 核心板和 AD 转换器提供稳定的+5V 电压，电子工程师小明自己设计了一个+5V 直流稳压电源并进行了实验制作和数据分析。其电路原理图如图 2.1 所示。

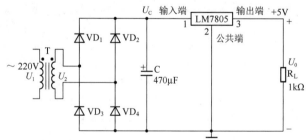

图 2.1　+5V 直流稳压电源电路原理图

学习目标

1. 增强专业意识，培养良好的职业道德和职业习惯。

2. 能借助资料读懂固定输出式稳压集成块芯片的型号，明确各引脚功能。

3. 了解固定输出式直流稳压电源电路的检测方法。

4. 学会+5V 直流稳压电源的制作方法。

任务要求

1. 各小组制订工作计划。
2. 读懂直流稳压电源电路原理图，明确元器件连接和电路连线。
3. 画出装配图。
4. 完成电路所需元器件的检测。
5. 根据装配图制作直流稳压电源电路。
6. 完成直流稳压电源电路功能检测和故障排除。
7. 通过小组讨论完成电路的详细分析并撰写任务工单。

任务分组

班级		组号		分工
组长		学号		
组员		学号		
组员		学号		

获取信息

认真阅读任务要求，理解工作任务内容，明确工作任务的目标，为顺利完成工作任务，回答引导问题，做好充分的知识准备、技能准备和工具耗材的准备，同时拟订任务实施计划。

（1）设计要求。

输入交流电压 220V，$f=50$Hz，输出 +5V 直流电压。+5V 直流电源电路原理图如图 2.1 所示。

（2）电路工作原理。

利用交流变压器 T 把 220V（有效值）、50Hz 的交流电降压，得到 12V 的交流电，通过 $VD_1 \sim VD_4$ 四只二极管组成的全波整流电路，把交流电整流成直流电，经过电容 C 滤波，把信号送给三端稳压器 LM7805，经过稳压作用，得到稳定的+5V 直流电压，得到一个电压横波系数很小的+5V 直流电。

引导问题

1. 直流稳压电源由变压器、（　　　）、（　　　）、（　　　）四部分构成。
2. 整流电路的目的就是把交流电变为（　　　　　　）。
3. 直流稳压电源一般采用并接大电容的方式做（　　　）电路。
4. 集成稳压芯片分为三端（　　　）和（　　　），LM7805 表示输出为（　　　）。

工作计划

工序步骤安排

序号	工作内容	计划用时	备注

进行决策

1. 各小组派代表阐述设计方案。

2. 各小组对其他小组的设计方案提出自己的看法。

3. 教师对大家完成的方案进行点评，选出最佳方案。

工作实施

1. 确定元器件需求。根据电路设计方案、芯片选型方案、元器件参数，填写元器件需求明细表。

元器件需求明细表

代号	名称	规格型号	数量
$VD_1 \sim VD_4$	二极管	1N4007	4 只
R_L	电阻	1kΩ	1 个
C	电解电容	470μF/25～200V	1 个
N_5	三端稳压器	LM7805	1 片
FU	熔断器（含座）	2A	1 个
X_1、X_2	香蕉接线柱		2 个
T	电源变压器	220V/12V 20W	1 个
—	散热片（平板型或 H 型）	30 mm×40 mm	1 片
—	螺丝、螺母	4 mm×20 mm	4 套

2. 元器件识别与检测。

3. 电路安装。

先根据图 2.1 画出+5V 直流稳压电源电路原理图，然后根据原理图画出 PCB（印刷电路板）图和装配图，再根据装配图按正确方法插好 IC 芯片，并连接线路。电路可以连接在自制的 PCB 上，也可以焊接在万能板上，或者通过"面包板"插接。

图 2.2 所示为焊接在万能板上的+5V 直流稳压电源电路装配图。

图 2.2　+5V 直流稳压电源电路装配图（万能板）

4. +5V 直流稳压电源的调试。

用示波器观察整流、滤波及稳压波形；用直流电压表测量各输出点的直流电压，测试结果记录在表中。

直流稳压电源测试数据记录表

输入端	测量输入交流电压 U_2（V）	测量直流电压（滤波电容接通时）		测量直流电压（滤波电容断开时）	
		整流滤波后电压 U_C（V）	输出电压 U_O（V）	整流滤波后电压 U_C（V）	输出电压 U_O（V）
接 0~10V 插孔时					
接 0~6V 插孔时					
接 0~14V 插孔时					

课程思政

制作完后，你认为你应具备怎样的工匠精神？

评价反馈

评分表（与项目 1 任务工单的评分表一样）。

2.1　【知识链接】　二极管整流电路

由于电网系统供给的电源都是交流电，而电子设备需要稳定的直流电源供电才能正常工作，因此必须将交流电变换成直流电，这一过程称为整流。本节主要介绍单相半波整流电路和单相桥式整流电路。

2.1.1　单相半波整流电路

由于在一个周期内，二极管导电半个周期，负载电阻 R_L 只获得半个周期的电压，故称为半波整流。经半波整流后获得的是波动较大的脉动直流电。

1. 电路组成

图 2.3（a）所示为单相半波整流电路，T_r 为电源变压器，VD 为整流二极管，R_L 为负载电阻。图 2.3（b）所示为单相半波整流电路的波形图。

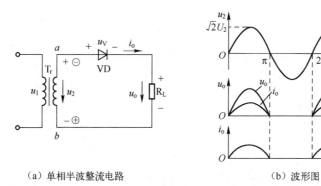

（a）单相半波整流电路　　　　　　　　　（b）波形图

图 2.3　单相半波整流电路及其波形图

2. 工作原理

设变压器次级电压为

$$u_2 = \sqrt{2}\,U_2\sin\omega t$$

式中，U_2 为变压器次级电压有效值。

在 u_2 的正半周（$0\sim\pi$），假定变压器次级绕组的极性是上"+"下"−"，则二极管 VD 承受正向电压导通，此时有电流 i_o（$i_o=i_V$）流过 R_L，其压降为 $u_o=i_oR_L$，如果忽略 VD 的管压降 u_V，则 $u_o\approx u_2$，R_L 上的电压 u_o 与 u_2 基本相等。

在 u_2 的负半周（$\pi\sim2\pi$），变压器次级绕组的极性变为上"−"下"+"，VD 承受反向电压截止，此时电流 $i_o\approx0$，负载上的电压 $u_o\approx0$，变压器上的电压 u_2 以反向全部加到 VD 上。

第二个周期开始又重复上述过程。电源变压器次级电压 u_2 是交流电，但经 VD 变换后，R_L 上的电压实际方向始终没有改变，即得到的电压是直流电压。由于在一个周期内，VD 导通半个周期，R_L 只获得半个周期的电压，故称为半波整流。

3. 指标参数计算

R_L 上获得的是脉动直流电压，其大小用平均值 U_o 来衡量：

$$U_o = \frac{1}{2\pi}\int_0^\pi \sqrt{2}\,U_2\sin\omega t\,\mathrm{d}(\omega t) = \frac{\sqrt{2}}{\pi}U_2 = 0.45U_2$$

流过 R_L 的平均电流为

$$I_o = \frac{0.45}{R_L}U_2$$

流过 VD 的平均电流与流过 R_L 的平均电流相等，故

$$I_V = I_o = \frac{0.45}{R_L}U_2$$

VD 反向截止时承受的最高反向电压等于变压器次级电压的最大值，所以

$$U_{RM} = \sqrt{2}\,U_2$$

4. 特点

单相半波整流电路结构简单、元器件少，但输出电流脉动很大，变压器利用率低。因此单相半波整流电路仅适用于要求不高的场合。

2.1.2　单相桥式整流电路

1. 电路组成

单相桥式整流电路由整流变压器、4 只二极管和负载电阻组成。图 2.4 所示为单相桥式整流电路的三种画法。

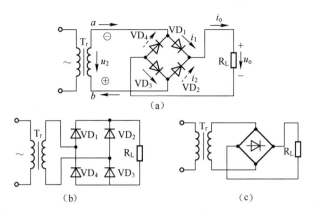

图 2.4   单相桥式整流电路的三种画法

2. 工作原理

在 u_2 的正半周（0～π），二极管 VD_1、VD_3 承受正向电压导通，VD_2、VD_4 承受反向电压截止，电流 i_0 从变压器次级 a 端经 VD_1、R_L、VD_3 回到 b 端，电流在负载电阻 R_L 上产生压降 u_0。如果忽略 VD_1、VD_3 的管压降，则 $u_0 = u_2$。

在 u_2 的负半周（π～2π），VD_1、VD_3 反向截止，VD_2、VD_4 承受正向电压导通，电流 i_0 从变压器次级 b 端开始经 VD_2、R_L、VD_4 回到 a 端，若忽略 VD_2、VD_4 的管压降，则 $u_0 = -u_2$。

可见，在 u_2 的一个周期内，VD_1、VD_3 和 VD_2、VD_4 轮流导通，流过 R_L 的电流 i_0 的方向始终不变，电压为单方向的脉动直流电压。桥式整流电路波形如图 2.5 所示。

3. 指标参数计算

R_L 的平均电压为

$$U_o = \frac{1}{2\pi}\int_0^{2\pi} u_o \mathrm{d}\omega t = \frac{1}{2\pi}\int_0^{\pi} 2\sqrt{2}\,U_2\sin\omega t\mathrm{d}(\omega t) \approx 0.9U_2$$

平均电流为

$$I_o = \frac{U_o}{R_L} = 0.9\frac{U_2}{R_L}$$

在每个周期内，两组二极管轮流导通，各导电半个周期，所以每只二极管的平均电流应为 R_L 平均电流的一半，即

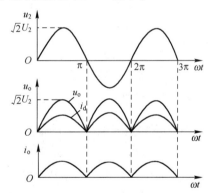

图 2.5   桥式整流电路波形

$$I_D = \frac{1}{2}I_o = 0.45\frac{U_2}{R_L}$$

在一组二极管正向导通期间，另一组二极管反向截止，其承受的最高反向电压为变压器次级电压的峰值：

$$U_{RM} = \sqrt{2}\,U_2$$

4. 特点

桥式整流电路比半波整流电路复杂，但输出电压脉动为半波整流电路的一半，变压器的

利用率也较高，因此桥式整流电路得到了广泛应用。

 小问答

在桥式整流电路中，如果有一只二极管被击穿短路，分析将会出现什么现象？

2.2 【知识链接】 滤波电路

由于整流电路只是把交流电变成了脉动的直流电。这种直流电波动很大，主要是含有许多不同幅值和频率的交流成分。为了获得平稳的直流电，必须利用滤波器将交流成分滤掉。常用滤波电路有电容滤波电路、电感滤波电路和复式滤波电路等。

2.2.1 电容滤波电路

下面以单相桥式整流电容滤波电路为例来说明电容滤波的原理。

1. 电路组成

单相桥式整流电容滤波电路由单相桥式整流电路、大容量电容 C 和负载电阻 R_L 组成，如图 2.6 所示。

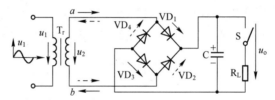

图 2.6　单相桥式整流电容滤波电路

2. 工作原理

（1）不接负载电阻 R_L 的情况。在如图 2.6 所示的单相桥式整流电容滤波电路中，开关 S 打开。

设电容上已充有一定电压 u_C，在 u_2 正半周，二极管 VD$_1$ 和 VD$_3$ 仅在 $u_2 > u_C$ 时才导通；同样，在 u_2 负半周，二极管 VD$_2$ 和 VD$_4$ 仅当 $|u_2| > u_C$ 时才导通；在二极管导通期间，u_2 对电容 C 充电。

无论 u_2 是在正半周还是在负半周，当 $|u_2| < u_C$ 时，由于 4 只二极管均受反向电压而处于截止状态，所以电容 C 没有放电回路，故 C 很快充到 u_2 的峰值，即 $u_o = u_C = \sqrt{2}\,U_2$，并且保持不变。

（2）接负载电阻 R_L 的情况。在如图 2.6 所示的单相桥式整流电容滤波电路中，开关 S 闭合。

电容 C 两端并上负载电阻 R_L 后，在 u_2 正半周和负半周，只要 $|u_2| > u_C$，则 VD$_1$、VD$_3$ 与 VD$_2$、VD$_4$ 轮流导通，u_2 不仅为负载电阻 R_L 供电，还对电容 C 充电。

当 $|u_2| < u_C$，同样，4 只二极管均受反向电压而处于截止状态，而电容 C 将向负载电阻

R_L 放电。输出电压波形如图 2.7 所示。

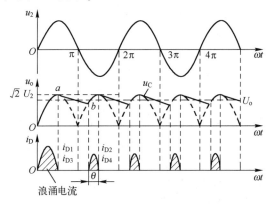

图 2.7　单相桥式整流电容滤波电路输出电压波形

（3）特点。电容滤波电路虽然简单，但输出直流电压的平滑程度与负载有关。当负载减小时，放电时间常数 $\tau = R_L C$ 减小，输出电压的纹波增大，所以它不适用于负载变化较大的场合。同样不适用于负载电流较大的场合，因为当负载电流大（R_L 较小）时，只有增大电容容量，才能取得好的滤波效果。但电容容量太大，会使电容体积增大，成本上升，而且大的充电电流容易导致二极管损坏。

3. 主要参数

（1）输出电压平均值 U_o。经过滤波后的输出电压平均值 U_o 得到提高。工程上，一般按下式估算 U_o 与 U_2 的关系

$$U_o = 1.2 U_2$$

（2）二极管的选择。由于电容在开始充电瞬间，电流很大，所以二极管在接通电源瞬间流过较大的冲击尖峰电流，所以在实际应用中要求：二极管的额定电流为 $I_F \geqslant (2 \sim 3) \dfrac{U_L}{2R_L}$；二极管的最高反向电压为 $U_{RM} \geqslant \sqrt{2} U_2$。

（3）电容的选择。负载电阻上直流电压平均值及其平滑程度与放电时间常数 $\tau = R_L C$ 有关。τ 越大，放电越慢，输出电压平均值越大，波形越平滑。在实际应用中一般取

$$\tau = R_L C = (3 \sim 5) \frac{T}{2}$$

式中，T 为交流电源的周期，$T = \dfrac{1}{f} = \dfrac{1}{50\text{Hz}} = 0.02\text{s}$。

电容的耐压为

$$U_C \geqslant \sqrt{2} U_2$$

4. 整流变压器的选择

由负载电阻 R_L 上的直流平均电压 U_o 与变压器的关系 $U_o = 1.2 U_2$ 得出

$$U_2 = \frac{U_o}{1.2}$$

在实际应用中考虑到二极管正向压降及电网电压的波动，变压器次级电压应大于计算值的10%。一般变压器次级电流 I_2 取 $1.1\sim1.3$ 倍的 I_L。

2.2.2　电感滤波电路

1. 电路工作原理

利用电感线圈交流阻抗很大、直流电阻很小的特点，将电感线圈与负载电阻 R 串联，组成电感滤波电路，如图 2.8 所示。整流电路输出的脉动直流电压中的直流成分在电感线圈上形成的压降很小，而交流成分却几乎全都降落在电感上，负载电阻上得到平稳的直流电压。感量越大，电压越平稳，滤波效果越好。但感量大会使电感体积过大，成本增加，输出电压下降。

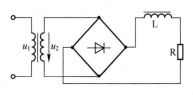

图 2.8　电感滤波电路

2. 特点

电感滤波电路适用于输出电流大、负载经常变动的场合，其缺点是体积大，易引起电磁干扰。

2.2.3　复式滤波电路

将电容滤波电路和电感滤波电路组合起来，可获得比单个滤波器更好的滤波效果，这就是复式滤波器。图 2.9 所示为常用复式滤波电路。常见复式滤波器有 Γ 形和 π 形两类，如图 2.10 所示。

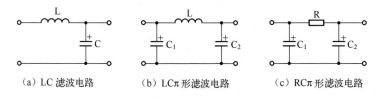

（a）LC 滤波电路　　　　（b）LCπ 形滤波电路　　　　（c）RCπ 形滤波电路

图 2.9　常用复式滤波电路

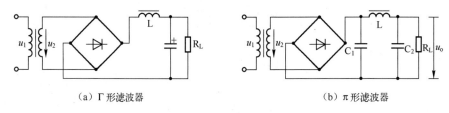

（a）Γ 形滤波器　　　　　　　　　　　（b）π 形滤波器

图 2.10　常见复式滤波器

1. Γ 形滤波器

为减小负载电压的脉动程度，在电感线圈后面串联电容，如图 2.10（a）所示。这样先经过电感滤波，去掉大部分交流成分，然后经电容滤波，滤除剩余的交流成分，使负载电阻得到一个更平滑的直流电压，这种电路性能与电感滤波电路基本相同。

2. π形滤波器

图 2.10（b）所示为 π 形滤波器，在电感的前后各并联一个电容。整流器输出的脉动直流电先经过电容 C_1 滤波，再经过电感 L 和电容 C_2 滤波，使交流成分大大降低，在负载电阻上得到平滑的直流电压。

 小问答

在桥式整流电容滤波电路中，如果滤波电容被击穿短路，分析将会出现什么现象？

 自我测试 5

1.（单选题）直流稳压电源中整流的作用是（   ）。
A. 将交流电变为脉动直流电
B. 将高频变为低频
C. 将正弦波变为方波
2.（单选题）直流稳压电源中滤波电路的作用是（   ）。
A. 将交流电变为脉动直流电
B. 将高频变为低频
C. 将交、直流混合量中的交流成分滤掉。
3.（判断题）在单相桥式整流电容滤波电路中，若有一只整流管断开，则输出电压平均值变为原来的一半。（   ）
A. 正确   B. 错误
4.（判断题）电容滤波电路适用于小负载电流，而电感滤波电路适用于大负载电流。（   ）
A. 正确   B. 错误
5.（判断题）整流电路只有半波整流电路一种。（   ）
A. 正确   B. 错误

自我测试 5

2.3 【知识链接】 稳压电路

目前，大量电子设备所用的直流电源都是通过将电网 220V 的交流电源（市电）整流、滤波和稳压得到的。前面已了解了整流、滤波电路的工作原理，下面重点介绍串并联型稳压电路及集成稳压器的工作原理。

2.3.1 直流稳压电源的组成

直流稳压电源一般由交流电源变压器、整流电路、滤波电路和稳压电路等部分组成，如图 2.11 所示。

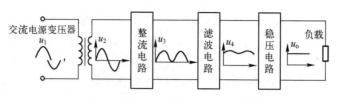

图 2.11　直流稳压电源的组成

2.3.2　稳压电路在直流稳压电源中的作用及要求

1. 稳压电路在直流稳压电源中的作用

稳压电路在直流稳压电源中的作用是克服电源波动及负荷的变化，使输出直流电压恒定不变。

2. 稳压电路在直流稳压电源中的要求

（1）稳定性好。由于输入电压变化而引起输出电压变化的程度，称为稳定度指标，输出电压的变化越小，电源的稳定度越高。

（2）输出电阻小。负载变化时（从空载到满载），输出电压 U_{sc} 应基本保持不变。稳压电源这方面的性能可用输出电阻表征。输出电阻（又称等效内阻）用 r 表示，r 越小，负载变化时输出电压的变化也越小。性能优良的稳压电源，输出电阻可小到 1Ω，甚至 0.01Ω。

（3）电压温度系数小。当环境温度变化时，会引起输出电压的漂移。良好的稳压电源，应在环境温度变化时，有效地抑制输出电压的漂移，保持输出电压稳定。

（4）输出电压纹波小。所谓纹波电压，是指输出电压中频率为 50Hz 或 100Hz 的交流分量，通常用有效值或峰值表示。经过稳压作用，可以使整流滤波后的纹波电压大大降低。

2.3.3　并联型稳压电路

1. 结构

图 2.12 所示为并联型稳压的直流电源电路，虚线框内为稳压电路，R 为限流电阻，VD_Z 为稳压二极管。无论是电网电压波动还是负载电阻 R_L 的变化，并联型稳压电路都能起到稳压作用，因为 U_Z 基本恒定，$U_o = U_Z$。

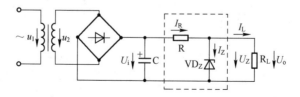

图 2.12　并联型稳压的直流电源电路

2. 工作原理

下面从两个方面来分析并联型稳压电路的工作原理。

（1）当负载电阻 R_L 不变，而稳压电路的输入电压 U_i 增大时，输出电压 U_o 将上升，使加于 VD_Z 的反向电压略有增加。随之流过 VD_Z 的电流大大增强，$I_R = I_Z + I_L$ 增加很多，所以在限流电阻 R 上的压降 $I_R R$ 增加，使得 U_i 的增量绝大部分降落在 R 上，从而使输出电压 U_o 基本维持不变。反之，当 U_i 下降时，I_R 减小，R 上的压降减小，故也能基本维持输出电压不变。

（2）输入电压 U_i 不变，而 I_L 增大（R_L 变小）时，总电流 I_R 增大，从而造成输出电压下降。但由于 VD_Z 的端电压 U_o 略有下降，而流过 VD_Z 的电流 I_Z 却大大减小，I_L 的增加部分几乎和 I_Z 的减小部分相等，使总电流几乎不变，因而保持了输出电压的稳定。

由此可见，在稳压电路中，稳压二极管起着电流控制作用，无论是输出电流变化（负载变化）还是输入电压变化，都将引起 I_Z 较大的改变，并通过限流电阻产生调压作用，从而使输出电压稳定。在实际使用中，上述两个调整过程是同时存在且同时进行的。

3. 特点

并联型稳压电路可以使输出电压稳定，但稳压值不能随意调节，而且输出电流很小。

2.3.4　串联型稳压电路

1. 结构

串联型稳压电路包括四大部分，其组成框图如图 2.13 所示。

2. 工作原理

并联型稳压电路可以使输出电压稳定，但稳压值不能随意调节，而且输出电流很小，为了加大输出电流使输出电压可调节，常用串联型晶体管稳压电路，如图 2.14 所示。串联型晶体管稳压电路是具有放大环节的串联型稳压电路，电路中 VT_1 为调整管，它与负载串联，起电压调整作用。VT_2 为比较放大管，R_4 是它的集电极电阻，VT_2 的作用是将电路输出电压的取样值和基准电压比较后进行放大，送到 VT_1 进行输出电压的调整。这样，只要输出电压有一点微小的变化，就能引起 VT_1 的 U_{CE} 发生较大的变化，从而提高稳压电路的灵敏度，改善稳压效果。

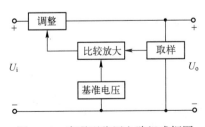

图 2.13　串联型稳压电路组成框图

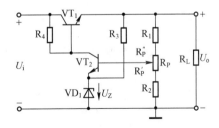

图 2.14　串联型晶体管稳压电路

工作过程：当输入电压 U_i 增大或负荷减轻使输出电压 U_o 增大时，取样电压增大，由于基准电压比较稳定，因此，VT_2 的发射结电压增大，于是 VT_2 的集电极电流 I_{C2} 增大，从而使 VT_2 的集电极电位 U_{C2} 降低，继而使 VT_1 的基极电位 U_{B1} 降低，VT_1 的集电极电流 I_{C1} 随之减小，VT_1 的压降 U_{CE1} 增大，使输出电压 U_o 减小，从而维持输出电压 U_o 基本不变。实质上，稳压的过程就是电路通过负反馈使输出电压维持稳定的过程。

在此电路中，只要改变取样电位器 R_P 滑动端的位置，即可实现在一定的范围内进行输出电压的调节。

串联型稳压电路的输出电压可由 R_P 进行调节，有

$$U_o = U_Z \frac{R_1+R_P+R_2}{R_2+R_P'} = \frac{U_Z R}{R_2+R_P'}$$

式中，$R=R_1+R_P+R_2$，R_P' 是 R_P 的下半部分阻值。

如果将图 2.14 中的比较放大管改成集成运算放大器（简称集成运放），不但可以提高放大倍数，还能提高灵敏度，这样就构成了由运算放大器（简称运放）组成的串联型稳压电路。

3. 特点

串联型稳压电源工作电流较大，输出电压一般可连续调节，稳压性能优越。目前已经使用这种稳压电源制成了单片集成电路，广泛应用在各种电子仪器和电子电路中。串联型稳压电源的缺点是损耗较大、效率低。

2.3.5　集成稳压器

1. 概述

将串联型稳压电源和各种保护电路集成在一起就得到了集成稳压器。早期的集成稳压器外引脚较多，现在的集成稳压器只有三个外引脚：输入端、输出端和公共端。它的电路符号如图 2.15 所示，外形如图 2.16 所示。要特别注意，不同型号、不同封装的集成稳压器，它们三个电极的位置是不同的，要查手册确定。

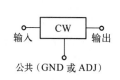

图 2.15　集成稳压器的电路符号

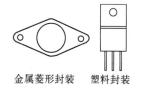

图 2.16　集成稳压器的外形

2. 三端集成稳压器的分类

三端集成稳压器有如下几种。

（1）三端固定正输出集成稳压器。国标型号为 CW78（1.5A）、CW78M（0.5A）、CW78L（0.1A）。

（2）三端固定负输出集成稳压器。国标型号为 CW79（1.5A）、CW79M（0.5A）、CW79L（0.1A）。

（3）三端可调正输出集成稳压器。国标型号为 CW117、CW117M、CW117L（为军品级，工作温度范围为−55～150℃）；CW217、CW217M、CW217L（为工业品级，工作温度范

围为-25~150℃）；CW317、CW317M、CW317L（为民品级，工作温度范围为 0~125℃）。

（4）三端可调负输出集成稳压器。国标型号为 CW137、CW137M、CW137L、CW237、CW237M、CW237L、CW337、CW337M、CW337L。

3. 应用电路

三端固定输出集成稳压器的典型应用电路如图 2.17 所示，三端可调输出集成稳压器的典型应用电路如图 2.18 所示。

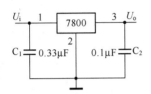

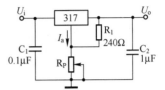

图 2.17 三端固定输出集成稳压器的典型应用电路   图 2.18 三端可调输出集成稳压器的典型应用电路

在三端可调输出集成稳压器的内部，其输出端和公共端之间的参考电压是 1.25V，因此输出电压可通过电位器调节得到，即

$$U_o = U_{REF} + \frac{U_{REF}}{R_1} R_P + I_a R_P \approx 1.25 \times \left(1 + \frac{R_P}{R_1}\right)$$

2.4 【知识拓展】 开关型稳压电源

为解决串联型稳压电源损耗大、效率低的缺点，研制了开关型稳压电源。开关型稳压电源的调整管工作在开关状态，具有功耗小、效率高、体积小、质量小等特点，现在开关型稳压电源已经广泛应用于各种电子电路中。开关型稳压电源的缺点是纹波较大，用于小信号放大器时，还应采用第二级稳压措施。

2.4.1 开关型稳压电路

开关型稳压电源的原理可用如图 2.19 所示的开关型稳压电路加以说明。它由调整管、滤波电路、比较器、三角波发生器、比较放大器和基准电压等部分构成。

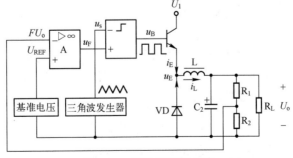

图 2.19 开关型稳压电路

2.4.2 开关型稳压电路的工作原理

三角波发生器通过比较器产生一个方波 u_B，控制调整管的通断。当调整管导通时，向电感充电。当调整管截止时，必须给电感中的电流提供一个泄放通路。续流二极管 VD 即可起到这个作用，有利于保护调整管。由图 2.19 可知，当三角波的幅度小于比较放大器的输出时，比较器输出高电平，对应调整管的导通时间为 t_{on}；反之为低电平，对应调整管的截止时间为 t_{off}。

为稳定输出电压，应按电压负反馈方式引入反馈，设输出电压增大，FU_o 增大，比较放大器的输出电压 u_F 减小，比较器方波输出 t_{off} 增加，调整管导通时间 t_{on} 减小，输出电压减小，起到稳压作用。其稳压过程如下：

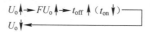

自我测试6

 自我测试6

1.（判断题）直流稳压电源由变压器、整流电路、滤波电路、稳压电路四部分组成。（　　）

A. 正确　　　　　　　　　　　　　　B. 错误

2.（判断题）串联型稳压电路中的调整管工作在放大状态，开关型稳压电源中的调整管工作在开关状态。（　　）

A. 正确　　　　　　　　　　　　　　B. 错误

3.（单选题）集成稳压器 CW78L12 的输出电压和额定输出电流为（　　）。

A. $U_0 = 6V$，$I_0 = 0.1A$　　　　　　　B. $U_0 = 6V$，$I_0 = 0.5A$

C. $U_0 = 12V$，$I_0 = 0.1A$　　　　　　D. $U_0 = 12V$，$I_0 = 0.5A$

4.（判断题）在三端集成稳压器中，CW78XX 系列和 CW79XX 系列都是负极性电压输出。（　　）

A. 正确　　　　　　　　　　　　　　B. 错误

5.（判断题）集成稳压器 CW7906 的输出电压为 $-6V$，额定输出电流为 1.5 A。（　　）

A. 正确　　　　　　　　　　　　　　B. 错误

2.5 【任务拓展】　面包板的使用

面包板是专为电子电路的无焊接实训而设计制造的。由于各种电子元器件可以根据需要随意插入或拔出，免去焊接操作，节省了电路的组装时间，而且可以重复使用，所以面包板非常适合电子电路的组装、调试与训练。

1. 面包板的结构

面包板实际上是具有许多小插孔的塑料插板，其内部结构如图 2.20 所示，每块插板中央都有一个凹槽，凹槽两边各有纵向排列的多列插孔，每 5 个插孔为一组，各列插孔之间的间距为 0.1 英寸（2.54mm），与双列直插式封装的集成电路的引脚间距一致。每列 5 个插孔中有金属簧片连通，列与列之间在电气上互不相通。面包板的上、下边各有一排（或两排）横向插孔，每排横向插孔分为若干段（一般是2~3段），每段内部在电气上是相通的，一般可用作电源线和地线的插孔。

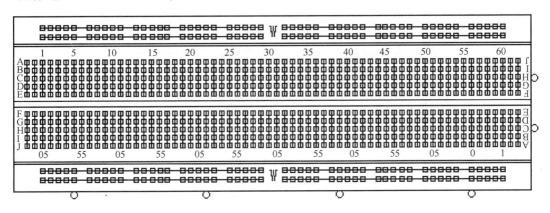

图 2.20 面包板的内部结构

2. 元器件与集成电路的安装

（1）在安装分立元器件时，应便于看到其极性和标志，将元器件引脚理直后，在需要的地方折弯。为防止裸露的引脚短路，必须使用带套管的导线，一般不剪断元器件引脚，以便重复使用。通常不插入引脚直径大于 0.8mm 的元器件，以免破坏插座内部簧片的弹性。

（2）在安装集成电路时，其引脚必须插在面包板中央凹槽两边的孔中，插入时所有引脚应稍向外偏，使引脚与插孔中的簧片接触良好，所有集成块的方向要一致，缺口朝左，便于正确布线和查线。集成块在插入与拔出时要受力均匀，以免造成引脚弯曲或断裂。

3. 正确合理布线

为避免或减少故障，面包板上的电路布局与布线，必须合理且美观。

（1）根据信号流程的顺序，采用边安装边调试的方法。安装好元器件以后，先连接电源线和地线。为了查线方便，连线应尽量采用不同颜色。例如，正电源一般用红色绝缘皮导线，负电源用蓝色绝缘皮导线，地线用黑色绝缘皮导线，信号线用黄色绝缘皮导线，也可根据条件选用其他颜色。

（2）面包板宜使用直径为 0.6mm 左右的单股导线。线头剥离长度应根据连线的距离及插入插孔的长度确定，要求将线头剪成 45°的斜口，约为 6mm，要求将线头全部插入底板，以保证接触良好。裸线不宜露在外面，以防止与其他导线相连而短路。

（3）连线要求紧贴在面包板上，以免碰撞弹出面包板，造成接触不良。必须使连线在集成电路周围通过，不允许将连线跨接在集成电路上，也不得使导线互相重叠在一起，尽量做到横平竖直，这样有利于查线、更换元器件及连线。

（4）所有的地线必须连接在一起，形成一个公共参考点。

小　　结

1. 利用二极管的单向导电性把交流电变为脉动的直流电的过程称为整流。利用电容或电感的滤波作用将交流成分滤掉，在负载上即可得到一个平稳的直流电压。

2. 电容滤波电路适用于负载电流较小、负载变化不大的场合；电感滤波电路适用于输出电流大、负载经常变动的场合，其缺点是体积大、易引起电磁干扰。复式滤波器有 Γ 形滤波器和 π 形滤波器两类，滤波效果比单个滤波电路好。

3. 直流稳压电源一般由变压、整流、滤波和稳压四部分组成。

4. 直流稳压电源中的稳压电路常采用三端式集成电路稳压器进行稳压。CW78×× 系列为固定正电压输出；CW79×× 系列为固定负电压输出；CW×17 系列为可调正电压输出。CW×37 系列为可调负电压输出。

习　题　2

一、填空题

2.1　在选用整流二极管时，主要考虑的两个参数是 ＿＿＿＿ 和 ＿＿＿＿。

2.2　二极管具有 ＿＿＿＿＿＿ 特性，故可作为整流元件使用。

2.3　桥式整流电容滤波电路如图 2.21 所示，已知，$U_2 = 10\text{V}$，试分析：

(1) 输出电压的极性为 ＿＿＿＿＿＿。

(2) 输出电压 $U_o = $ ＿＿＿＿＿＿。

(3) 整流管承受的最高反向电压 $U_{RM} = $ ＿＿＿＿＿＿。

(4) 如果电容虚焊，则输出电压 $U_o = $ ＿＿＿＿＿＿。

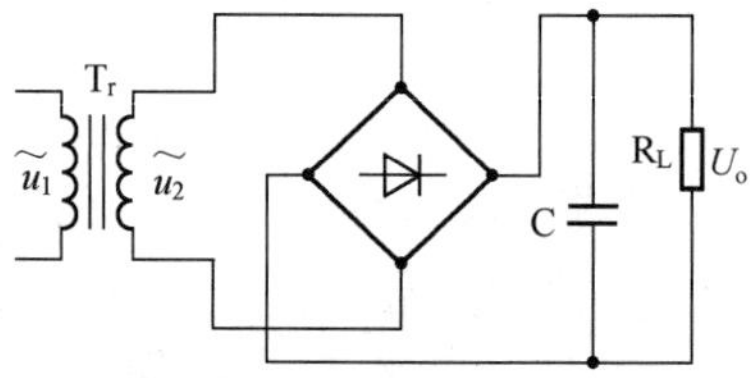

图 2.21　习题 2.3 图

二、判断题 (正确的打√，错误的打×)

2.4　整流电路可将正弦电压变为脉动的直流电压。(　　)

2.5　对于理想的稳压电路，$\Delta U_o / \Delta U_i = 0$，$R_o = 0$。(　　)

三、选择题

2.6　整流的目的是 (　　)。

A. 将交流变为直流　　B. 将高频变为低频　　C. 将正弦波变为方波

2.7　在单相桥式整流电路中，若有一只整流管接反，则 (　　)。

A. 输出电压约为 $2U_D$　　B. 变为半波直流　　C. 整流管将因电流过大而烧坏

2.8　直流稳压电源中滤波电路的目的是 (　　)。

A. 将交流变为直流　　B. 将高频变为低频　　C. 将交直流混合量中的交流成分滤掉

2.9　滤波电路应选用 (　　)。

A. 高通滤波电路　　B. 低通滤波电路　　C. 带通滤波电路

2.10　若要组成输出电压可调、最大输出电流为 3A 的直流稳压电源，则应采用 (　　)。

A. 电容滤波稳压管稳压电路　　　　　　B. 电感滤波稳压管稳压电路

C. 电容滤波串联型稳压电路　　　　　　D. 电感滤波串联型稳压电路

2.11　稳压二极管的正常工作状态是 (　　)。

A. 导通状态　　B. 截止状态　　C. 反向击穿状态　　D. 任意状态

四、简答题

2.12　直流稳压电源由哪几部分组成？各部分的作用是什么？

2.13 在图 2.22 中，问：

(1) 若要求 $U_o = 10V$，则输入电压 U_i 应为多少？

(2) 如果限流电阻 R 短路，则会出现什么问题？

(3) 电路工作正常，当输入电压增大时（负载不变），I_R

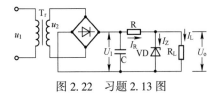

图 2.22 习题 2.13 图

将如何变化？

(4) 若稳压二极管 VD 接反，此时输出电压 U_o 为多少？稳压二极管会过流烧坏吗？为什么？

2.14 电路如图 2.23 所示，合理连线，构成 5V 的直流电源。

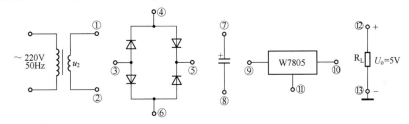

图 2.23 习题 2.14 图

2.15 电路如图 2.24 所示，已知稳压二极管的稳定电压为 6V，最小稳定电流为 5mA，允许耗散功率为 240mW，输入电压为 20~24V，$R_1 = 360\Omega$。试问：

(1) 为保证空载时稳压二极管能够安全工作，R_2 应选多大？

(2) 当 R_2 按上面原则选定后，负载电阻 R_L 允许的变化范围是多少？

2.16 在如图 2.25 所示电路中，$R_1 = 240\Omega$，$R_2 = 3k\Omega$，输出端和调整端之间的电压 U_R 为 1.25V。试求输出电压的调节范围。

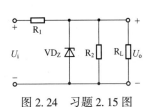

图 2.24 习题 2.15 图

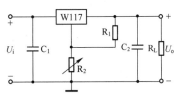

图 2.25 习题 2.16 图

项目3 扩音机电路的制作

■ **能力目标**

（1）会识别和检测常用半导体器件的管型、材料与质量好坏。

（2）会识别和正确使用基本放大器的各种组态。

（3）能完成扩音机电路的制作与调试。

■ **知识目标**

了解三极管的结构，理解三极管的电流放大作用；熟悉放大器的组成和基本原理，掌握基本放大器的分析方法；了解多级放大器的组成和频率响应，理解常用功率放大器的工作原理，掌握集成功放的应用；了解场效应管的结构并能正确使用。

■ **素质目标**

（1）培养分析问题、自主学习的能力。

（2）培养团队协作、沟通交流能力。

【任务工单】

工作任务		扩音机电路的制作					
姓名		班级		学号		日期	

🎒 **学习情景**

"小蜜蜂"便携式扩音设备现被各类教师、职业讲师、导游等广泛使用。经过市场调研，某电子科技有限公司决定生产该款产品，设计和验证的任务交给了电子工程师小明。经过思考，小明设计了一个扩音机电路并进行了实验制作和数据分析，如图3.1所示。

📋 **学习目标**

1. 增强专业意识，培养良好的职业道德和职业习惯。

2. 熟悉扩音机电路各功能电路的组成与工作原理。

3. 正确使用电子焊接工具，完成扩音机电路的装接。

4. 正确使用电子仪器仪表，完成扩音机电路的调试。

📑 **任务要求**

1. 各小组制订工作计划。

2. 读懂扩音机电路原理图，明确元器件连接和电路连线。

3. 画出装配图。

4. 完成电路所需元器件的检测。

5. 根据装配图制作低频音频放大器。

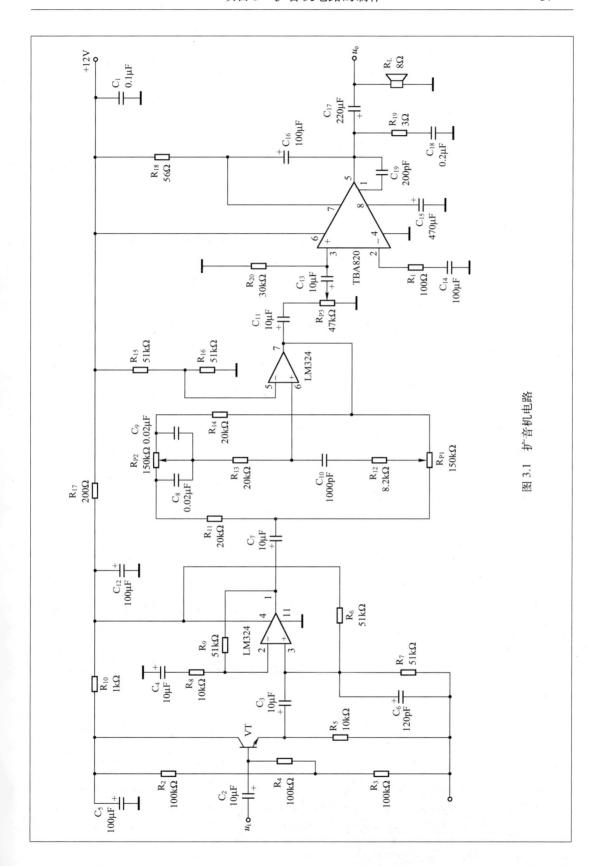

图 3.1　扩音机电路

6. 完成扩音机电路功能检测和故障排除。

7. 通过小组讨论完成电路的详细分析并撰写任务工单。

任务分组

班级		组号		分工
组长		学号		
组员		学号		
组员		学号		

获取信息

认真阅读任务要求,理解工作任务内容,明确工作任务的目标,为顺利完成工作任务,回答引导问题,做好充分的知识准备、技能准备和工具耗材的准备,同时拟订任务实施计划。

扩音机电路由三大部分组成。

(1)前置放大器。由于话筒提供的信号非常弱,因此一般在音调控制级前加一个前置放大器。考虑到设计电路对频率响应及零输入时的噪声、电流、电压的要求,前置放大器选用由 PNP 晶体三极管构成的共集电极放大器(射极跟随器),采用射极跟随器为引导,选用 LM324 集成运放构成同相放大器作为前级的电压放大。

(2)音调控制电路。选用反馈型电路,虽然调节范围较小,但其失真小。调节 R_{P1}、R_{P2} 即可控制音调的提升和衰减。

(3)功率放大器。采用 TBA820 集成功放,该电路由差分输入级、中间推动级、互补推挽功率放大输出级、恒流源偏置电路等组成,具有工作电压范围宽、静态电流小、外接元器件少、电源滤波抑制比高的特点。

引导问题

1. 扩音机电路一般由( )、( )、( )组成。

2. 信号的输入级一般采用( )。

3. 音调控制电路一般有高音和低音部分,高音部分的调节,一般信号先经过( )控制后再经过( )滤波送入后级;低音部分的调节,一般信号先经过( )控制后再经过( )分压送入后级。

4. LM324 是一个( ),本制作中主要做( )。

5. TDA820 是一个( ),一般把电路接成( )电路实现功率放大。

工作计划

工序步骤安排

序号	工作内容	计划用时	备注

进行决策

1. 各小组派代表阐述设计方案。
2. 各小组对其他小组的设计方案提出自己的看法。
3. 教师对大家完成的方案进行点评,选出最佳方案。

工作实施

1. 确定元器件需求。根据电路设计方案、芯片选型方案、元器件参数,填写元器件需求明细表。

元器件需求明细表

用途或代号	名称	规格型号	数量
R_1	电阻	100Ω	1个
R_2、R_3、R_4	电阻	100kΩ	3个
R_5、R_8	电阻	10kΩ	2个
R_6、R_7、R_9、R_{15}、R_{16}	电阻	51kΩ	5个
R_{10}	电阻	1kΩ	1个
R_{11}、R_{13}、R_{14}	电阻	20kΩ	3个
R_{12}	电阻	8.2kΩ	1个
R_{17}	电阻	200Ω	1个
R_{18}	电阻	56Ω	1个
R_{19}	电阻	3Ω	1个
R_{20}	电阻	30kΩ	1个
C_1	涤纶电容	104	1个
C_2、C_3、C_4、C_7、C_{11}、C_{13}	电解电容	10μF/16V	6个
C_5、C_{12}、C_{14}、C_{16}	电解电容	100μF/16V	4个
C_6	瓷贴片电容	121	1个
C_8、C_9	涤纶电容	203	2个
C_{10}	涤纶电容	102	1个
C_{15}	电解电容	470μF/16V	1个
C_{17}	电解电容	220μF/16V	1个
C_{18}	涤纶电容	204	1个
C_{19}	瓷贴片电容	202	1个
R_{P1}、R_{P2}	电位器	150kΩ	2个
R_{P3}	电位器	47kΩ	1个
——	三极管	9013	1只
——	集成运放芯片	LM324	1块
——	集成功放芯片	TDA820	1块
——	电路板	——	1块
接直流稳压电源	电源插座		1副

续表

用途或代号	名称	规格型号	数量
音频信号输入与输出	音频插座	——	1 副
试机	话筒及附件	——	1 套
试机	8Ω 扬声器	——	1 个
电路装接	装接工具	——	1 套
调试	直流稳压电源	——	1 台
检测	万用表	——	1 块
调试	双踪示波器	——	1 台
调试	函数信号发生器	——	1 台
电路焊接	焊接线	——	2 米
——	导线	——	若干

2. 元器件识别与检测。

LM324 是四运放集成电路,采用 14 引脚双列直插式塑料封装。它的内部包含四组形式完全相同的运放,除电源共用之外,四组运放相互独立,LM324 的引脚排列如图 3.2 所示。

由于 LM324 具有电源电压范围宽、静态功耗小、可单电源使用、价格低廉等优点,因此被广泛应用在各种电路中。

TBA820 是单片集成的音频放大器,采用 8 引脚双列直插式塑料封装,电源电压范围为 3~16V。主要特点是,最低工作电源电压为 3V,低静态电流,无交叉失真,低功率消耗,在 9V 时的输出功率为 1.2W 。TBA820 的引脚排列如图 3.3 所示。

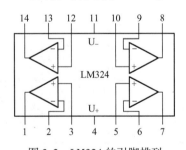

图 3.2 LM324 的引脚排列

图 3.3 TBA820 的引脚排列

3. 安装与调试。

(1) 元器件插装与电路焊接。

(2) 前置放大级静态工作点的调整。

(3) 音调控制电路的检测。

(4) 功率放大级的调试。

(5) 试机。

> ⚙ **课程思政**
>
> 制作完后，你认为你应具备怎样的职业素养？
>
> 📺 **评价反馈**
>
> 评分表（与项目 1 任务工单的评分表一样）。

3.1　【知识链接】　三极管

三极管有两大类型：双极型三极管、场效应三极管。双极型三极管是由两种载流子参与导电的半导体器件，由两个 PN 结组合而成，是一种电流控制电流型器件；场效应三极管仅有一种载流子参与导电，是一种电压控制电流型器件。

3.1.1　结构和类型

1. 结构

双极型三极管的结构示意图和图形符号如图 3.4 所示。它有两种类型：NPN 型和 PNP型。中间部分为基区，相连电极为基极，用 B 或 b 表示；一侧为发射区，相连电极为发射极，用 E 或 e 表示；另一侧为集电区，相连电极为集电极，用 C 或 c 表示。E–B 间的 PN 结为发射结（Je），C–B 间的 PN 结为集电结（Jc）。

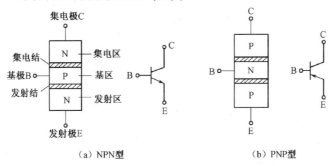

图 3.4　双极型三极管的结构示意图和图形符号

发射极的箭头代表发射结正偏时电流的实际方向。从外表上看，两个 N 区（或两个 P区）是对称的，实际上发射区的掺杂浓度高，集电区的掺杂浓度低，且集电结面积大。基区要制造得很薄，其厚度一般为几微米至几十微米。图 3.5 所示为三极管实物图。

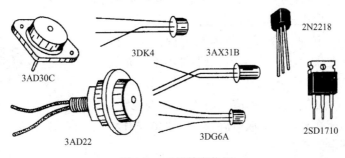

图 3.5　三极管实物图

2. 类型

（1）按管芯所用的半导体材料不同，三极管可分为硅管和锗管。硅管受温度影响小，工作较稳定。

（2）按三极管内部结构不同，三极管可分为 NPN 型和 PNP 型两类，我国生产的硅管多为 NPN 型，锗管多为 PNP 型。

（3）按使用功率不同，三极管可分为大功率管（$P_c > 1\text{W}$）、中功率管（P_c 为 $0.5 \sim 1\text{W}$）和小功率管（$P_c < 0.5\text{W}$）。

（4）按工作频率不同，三极管可分为高频管（$f_r \geqslant 3\text{MHz}$）和低频管（$f_r \leqslant 3\text{MHz}$）。

（5）按用途不同，三极管可分为普通放大三极管和开关三极管。

（6）按封装形式不同，三极管可分为金属封装管、塑料封装管和陶瓷环氧树脂封装管。

3.1.2　三极管的电流放大条件和原理

1. 三极管的电流放大条件

（1）三极管电流放大的外部条件：发射结正偏，集电结反偏。

对 NPN 型三极管来说，必须满足 $U_{BE} > 0$　$U_{BC} < 0$，即 $U_C > U_B > U_E$。

对 PNP 型三极管来说，必须满足 $U_{BE} < 0$　$U_{BC} > 0$，即 $U_C < U_B < U_E$。

（2）三极管电流放大的内部条件：发射区的掺杂浓度高，集电区的掺杂浓度低，且集电结面积大，基区要制造得很薄。图 3.6 所示为三极管电路的双电源接法。采用双电源供电，在实际使用中很不方便，这时可将两个电源合并成一个电源 U_{CC}，再将 R_b 阻值增大并改接到 U_{CC} 上。

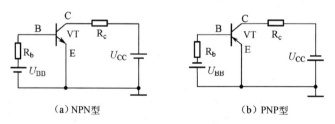

（a）NPN型　　　　　　　　　　（b）PNP型

图 3.6　三极管电路的双电源接法

2. 三极管的电流放大原理

下面以 NPN 型三极管为例讨论三极管的电流放大原理，结合图 3.7 说明其放大原理，电流在三极管内部的形成分为以下几个过程。

（1）发射区向基区注入电子。发射结正偏，使高掺杂的发射区向基区注入大量电子，并从电源处不断补充电子，形成发射极电流 I_E。

（2）电子在基区的复合与扩散。注入基区的电子，只有少量与基区的空穴复合，形成电流 I_B，而大量没有复合的电子继续向集电区扩散。

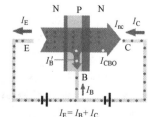

图 3.7　三极管内部载流子运动示意图

（3）集电区收集扩散过来的电子。由于集电结反偏，有利于少数载流子的漂移，从发射区扩散到基区的电子成为基区的少数载流子，被集电区收集形成I_C。

由此可见，三极管电流分配关系满足

$$I_E = I_B + I_C$$

三极管在制成后，三个区的厚薄及掺杂浓度便已确定，因此发射区所发射的电子在基区复合的百分数和到达集电区的百分数大体确定，即I_C与I_B存在固定的比例关系，用公式表示为$I_C = \beta I_B$，β为共射极电流放大系数，其值为20~200。

如果基极电流I_B增大，那么集电极电流I_C也按比例相应增大；反之，当I_B减小时，I_C也按比例减小，通常基极电流I_B为几十微安，而集电极电流为毫安级，两者相差几十倍以上。

由以上分析可知，利用基极回路的小电流I_B，就能实现对集电极、发射极回路的大电流$I_C(I_E)$的控制，这就是三极管"以弱控制强"的电流放大作用。

 小问答

想一想：能不能把两只二极管当作一只三极管使用？

3.1.3 三极管的特性曲线

三极管的特性曲线是指通过坐标图描绘三极管各极电压与电流之间关系的曲线。

1. 三极管放大器的三种组态

根据输入回路与输出回路共用的电极，三极管放大器有三种组态：共射极、共集电极和共基极，如图3.8所示。

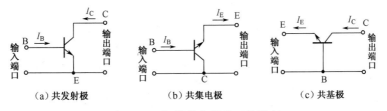

图3.8 三极管放大器的三种组态

2. 测量伏安特性曲线的电路图

图3.9所示为共射极放大器的伏安特性曲线测试电路图。

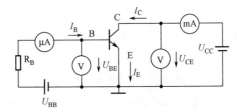

图3.9 共射极放大器的伏安特性曲线测试电路图

（1）输入特性曲线：$I_B = f(U_{BE})\big|_{U_{CE}=常数}$。从输入特性曲线可以看出，只有当发射结电压 U_{BE} 大于死区电压时，输入回路才会产生电流 I_B。通常，硅管死区电压为 0.5V，锗管死区电压为 0.1V。当三极管导通后，其发射结电压与二极管的管压降相同，硅管电压为 0.6~0.7V，锗管电压为 0.2~0.3V。

（2）输出特性曲线：$I_C = f(U_{CE})\big|_{I_B=常数}$。固定 I_B 值，每改变一个 U_{CE} 值便得到一个对应的 I_C 值，由此绘制一条输出特性曲线。I_B 值不同，特性曲线也不同，所以特性曲线是一簇曲线，如图 3.10 所示。

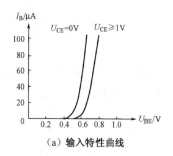
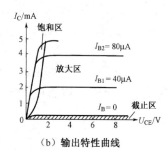

（a）输入特性曲线　　　　　（b）输出特性曲线

图 3.10　三极管的特性曲线

① 放大区。发射结正偏、集电结反偏，$I_C = \beta I_B$，I_B 增大（或减小），I_C 也按照比例增大（或减小），三极管具有电流放大作用，所以称这个区域为放大区。

② 饱和区。发射结、集电结正偏，即 $U_{CE} < U_{BE}$，$\beta I_B > I_C$，$U_{CE} \approx 0.3V$。I_C 不受 I_B 的控制，三极管失去电流放大作用。在理想状态下，$U_{CE} = 0V$。

③ 截止区。发射结、集电结反偏，三极管的发射结电压小于死区电压，基极电流 $I_B = 0$，集电极电流 I_C 等于一个很小的穿透电流 I_{CEO}。在截止区，三极管是不导通的。

例 3.1　测量三极管 3 个电极的对地电位，如图 3.11 所示，试判断三极管的工作状态。

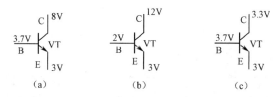

图 3.11　判断三极管工作的状态

解：在图 3.11（a）中，三极管发射结正偏，集电结反偏，三极管工作在放大区。

在图 3.11（b）中，三极管发射结、集电结均反偏，三极管工作在截止区。

在图 3.11（c）中，三极管发射结、集电结均正偏，三极管工作在饱和区。

3. 三极管的应用

（1）在模拟电子技术领域的应用。使三极管工作在放大状态，利用 I_B 对 I_C 的控制作用来实现电流放大。

（2）在数字电子技术领域的应用。使三极管在饱和与截止状态之间互相转换。当控制信号为高电平时，三极管饱和导通；当控制信号为低电平时，三极管截止。此时，三极管相当于一个受控制的开关。

3.1.4　三极管的主要参数及其温度影响

1. 电流放大倍数

直流电流放大倍数 $\bar{\beta}=I_C/I_B$；交流电流放大倍数 $\beta=\Delta I_C/\Delta I_B$。

（1）两者的定义不同，数值也不相等，但却比较接近，故在工程计算时可认为相等。

（2）在不同工作点的 β 值不相同，故一般在给出三极管的 β 值时要说明是在 I_C 和 U_{CE} 为何值时的 β 值。

（3）β 值的范围常在管顶上用色点表示。

2. 极间反向电流

（1）集电极与基极间的反向饱和电流 I_{CBO}：发射极开路时，集电结的反向饱和电流。I_{CBO} 越小，三极管的性能越好。另外，I_{CBO} 受温度影响较大，使用时必须注意。

（2）集电极与发射极间的反向饱和电流 I_{CEO}：又称集电极与发射极间的穿透电流。I_{CEO} 对放大不起作用，还会消耗无功功率，引起三极管工作不稳定。因此，I_{CEO} 越小越好。I_{CEO} 与 I_{CBO} 的关系是 $I_{CEO}=(1+\beta)I_{CBO}$。

3. 三极管的极限参数

（1）集电极最大允许电流 I_{CM}。

（2）集电极最大允许功率损耗 $P_{CM}=I_C U_{CE}$。

（3）反向击穿电压。

$U_{(BR)CBO}$——发射极开路时集电结的反向击穿电压；

$U_{(BR)EBO}$——集电极开路时发射结的反向击穿电压；

$U_{(BR)CEO}$——基极开路时集电极和发射极间的击穿电压。

上述击穿电压有如下关系：

$$U_{(BR)CBO}>U_{(BR)CEO}>U_{(BR)EBO}$$

4. 三极管的温度特性

（1）输入特性与温度的关系：$T\uparrow\rightarrow U_{BE}\downarrow$。

（2）输出特性与温度的关系：温度每升高 10℃，I_{CBO} 近似增大一倍；温度每升高 1℃，β 增加 0.5%~1%。

（3）温度对 $U_{(BR)CEO}$ 和 P_{CM} 的影响：$T\uparrow\rightarrow U_{(BR)CEO}$、$P_{CM}\downarrow$。

 小技能

三极管的选用
在选用三极管组成放大器时，应根据实际需要和工作条件选择三极管的型号。一般的选管原则如下。

（1）在同型号的三极管中，应选择反向电流小的，这样三极管的温度稳定性能比较好。三极管的 β 值一般选择几十到一百之间，若 β 值太大，则三极管性能不稳定。

（2）若要求三极管的反向电流小，工作温度高，则应选择硅管；若要求三极管的导通电压较小，则应选择锗管。

（3）若工作信号频率高，则应选择高频管或超高频管；若用于开关电路，则应选择开关管。

（4）必须考虑三极管的极限参数。例如，需要输出大电流时，应选择 I_{CM} 大的三极管；需要输出大功率时，应选择 P_{CM} 大的三极管，并注意满足对应的散热条件。

3.1.5 特殊三极管

1. 光电三极管

光电三极管又称光敏三极管。当光照到三极管的 PN 结时，在 PN 结附近产生的电子-空穴对数量随之增加，集电极电流增大、电阻减小，其等效电路和电路图形符号如图 3.12（a）所示。

2. 达林顿三极管

达林顿三极管又称复合管，由两只输出功率大小不等的三极管按一定的接线规律复合而成。根据内部两只三极管复合的不同，有 4 种形式的达林顿三极管。复合以后的极性取决于第一只三极管。例如，若第一只三极管是 NPN 型三极管，则复合以后的极性为 NPN 型。达林顿三极管主要用作功率放大管和电源调整管，如图 3.12（b）所示。

3. 带阻尼管的行输出三极管

带阻尼管的行输出三极管将阻尼二极管和电阻封装在管壳内。在基极与发射极之间接入一只小电阻，可提高三极管的高反向耐压值。将阻尼二极管装在三极管的内部，减小了引线电阻，有利于改善行扫描线性和减小行频干扰。带阻尼管的行输出三极管主要用作电视机行输出三极管，如图 3.12（c）所示。

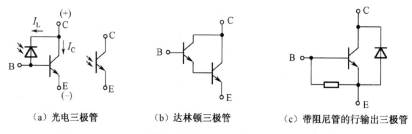

（a）光电三极管   （b）达林顿三极管   （c）带阻尼管的行输出三极管

图 3.12　光电三极管、达林顿三极管及带阻尼管的行输出三极管

小技能

三极管的简易判别

1. 三极管基极及类型的判别

将万用表拨到 R×100 或 R×1k 挡上。红表笔任意接触三极管的一个电极，黑表笔依次接触另外两个电极，分别测量它们之间的电阻。若红表笔接触某个电极时，其余两个电极与该电极之间均为低电阻，则该管为 PNP 型，而且红表笔接触的电极为基极。与此相反，若同时出现几十千欧至几百千欧的大电阻，则该管为 NPN 型，这时红表笔所接触的电极为基极。

当然也可以用黑表笔作为基准，重复上述测量过程。若同时出现低电阻的情况，则该管为 NPN 型；若同时出现高电阻的情况，则该管为 PNP 型。

2. 集电极和发射极的判别

在判断出管型和基极的基础上，任意假定一个电极为集电极，另一个电极为发射极。对于 PNP 型三极管，令红表笔接集电极，黑表笔接发射极，用手碰一下基极和集电极，观察万用表指针摆动的幅度。将假设的集电极和发射极对调，重复上述测试步骤，比较两次测量中指针的摆动幅度。若测量时摆动幅度大，则说明假定的集电极和发射极是对的。对于 NPN 型三极管，令黑表笔接集电极，红表笔接发射极，重复上述过程。

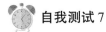 自我测试7

1. （单选题）欲使三极管具有电流放大能力，必须满足的外部条件是（　　　）。

A. 发射结正偏、集电结正偏　　　　　　　B. 发射结、集电结反偏

C. 发射结、集电结反偏　　　　　　　　　D. 发射结反偏、集电结正偏

2. （单选题）测得 NPN 型三极管上各电极对地电位分别为 $U_E = 2.1V$，$U_B = 2.8V$，$U_C = 4.4V$，说明此三极管处于（　　　）。

A. 放大区　　　　B. 饱和区　　　　C. 截止区　　　　D. 反向击穿区

3. （判断题）用万用表测试三极管时，选择 R×10 挡。（　　　）

A. 正确　　　　　　　　　　　　　　　　B. 错误

4. （判断题）在任何情况下，三极管都具有电流放大能力。（　　　）

A. 正确　　　　　　　　　　　　　　　　B. 错误

5. （判断题）三极管的集电区和发射区类型相同，因此集电极和发射极可以互换使用。（　　　）

自我测试7

A. 正确　　　　　　　　　　　　　　　　B. 错误

3.2 【知识链接】 小信号放大器

将微弱变化的电信号放大几百倍、几千倍甚至几十万倍之后去带动执行机构，对生产设备进行测量、控制或调节，完成这一任务的电路称为放大器。在实际的电子设备中，输入信

号是很微弱的，要将信号放大到足以推动负载做功，必须使用多级放大器进行多级放大。多级放大器由若干单级放大器连接而成，这些单级放大器根据其功能和在电路中的位置不同，可划分为输入级放大、中间级放大和输出级放大。输入级和中间级放大主要完成信号的电压幅值放大（小信号电压放大器），输出级放大主要完成功率放大（功率放大器）。

3.2.1　小信号放大器的结构

图 3.13 所示为小信号放大器的结构示意图。放大器主要用于放大微弱信号，使输出电压或电流在幅度上得到放大，输出信号的能量得到加强。

放大器的实质：输出信号的能量实际上是由直流电源提供的，只是经过三极管的控制使之转换成信号能量提供给负载。

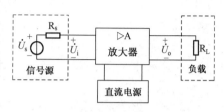

图 3.13　小信号放大器的结构示意图

3.2.2　小信号放大器的主要技术指标

1. 放大倍数

由于输出信号的电压和电流幅度得到了放大，所以输出功率也会有所放大。对放大器而言，放大倍数有电压放大倍数、电流放大倍数和功率放大倍数，它们通常都是按正弦量定义的。放大倍数的定义如图 3.14 所示。

电压放大倍数、电流放大倍数及功率放大倍数的定义分别为

$$\dot{A}_u = \frac{\dot{U}_o}{\dot{U}_i}, \qquad \dot{A}_P = \frac{\dot{I}_o}{\dot{I}_i}, \qquad \dot{A}_P = \frac{P_o}{P_i} = \dot{A}_u \dot{A}_i$$

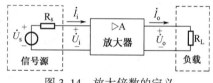

图 3.14　放大倍数的定义

2. 输入电阻

输入电阻 R_i 越大，信号源的衰减越小，反之衰减越大，故 R_i 越大越好。输入电阻的定义如图 3.15 所示，其计算公式如下：

$$R_i = \frac{\dot{U}_i}{\dot{I}_i}$$

3. 输出电阻

输出电阻用于表明放大器带负载的能力，R_o 越大，表明放大器带负载的能力越差，反之则越强。R_o 的计算公式如下：

$$R_o = \frac{\dot{U}_o}{\dot{I}_o}$$

图 3.16 所示为从输出端加假想电源求 R_o。

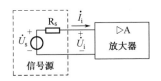
图 3.15　输入电阻的定义

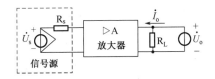
图 3.16　从输出端加假想电源求 R_o

注意：放大倍数、输入电阻、输出电阻通常都是在正弦信号下的交流参数，只有在放大器处于放大状态且输出不失真的条件下才有意义。

4. 通频带

在实际应用中，放大器的输入信号往往不是单一频率的，而是含有不同频率的谐波信号。对于不同的频率，放大器的放大倍数也是不同的。当输入信号的频率下降时，耦合电容和旁路电路的容抗变大，产生交流压降，放大倍数下降。当输入信号的频率提高时，由于三极管的极间电容影响和电流放大系数下降，使放大倍数也下降。放大倍数随频率变化的关系特性曲线称为频率特性。图 3.17 所示为共射极放大器的频率特性，A_m 为中频放大倍数，通常规定放大倍数随频率变化下降到中频放大倍数的 $1/\sqrt{2}$（$0.707A_m$）时所对应的频率为下限频率 f_L 和上限频率 f_H。上限频率 f_H 与下限频率 f_L 之差称为放大器的通频带 f_{BW}，即 $f_{BW} = f_H - f_L$。

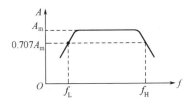

图 3.17　共射极放大器的频率特性

3.2.3　共射极基本放大器的组成及其工作原理

图 3.18 所示为共射极基本放大器。

1. 组成

（1）三极管 VT。放大元件，用基极电流 i_B 控制集电极电流 i_C。

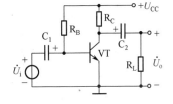

图 3.18　共射极基本放大器

（2）电源 U_{CC}。使三极管的发射结正偏，集电结反偏，三极管处于放大状态，同时是放大器的能量来源，提供电流 I_B 和 I_C。U_{CC} 一般为几伏到十几伏。

（3）偏置电阻 R_B。用来调节基极偏置电流 I_B，使三极管有一个合适的工作点，阻值一般为几十千欧到几百千欧。

（4）集电极负载电阻 R_C。将集电极电流 i_C 的变化转换为电压的变化，以获得电压放大，阻值一般为几千欧。

（5）耦合电容 C_1、C_2。起隔直流、通交流的作用。为减小传递信号的电压损失，C_1、

C_2 的值应选得足够大，一般为几微法至几十微法，通常采用电解电容。

2. 工作原理

（1）静态和动态。静态和动态的定义如下。

静态：当 $u_i = 0$ 时，放大器的工作状态称为直流工作状态，主要参数指标有 I_B、I_C 和 U_{CE}，称为静态工作点，用 Q 表示。计算时，可表示为 I_{BQ}、I_{CQ} 和 U_{CEQ}。

动态：当 $u_i \neq 0$ 时，放大器的工作状态称为交流工作状态，主要参数指标有 R_i、R_o 和 A_u。

使放大器建立正确的静态工作状态，是保证动态正常工作的前提。分析放大器必须正确区分静态和动态，正确区分直流通路和交流通路。

（2）直流通路和交流通路。直流通路为能通过直流电流的路径，交流通路为能通过交流电流的路径，如图 3.19 所示。

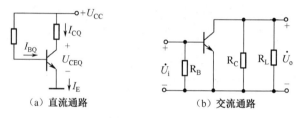

（a）直流通路　　　　　（b）交流通路

图 3.19　直流通路和交流通路

绘制交流通路的原则：直流电源和耦合电容对交流电流来说相当于短路。这是因为按叠加原理，交流电流流过直流电源时没有压降，设 C_1、C_2 的值足够大，对信号而言，电容上的交流压降近似为零，故在交流通路中，可将耦合电容短路。

（3）放大原理。在放大器中，交直流一起叠加输入进行放大，合适的直流输入是为了保证交流输入放大不失真，放大器各极的电压、电流波形如图 3.20 所示。

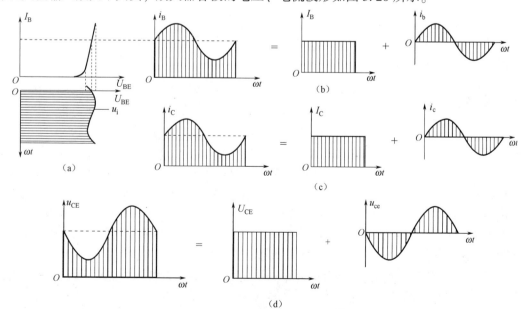

图 3.20　放大器各极的电压、电流波形

3. 2. 4　共射极基本放大器的分析

1. 静态分析（求静态工作点）

放大器的静态分析一般用计算分析法。

根据直流通路可对放大器的静态工作点进行计算：

$$I_{BQ} = \frac{U_{CC} - U_{BEQ}}{R_B}$$

$$I_{CQ} = \beta\, I_{BQ}$$

$$U_{CEQ} = U_{CC} - I_{CQ} R_C$$

2. 动态分析（求动态工作指标）

当放大器输入信号后，电路中的电压、电流将在静态值的基础上发生相对输入信号的变化。放大器的动态分析一般用计算分析法（微变等效电路分析法）。

由于微变等效电路是针对小信号电压来说的，而小信号电压属于交流量，故可以用相量的形式来表示微变等效电路。共射极放大器及其微变等效电路如图 3.21 所示。

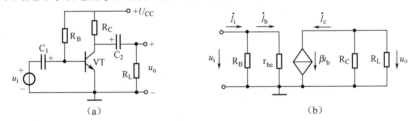

图 3.21　共射极放大器及其微变等效电路

（1）电压放大倍数：

$$\dot{A}_u = \frac{u_o}{u_i} = \frac{-\beta R_L' \dot{I}_b}{\dot{I}_b r_{be}} = -\frac{\beta(R_C \mathbin{/\!/} R_L)}{r_{be}}$$

式中，r_{be} 为三极管的输入电阻，工程上常用下式来估算：

$$r_{be} = 300\Omega + \frac{26mV}{I_B}$$

$\dot{A}_u$ 为负值，说明输入电压与输出电压的相位相反。

若无 R_L，则电压的放大倍数 $\dot{A}_u' = -\dfrac{\beta R_C}{r_{be}}$。

因 $R_L' < R_L$，所以不接负载时电路的放大倍数比接负载时的大，即接上负载后放大倍数下降了。

（2）输入电阻。放大器的输入电阻是指从放大器的输入端向右看进去的等效电阻，若把一个内阻为 R_s 的信号源加至放大器的输入端，则放大器就相当于信号源的一个负载电阻。这个负载电阻为放大器的输入电阻 R_i，即

$$R_i = R_B \mathbin{/\!/} r_{be}$$

电路的输入电阻 R_i 的值越大，从信号源取得的电流越小，内阻消耗的电压也就越小，从而使放大器的输入电压越接近于信号源电压，因此一般总是希望得到较大的输入电阻。

（3）输出电阻。对负载而言，放大器相当于信号源，可以对它进行戴维南等效变换，戴维南等效电路的内阻就是输出电阻 R_o，即

$$R_o = R_C$$

输出电阻 R_o 的值越小，带负载后的电压 U_o 越接近于等效电压源的电压 U_o'，故用 R_o 来衡量放大器的带负载能力。R_o 的值越小，放大器的带负载能力越强。

⏰ 自我测试8

自我测试8

1.（单选题）在基本放大器中，经过三极管的信号（　　）。
A. 只有直流成分　　　　B. 只有交流成分　　　C. 交直流成分均有
2.（判断题）放大器中的输入信号和输出信号的波形总是成反相关系。（　　）
A. 正确　　　　　　　　　　　　　B. 错误
3.（判断题）共射极基本放大器的输出电压与输入电压的相位相反，成反相关系。（　　）
A. 正确　　　　　　　　　　　　　B. 错误
4.（判断题）放大器中的所有电容均起通交流、隔直流的作用。（　　）
A. 正确　　　　　　　　　　　　　B. 错误
5.（单选题）若共射极放大器中的静态工作点设置过高，则容易出现（　　）。
A. 饱和失真　　　　　B. 截止失真　　　　　C. 交越失真

3.2.5　静态工作点稳定电路

1. 温度对静态工作点的影响

对前面的电路（固定偏置信号放大器）而言，静态工作点由 I_{BQ}、I_{CQ} 和 U_{CEQ} 决定。I_{BQ} 几乎不随温度而变化，但 I_{CQ} 与 U_{CEQ} 却受温度影响。当温度 T 升高时会使 I_C 增大，从而使输出特性曲线上移，造成 Q 点上移，严重时可能使三极管进入饱和区而失去放大能力。为此，需要改进偏置电路，当温度升高时，能够自动减小 I_B，从而使 I_C 减小，I_C 返回原值，Q 点基本保持稳定。

2. 改进措施：采取分压式偏置稳定电路

分压式偏置稳定电路与固定偏置电路的区别在于基极与发射极多了一个偏置电阻 R_{B2} 和发射极电阻 R_E，如图3.22所示，该电路具有以下特点。

（1）利用电阻 R_{B1} 和 R_{B2} 分压来稳定基极电位。设流经电阻 R_{B1} 和 R_{B2} 的电流为 I_1 和 I_2，则有 $I_1 = I_2 + I_{BQ}$，当 $I_1 \gg I_{BQ}$ 时，$I_1 \approx I_2$，则有

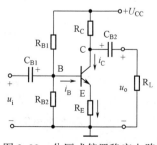

图 3.22　分压式偏置稳定电路

$$U_B \approx \frac{R_{B2}}{R_{B1} + R_{B2}} U_{CC}$$

即基极电位 U_B 由电压 U_{CC} 经电阻 R_{B1} 和 R_{B2} 分压决定，与温度 T 无关。

（2）利用发射极电阻来获得反映电流 I_E 变化的信号反馈到输入端，从而实现工作点稳定。原理：$T \uparrow \to I_C \uparrow \to I_E \uparrow \to U_E \uparrow = I_E R_E \uparrow \to U_{BE} \downarrow = U_B - U_E \uparrow \to I_B \downarrow \to I_C \downarrow$，可见本电路稳压的过程实际上是由于加了 R_E 形成了负反馈过程。

分压式偏置稳定电路的微变等效电路如图 3.23 所示。

（1）电压放大倍数：

$$\dot{A}_u = \frac{u_o}{u_i} = -\frac{\beta(R_C /\!/ R_L)}{r_{be} + (1 + \beta) R_E}$$

（2）输入电阻。

① 在不考虑电阻 R_{B1} 和 R_{B2} 时，$R_i' = [r_{be} + (1 + \beta) R_E]$。

② 在考虑电阻 R_{B1} 和 R_{B2} 时，$R_i = R_{B1} /\!/ R_{B2} /\!/ R_i' = R_{B1} /\!/ R_{B2} /\!/ [r_{be} + (1 + \beta) R_E]$。

（3）输出电阻 $R_o = R_C$。

结论：分压式偏置稳定电路可使工作点得到稳定，但却使电压放大倍数下降了。电路的改进措施为加旁路电容 C_E，如图 3.24 所示。

C_E 将 R_E 短路，R_E 对交流不起作用，电路的电压放大倍数增加了，即

$$\dot{A}_u = \frac{u_o}{u_i} = -\frac{\beta(R_C /\!/ R_L)}{r_{be}}$$

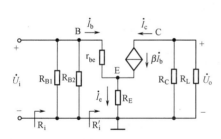

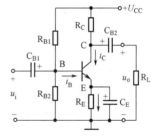

图 3.23 分压式偏置稳定电路的微变等效电路   图 3.24 分压式偏置稳定电路的改进电路

3.2.6 共集电极放大器

共集电极放大器如图 3.25 所示。它通过集电极直接（或通过一个小的限流电阻）与电源相连，而负载接在发射极上，即放大器的输入端仍为基极，输出端为发射极，而集电极是输入回路和输出回路共有的交流地端，所以被称为共集电极放大器。

1. 静态工作点

根据如图 3.25（b）所示的直流通路，列出基极回路电压方程：

$$U_{CC} = I_{BQ} R_B + U_{BEQ} + I_{EQ} R_E = I_{BQ} R_B + U_{BEQ} + (1 + \beta) I_{BQ} R_E$$

所以

$$I_{BQ} = \frac{U_{CC} - U_{BEQ}}{R_B + (1 + \beta) R_E}$$

$$I_{CQ} = \beta I_{BQ}$$
$$U_{CEQ} = U_{CC} - I_{EQ} R_E \approx U_{CC} - I_{CQ} R_E$$

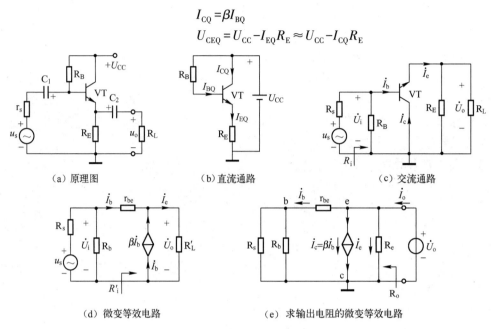

（a）原理图　　　　　　　（b）直流通路　　　　　　　（c）交流通路

（d）微变等效电路　　　　　（e）求输出电阻的微变等效电路

图 3.25　共集电极放大器

2. 电压放大倍数

根据如图 3.25（d）所示的微变等效电路，列出回路电压方程：

$$\dot{U}_o = \dot{I}_e R'_L = (1+\beta) \dot{I}_b R'_L$$

式中，$R'_L = R_E /\!/ R_L$

$$\dot{U}_i = \dot{I}_b r_{be} + \dot{I}_e R'_L = \dot{I}_b [r_{be} + (1+\beta) R'_L]$$

所以电压放大倍数为

$$\dot{A}_u = \frac{\dot{U}_o}{\dot{U}_i} = \frac{(1+\beta) \dot{I}_b R'_L}{\dot{I}_b [r_{be} + (1+\beta) R'_L]} = \frac{(1+\beta) R'_L}{r_{be} + (1+\beta) R'_L}$$

因为 $r_{be} \ll (1+\beta) R_L$，所以共集电极放大器的电压放大倍数小于 1，但接近于 1，输出电压与输入电压大小几乎相等，相位相同，表现为具有良好的电压跟随特性，故共集电极放大器又称射极跟随器。

3. 输入电阻

由微变等效电路得

$$R'_i = \frac{\dot{U}_i}{\dot{I}_b} = \frac{\dot{I}_b r_{be} + \dot{I}_e R'_L}{\dot{I}_b} = r_{be} + (1+\beta) R'_L$$

$$R_i = R_B /\!/ R'_i = R_B /\!/ [r_{be} + (1+\beta) R'_L]$$

R_i 可达几十千欧至几百千欧，所以共集电极放大器的输入电阻很大。

4. 输出电阻

在求输出电阻时，将信号源短路，保留信号源内阻 R_s，去掉 R_L，同时在输出端接上一

个电压信号 $\dot{U}_o$，产生电流 $\dot{I}_o$，则

$$\dot{I}_o = \dot{I}_b + \beta \dot{I}_b + \dot{I}_e = \frac{\dot{U}_o}{r_{be}+R_s/\!/R_B} + \frac{\beta \dot{U}_o}{r_{be}+R_s/\!/R_B} + \frac{\dot{U}_o}{R_E}$$

由此求得

$$R_o = \frac{\dot{U}_o}{\dot{I}_o} = \frac{R_E[r_{be}+(R_s/\!/R_B)]}{(1+\beta)R_E+[r_{be}+(R_s/\!/R_B)]}$$

一般有

$$(1+\beta)R_E \gg r_{be}+R_s/\!/R_B$$

所以

$$R_o \approx \frac{r_{be}+R_s/\!/R_B}{\beta}$$

可见，共集电极放大器的输出电阻是很小的，一般为几十欧到几百欧。

例 3.2　在图 3.25 中，已知 $U_{CC}=12V$，$R_E=3k\Omega$，$R_B=100k\Omega$，$R_L=1.5k\Omega$，信号源内阻 $R_s=500\Omega$，三极管的 $\beta=50$，$r_{be}=1k\Omega$，求静态工作点、电压放大倍数、输入电阻和输出电阻。

解：（1）静态工作点。忽略 U_{BEQ}，得

$$I_{BQ} \approx \frac{U_{CC}}{R_B+(1+\beta)R_E} = \frac{12}{100+(1+50)\times3} = 48\mu A$$

$$I_{CQ} = \beta I_{BQ} = 50\times48\mu A = 2400\mu A = 2.4mA$$

$$U_{CEQ} \approx U_{CC}-I_{CQ}R_e = 12V-2.4mA\times3k\Omega = 4.8V$$

（2）电压放大倍数 $\dot{A}_u$。由于

$$R'_L = R_E/\!/R_L = 3k\Omega/\!/1.5k\Omega = 1k\Omega$$

所以

$$\dot{A}_u = \frac{(1+\beta)R'_L}{r_{be}+(1+\beta)R'_L} = \frac{51\times1k\Omega}{1+51\times1k\Omega} \approx 0.98$$

（3）输入电阻：

$$R'_i = r_{be}+(1+\beta)R'_L = 1k\Omega+51\times1k\Omega = 52k\Omega$$

$$R_i = R_B/\!/R'_i = 100k\Omega/\!/52k\Omega \approx 33k\Omega$$

（4）输出电阻：

$$R_o \approx \frac{r_{be}+R_s/\!/R_B}{\beta} = \frac{1k\Omega+0.5k\Omega/\!/100k\Omega}{50} \approx 0.03k\Omega = 30\Omega$$

5. 共集电极放大器的特点

综上所述，共集电极放大器具有以下特点。

（1）电压放大倍数小于 1，但接近于 1，输出电压与输入电压相位相等，即电压跟随。

（2）虽然没有电压放大能力，但具有电流放大和功率放大能力。

（3）输入电阻大，输出电阻小。

6. 共集电极放大器的作用

共集电极放大器具有较大的输入电阻和较小的输出电阻，这是共集电极放大器最突出的优点。共集电极放大器常用作多级放大器的第一级或最末级，也可用作中间隔离级。用作输入级时，大的输入电阻可以减轻信号源的负荷，增大放大器的输入电压；用作输出级时，小的输出电阻可以减少负载变化对输出电压的影响，并易与低阻负载相匹配，向负载传送尽可能大的功率。

 小技能

静态工作点的调试

静态工作点的设定非常重要，它关系到放大器能否获得最大不失真输出。静态工作点由 R_B、R_C 和 U_{CC} 决定。一般来说，放大器的 U_{CC} 和 R_C 是固定不可调的，因此静态工作点的设定实际上就是通过调节 R_B（或确定 R_B）来获得最大不失真输出。通常用实验法调整静态工作点。

连接好电路，接通电源后，用示波器观察输出端波形，逐渐加大输入信号 u_i，直到输出波形的正负半周同时出现失真，否则必须反复调节 R_B，使其满足这一要求。去掉信号源，测出相应的直流电压和电流，也就确定了静态工作点，取下 R_B，测出 R_B 的值，用一个与之接近的电阻代替即可。

 自我测试9

1. （单选题）在分压式偏置的共射极放大器中，若 U_B 点电位过高，则电路易出现（　　　）。
　A. 截止失真　　　　　B. 饱和失真　　　　　C. 晶体管被烧损

自我测试9

2. （单选题）共集电极放大器的输出电阻小，说明该电路（　　　）。
　A. 带负载能力强　　　B. 带负载能力差　　　C. 减轻前级或信号源负荷
3. （单选题）基极电流 i_B 较大时，易引起静态工作点 Q 接近（　　　）。
　A. 截止区　　　　　　B. 饱和区　　　　　　C. 死区
4. （判断题）共集电极放大器没有电压放大能力，所以它毫无用处。（　　　）
　A. 正确　　　　　　　　　　　　　　　　B. 错误
5. （判断题）共集电极放大器的输入信号和输出信号成反相关系。（　　　）
　A. 正确　　　　　　　　　　　　　　　　B. 错误

3.3 【知识链接】　多级放大器

3.3.1　多级放大器的组成

通过前面的学习，我们掌握了单级放大器的组成、工作原理和性能。但是，在实际应用中，常常需要放大非常微弱的信号，仅靠单级放大器的电压增益已经无法满足要求。同时，对放大器的输入电阻、输出电阻等多方面的性能都会提出要求。这就需要将多个基本放大器连接起来，构成"多级放大器"，其中每个基本放大器叫作一"级"。

多级放大器方框图如图 3.26 所示，由输入级、中间级、输出级组成。

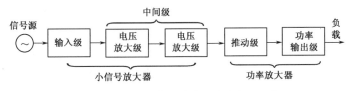

图 3.26 多级放大器方框图

输入级：多级放大器的第一级，要求输入电阻大，它的任务是从信号源中获取更多的信号。

中间级：信号放大，提供足够大的电压放大倍数（由共射极放大器实现）。

输出级：要求输出电阻很小，有很强的带负载能力（由共集电极放大器实现）。

3.3.2 耦合方式

两个单级放大器之间的连接方式称为耦合方式。

1. 阻容耦合方式

（1）电路原理图。将放大器前一级输出端通过电容与后一级输入端相连接的耦合方式叫作阻容耦合。图 3.27（a）所示为两级阻容耦合放大器，每级放大器都由分压式偏置稳定电路构成，属于共射极放大器，级与级之间通过电容来耦合。由于电容具有通交流、隔直流的作用，所以第一级的输出信号可以通过电容 C_2 传送到第二级，作为第二级的输入信号，但各级的静态工作点互不相关，各自独立。

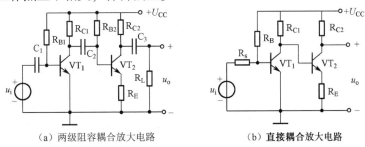

（a）两级阻容耦合放大电路   （b）直接耦合放大电路

图 3.27 耦合电路形式

（2）特点。通过电容 C 耦合，体积小、质量小，各级的静态工作点互不相关，各自独立。注意：阻容耦合方式不适合传送缓慢变化的信号。由于缓慢变化的信号在很短的时间间隔内相当于直流状态，而电容具有通交流、隔直流的作用，所以当缓慢变化的信号通过电容时会受到很大的衰减。

2. 直接耦合方式

（1）电路原理图。直接耦合放大器如图 3.27（b）所示。第一级放大器与第二级放大器通过导线直接耦合，且两级放大器都属于共射极放大器。从电路中可看出，直接耦合不仅可以放大交流信号，还可以放大直流信号，但由于各级的直流通路互相沟通，故各级的静态工作点是互相联系的，不是独立的。

（2）特点。用导线耦合，交流、直流都可放大，适用于集成化产品，但各级的静态工作点不是独立的，这将给 Q 点的调试带来不便。

3. 变压器耦合方式

通过变压器耦合，能实现阻抗、电压和电流的变换，此变换是针对交流信号而言的；缺点是体积大、质量大、价格高，且不能传送变化缓慢的信号或直流信号。可阅读相关资料详细了解该耦合方式。

3.3.3　多级放大器的分析

在如图 3.27（a）所示的两级阻容耦合放大器中，在分析第一级放大器时，要考虑后级的输入电阻是前级的负载电阻；在分析第二级放大器时，要考虑前级的输出电阻是后级的信号源内阻。

1. 输入电阻和输出电阻

以两级阻容耦合放大器为例，讲解多级放大器输入电阻和输出电阻的计算。

（1）输入电阻。第一级放大器的输入电阻，即 $R_i = R_{i1} = R_{B1} /\!/ r_{be1}$。

（2）输出电阻。最末级放大器的输出电阻，即 $R_o = R_{o2} = R_{C2}$。

2. 放大倍数及其表示方法

（1）放大倍数的倍数值表示法。在两级放大器中，前一级放大器的输出电压是第二级放大器的输入电压，则两级放大器的电压放大倍数为

$$\dot{A}_u = \frac{\dot{U}_{o2}}{\dot{U}_i} = \frac{\dot{U}_{o2}}{\dot{U}_{o1}} \cdot \frac{\dot{U}_{o1}}{\dot{U}_i} = \dot{A}_{u1} \cdot \dot{A}_{u2}$$

即两级放大器的电压放大倍数等于第一、二级放大器电压放大倍数的乘积，则 n 级放大器的电压放大倍数为

$$\dot{A}_u = \dot{A}_{u1} \cdot \dot{A}_{u2} \cdots \dot{A}_{un}$$

注意：在计算各级放大器的电压放大倍数时，要考虑后级放大器对前级放大器的影响，即后级放大器的输入电阻是前级放大器的负载电阻，则两级放大器的电压放大倍数为

$$\dot{A}_u = \dot{A}_{u1} \cdot \dot{A}_{u2} = -\frac{\beta_1(R_{C1} /\!/ R_{i2})}{r_{be1}} \times \left[-\frac{\beta_2(R_{C2} /\!/ R_L)}{r_{be2}} \right]$$

式中，$R_{i2} = R_{B2} /\!/ r_{be2}$。

（2）放大倍数的分贝表示法（用分贝来表示放大倍数时常称为增益）。

① 功率增益：

$$A_P(\mathrm{dB}) = 10\lg \left| \frac{P_o}{P_i} \right| \mathrm{dB}$$

② 电压增益：

$$A_{u}(\mathrm{dB}) = 20\lg\left|\frac{U_{o}}{U_{i}}\right|\mathrm{dB}$$

当输出量大于输入量时，$A_{u}(\mathrm{dB})$ 取正值；当输出量小于输入量时，$A_{u}(\mathrm{dB})$ 取负值；当输出量等于输入量时，$A_{u}(\mathrm{dB})$ 为 0。

放大倍数的分贝表示法的优点：计算和使用方便，可将多级放大器的乘除关系转化为对数的加减关系。

⏰ **自我测试 10**

自我测试 10

1. （单选题）在多级放大器中，第一级放大器电压放大 10 倍，第二级放大器放大 5 倍，总电压放大（ ）倍。

A. 10 　　　　　　 B. 5 　　　　　　 C. 15 　　　　　　 D. 50

2. （单选题）在多级放大器中，下列哪种耦合方式的静态工作点不是独立的。（ ）

A. 阻容耦合 　　　　　　　　　　 B. 直接耦合

3. （单选题）在多级放大器中，下列哪种耦合方式不能放大缓慢变化的输入信号。（ ）

A. 阻容耦合 　　　　　　　　　　 B. 直接耦合

3.4 【知识链接】 功率放大器

一个完整的放大器一般由多级放大器组成。例如，音频放大器在完成放大工作时，先由小信号放大器对输入信号进行电压放大，然后由功率放大器对信号进行功率放大，以推动扬声器工作。这种以功率放大为目的的放大器，叫作功率放大器。本节重点介绍 OCL 功率放大器、OTL 功率放大器和 BTL 功率放大器的工作原理。

3.4.1 功率放大器的要求

功率放大器简称功放。它和其他放大器一样，也是一种能量转换电路。但它们的任务是不相同的：电压放大器属于小信号放大器，主要用于增强电压或电流的幅度；功率放大器的主要任务是为了获得一定的、不失真的输出功率，一般在大信号状态下工作，输出信号驱动负载。例如，驱动扬声器，使之发出声音；驱动电机伺服电路，驱动显示设备的偏转线圈控制电机的运动状态。对功率放大器的要求有以下几点。

1. 足够大的输出功率

为了获得足够大的输出功率，要求功率放大器的电压和电流都有足够大的输出幅度，所以功放管工作在接近极限的状态下。

2. 效率要高

负载所获得的功率都是由直流电源提供的。对小信号的电压放大器来说，由于输出功率比较小，电源供给的功率较小，效率问题还不突出，而对功率放大器来说，由于输出功率大，需要电源提供的能量也大，所以效率问题就变得突出了。功率放大器的效率是指负载上的信号功率与电源的功率之比。效率越高，放大器的效果就越好。

3. 非线性失真要小

功率放大器是在大信号状态下工作的，所以输出信号不可避免地会产生非线性失真，而且输出功率越大，非线性失真越严重，这使输出功率和非线性失真成为一对矛盾。在实际应用时，不同场合对这两个参数的要求是不同的。例如，在功率控制系统中，主要以输出足够的功率为目的，对线性失真的要求不是很严格；但在测量系统、偏转系统和电声设备中，非线性失真就显得非常重要了。

4. 功放管要采取散热保护

在功率放大器中，功放管承受着高电压、大电流，其本身的管耗也大。在工作时，管耗产生的热量使功放管温度升高，当温度太高时，功放管容易老化，甚至损坏。通常把功放管外壳做成金属的，并加装散热片。同时，功放管承受的电压和电流均较大，导致被损坏的可能性也比较大，所以常采取过载保护措施。

3.4.2　低频功率放大器的种类

低频功率放大器按照功率放大器与负载之间耦合方式的不同，可分为电容耦合功率放大器，又称无输出变压器功率放大器，即 OTL 功率放大器；直接耦合功率放大器，又称无输出电容功率放大器，即 OCL 功率放大器；桥接式功率放大器，即 BTL 功率放大器。

根据功率放大器是否集成，低频功率放大器可分为分立元器件功率放大器和集成功率放大器。

按照三极管静态工作点选择的不同，低频功率放大器可分为甲类功率放大器、乙类功率放大器、甲乙类功率放大器。

（1）甲类功率放大器。三极管工作在正常放大区，且 Q 点在交流负载线的中点附近。输入信号在整个周期内都被同一只三极管放大，所以静态时管耗较大、效率低（最高效率也只能达到50%）。前面介绍的三极管放大器基本上都属于这一类。

（2）乙类功率放大器。三极管工作在截止区与放大区的交界处，且 Q 点为交流负载线和 $i_B = 0$ 的输出特性曲线的交点。输入信号在一个周期内，只有半个周期的信号被三极管放大，因此当需要放大一个周期的信号时，必须采用两只三极管分别对信号的正负半周进行放大。在理想状态下，静态管耗为零，效率很高，但会出现交越失真。

（3）甲乙类功率放大器。工作状态介于甲类和乙类之间，Q 点在交流负载线的下方，靠近截止区的位置。输入信号在一个周期内，有半个多周期的信号被三极管放大，三极管的导通时间大于半个周期，小于一个周期。甲乙类功率放大器也需要两只互补类型的三极管交替工作才能完成对整个周期信号的放大。其效率较高，并且消除了交越失真，应用广泛。

3.4.3　集成功率放大器

集成功率放大器由输入级、中间级、推动级、输出级、保护电路及偏置电路等组成。集成功率放大器常采用 OTL、OCL 和 BTL 三种。

1. OTL 功率放大器

图 3.28 所示为 OTL 功率放大器的基本原理图。

（1）特点。两只输出管是串联供电的，在电源电压较大时，可有较大的输出功率。

因为输出端有电容隔直，所以不必设置扬声器保护电路，但由于输出端有隔直电容，因此放大器的低频难以进一步展宽。

输出端的静态工作电压为电源电压的一半，这是检修中的一个重要参数。

（2）基本工作原理。这里分信号正半周、信号负半周来分析。

① 信号正半周。输入信号为正半周时，VT_1 导通，VT_2 截止，VT_1 由电源供电。输出信号电流 i_{C1} 的路径为电源正极→VT_1 的集电极→VT_1 的发射极→电容 C→扬声器→电源负极。扬声器放出信号正半周的声音，如图 3.28 实线所示。

② 信号负半周。输入信号为负半周时，VT_2 导通，VT_1 截止，VT_2 由电容 C 供电。输出信号电流 i_{C2} 的路径为电容 C 的正极→VT_2 的发射极→VT_2 的集电极→扬声器→电容 C 的负极。扬声器放出信号负半周的声音，如图 3.28 虚线所示。由于两只功放管的电路完全对称，所以输入信号的正负半周得到了均等放大。

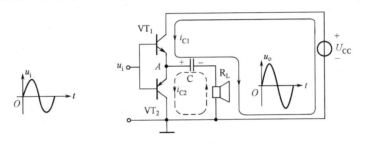

图 3.28　OTL 功率放大器的基本原理图

（3）典型 OTL 功率放大器。图 3.29 所示为典型 OTL 功率放大器，其放大原理如下。

① 输入信号 u_i 为负半周时。信号 u_i 经 C_1 耦合加在 VT_1 的基极，经 VT_1 放大后由集电极输出。由于三极管的倒相作用，集电极输出正极性信号，C、D 点电位升高，根据三极管的放大原理可知，此时 VT_2 导通，VT_3 截止。信号经 VT_2 放大后，从 VT_2 的发射极输出。从 VT_2 输出的信号电流 i_{C2} 由电源+U_{CC} 提供能源。i_{C2} 从 VT_2 的发射极出发，经输出耦合电容 C_3 自上而下通过扬声器 R_L 形成回路，同时对 C_3 充电。

② 输入信号 u_i 为正半周时。u_i 经 C_1 耦合加在 VT_1 的基极，经 VT_1 放大后由集电极输出。由于三极管的倒相作用，集电极输出负极性信号，C、D 点电位下降。根据三

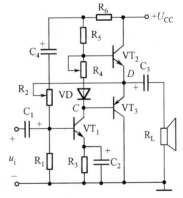

图 3.29　典型 OTL 功率放大器

极管的放大原理可知，此时 VT_2 截止，VT_3 导通，从 VT_3 输出的信号电流 i_{C3} 由耦合电容 C_3 提供能源。i_{C3} 从 VT_3 的发射极出发，经 VT_3 的集电极自下而上通过扬声器 R_L 形成回路。

2. 复合管的功率放大器

互补对称功率放大器要求功放管互补对称，但在实际情况中，要使互补的 NPN 型三极管和 PNP 型三极管配对是比较困难的，为此常常采用复合管的接法来实现互补，以解决大功率管互补配对困难的问题。同时，由于功率放大器需要输出足够大的功率，这就要求功放管必须是一对大电流、高耐压的大功率管，而且推动级必须输出足够大的激励电流。复合管的连接方法可以满足这一要求。

（1）复合管。按一定原则将两只或两只以上的功效管连接在一起，组成的一个等效功放管称为复合管，复合管的连接方法如图 3.30 所示。

复合管的主要特点：复合管的电流放大系数大大提高，总的电流放大系数是两单管电流放大系数的乘积，即 $\beta=\beta_1\beta_2$；由复合管组成的放大器的输入电阻增大很多。复合管的缺点是穿透电流较多，因而其温度稳定性变差。

复合管连接规律：在复合时，第一只功放管为小功率管，第二只功放管为大功率管。复合管的导电极性是由第一只功放管的极性决定的。复合管内部各功放管的各极电流方向都符合原来的极性，并符合基尔霍夫电流定律。

（2）复合管的功率放大器。图 3.31 所示为采用复合管的互补对称功率放大器，VT_2 和 VT_4 复合成一只 NPN 型三极管，VT_3 和 VT_5 复合成一只 PNP 型三极管。图中，R_6、R_7 分别为 VT_2、VT_3 的电流负反馈电阻，也可以说为 VT_4、VT_5 提供基极偏置，有的也把 R_6、R_7 称为复合管的泻透电阻。R_8 和 C_4 组成移相网络，用于改善输出的负载特性。

图 3.32 所示为采用复合管的准互补对称功率放大器。图中，VT_2 和 VT_4 复合成一个 NPN 型三极管，VT_3 和 VT_5 复合成一个 PNP 型三极管。由于 VT_4 和 VT_5 都为 NPN 型三极管，不是互补型三极管，但两只复合管是互补的，所以这种情况的功率放大器称为准互补对称功率放大器。

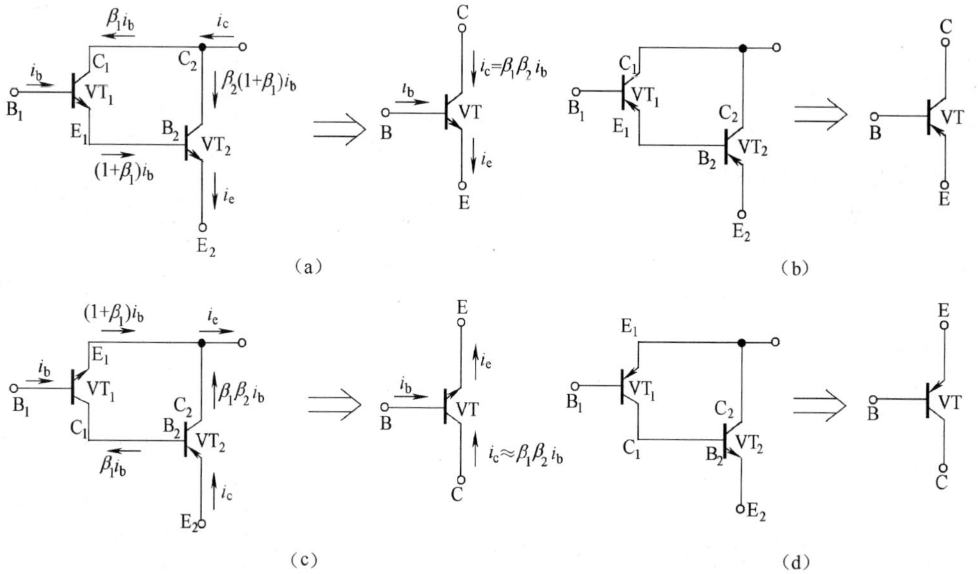

图 3.30　复合管的连接方法

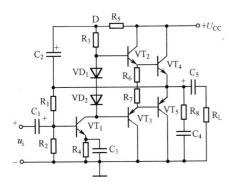

图3.31　采用复合管的互补对称功率放大器

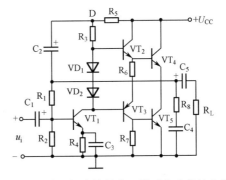

图3.32　采用复合管的准互补对称功率放大器

3. OCL 功率放大器

OCL 的含义是没有输出电容。OCL 功率放大器是在 OTL 功率放大器的基础上发展起来的一种全频带、直接耦合的低频功率放大器，在高保真扩音系统中得到了广泛应用。

（1）特点。与 OTL 功率放大器相比，OCL 功率放大器具有以下特点。

① 省去了输出电容，使放大器的低频特性范围增大。

② 由于没有隔直流的输出电容，所以必须设置扬声器保护电路。

③ 采用正负两组电源供电，使电路的结构复杂了一些。

④ 输出端的静态工作电压为零，这也是检修中的一个重要参数。

（2）基本工作原理。OCL 功率放大器的两只功效管是参数相同的异极性管，上管是 NPN 型三极管，下管是 PNP 型三极管。该电路有两组电源：正电源和负电源。

OCL 功率放大器的基本工作原理如下。

① 输入信号为正半周时，VT_1 导通、VT_2 截止，VT_1 由正电源供电。输出信号电流 i_{C1} 的路径为 VT_1 的集电极→VT_1 的发射极→自左而右通过扬声器→地。扬声器放出信号正半周的声音，如图3.33实线所示。

② 输入信号为负半周时，VT_2 导通、VT_1 截止，VT_2 由负电源供电。输出信号电流 i_{C2} 的路径为 VT_2 的集电极→地→自右向左通过扬声器→VT_2 的发射极。扬声器放出信号负半周的声音，如图3.33虚线所示。

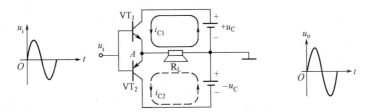

图3.33　OCL 功率放大器基本原理图

由于两只功放管的电路完全对称，所以输入信号的正负半周得到了均等放大。该电路的功放输出端与扬声器直接耦合，实现了高保真、全频带放大。

4. BTL 功率放大器

（1）电路。BTL 功率放大器是桥接式推挽电路的简称，也叫作双端推挽电路。它是在 OCL、OTL 功率放大器的基础上发展起来的一种功率放大器。图 3.34 所示为 BTL 功率放大器的原理图。BTL 功率放大器的结构图如图 3.35 所示。4 只功放管连接成电桥形式，负载 R_L 不接地，而是接在电桥的对角线上。

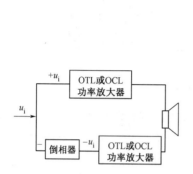 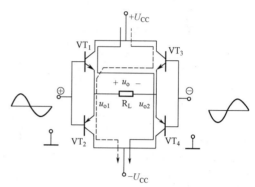

图 3.34　BTL 功率放大器的原理图　　　　图 3.35　BTL 功率放大器的结构图

（2）工作原理。从电路结构上来看，两个 OCL 功率放大器的输出端分别接在负载的两端。电路在静态时，两个输出端保持等电位，这时负载两端电位相等，无直流电流流过负载。在有信号输入时，两输入端分别加上幅度相等、相位相反的信号。输入信号为正半周时，VT_1、VT_4 导通，VT_2、VT_3 截止。导通电流流向为正电源→VT_1→负载 R_L→VT_4→负电源，如图 3.35 实线所示，负载得到了正半周波形。

输入信号为负半周时，VT_2、VT_3 导通，VT_1、VT_4 截止。导通电流流向为正电源→VT_3→负载 R_L→VT_2→负电源，如图 3.35 虚线所示，负载得到负半周波形。4 只功放管以推挽方式轮流工作，共同完成对一个周期信号的放大。VT_1 导通时，VT_4 也导通，在这半个周期内，负载两端的电位差为 $2\Delta u_{o1}$。在理想情况下，VT_1 导通时，u_{o1} 从 0 上升到 U_{CC}，即 $\Delta u_{o1} = U_{CC}$；而 VT_4 导通时，u_{o2} 从 0 下降到 $-U_{CC}$，即 $\Delta u_{o2} = -U_{CC}$。这样，负载上的电位差为 $\Delta U_L = 2U_{CC}$。在另外半个周期内，VT_2 和 VT_3 导通，负载上的电位差为 $\Delta U_L = 2U_{CC}$，即 BTL 功率放大器负载上的正弦波最大峰值电压为电源电压的两倍。由于输出功率与输出电压的平方成正比，因此在同样条件下，BTL 功率放大器的输出功率为 OTL 或 OCL 功率放大器的 4 倍。

BTL 功率放大器可以由两个完全相同的 OTL 或 OCL 功率放大器按如图 3.35 所示的方式组成。由图 3.35 可见，BTL 功率放大器需要的元器件比 OTL 或 OCL 功率放大器多一倍，因此用分立元器件来构成 BTL 功率放大器就显得复杂，成本也比较高。根据电桥平衡原理，BTL 功率放大器左右两臂的三极管分别配对即可实现桥路的对称。这种同极性、同型号间三极管的配对显然比互补对管的配对更加容易，也更加经济，特别适合制作输出级为分立元器件的功率放大器。

小技能

复合管功率放大器的保护式调试和维修

（1）在调试和维修复合管功率放大器时，为了减少大功率管的损害，一般先不把大功率管接入电路。由前面复合管的知识可知，此时功率放大器仍然可以进行功率放大，只是这时的输出功率较小。注意，这时信号不要太大，以免损害复合管中的小功率管。在保证电路能正常工作后，才可接入大功率管。

（2）在调试和维修无负载保护的 OCL 功率放大器时，可以在输出端和扬声器之间接入一个电容，以达到保护扬声器的目的。

 自我测试 11

1.（单选题）功率放大器易出现的失真现象是（　　　）。

A. 饱和失真　　　　　　　　B. 截止失真　　　　　　　C. 交越失真

2.（单选题）大小相等，方向相同的信号是（　　　）。

A. 差模信号　　　　　　　　　　　　　　B. 共模信号

3.（单选题）功率放大首先考虑的问题是（　　　）。

A. 大功率管的工作效率　　　B. 不失真问题　　　　　C. 大功率管的极限参数

自我测试 11

3.5 【知识链接】 场效应三极管

场效应三极管（简称场效应管）是利用电场效应来控制半导体多数载流子导电的单极型半导体器件。它不仅具有一般三极管体积小、质量小、耗电省、寿命长的特点，还具有输入阻抗高、噪声低、热稳定性好、抗干扰能力强和制造工艺简单的优点，因此在大规模集成电路中得到了广泛应用。

场效应管是只有一种载流子参与导电的半导体器件，是一种用输入电压控制输出电流的半导体器件。根据参与导电的载流子来划分，有以电子为载流子的 N 沟道器件和以空穴为载流子的 P 沟道器件，按结构来划分，有结型场效应管（JFET）和绝缘栅型场效应管（IG-FET）。IGFET 又称金属–氧化物–半导体效应管（MOSFET）。

3.5.1 MOSFET 的结构及工作原理

1. 结构

MOSFET 分为增强型（N 沟道、P 沟道）、耗尽型（N 沟道、P 沟道）两种。

N 沟道增强型 MOSFET 的结构和符号如图 3.36 所示。电极 D 称为漏极，相当于双极型三极管的集电极；G 称为栅极，相当于基极；S 称为源极，相当于发射极。

根据图 3.36，N 沟道增强型 MOSFET 基本上是一种左

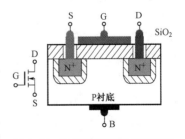

图 3.36　N 沟道增强型 MOSFET 的结构和符号

右对称的拓扑结构。先在 P 型半导体上生成一层 SiO_2 薄膜绝缘层，然后用光刻工艺扩散两个高掺杂的 N 型区，从 N 型区引出电极，一个是漏极，一个是源极。在源极和漏极之间的绝缘层上镀一层金属铝作为栅极。P 型半导体称为衬底，用符号 B 表示。

2. 工作原理

（1）栅源电压 U_{GS} 的控制作用。当 $U_{GS}=0V$ 时，漏源之间相当于两个背靠背的二极管，在漏源间加上电压不会形成电流。

当栅极加有电压，且 $0<U_{GS}<U_{GS(th)}$ [$U_{GS(th)}$ 称为开启电压] 时，通过栅极和衬底间的电容作用，将靠近栅极下方的 P 型半导体中的空穴向下方排斥，出现一层薄的负离子耗尽层。耗尽层中的少数载流子将向表层运动，但数量有限，不足以形成沟道将漏极和源极沟通，所以也不足以形成漏极电流 I_D。

进一步增大 U_{GS}，当 $U_{GS}>U_{GS(th)}$ 时，由于此时的栅极电压已经比较大，在靠近栅极下方的 P 型半导体表层中聚集较多的电子，可以形成沟道将漏极和源极沟通。如果此时加有漏源电压，就可以形成漏极电流 I_D。在栅极下方形成的导电沟道中的电子因与 P 型半导体的载流子空穴极性相反，故称为反型层。随着 U_{GS} 继续增大，I_D 将不断增大。当 $U_{GS}=0$ 时，$I_D=0$，只有当 $U_{GS}>U_{GS(th)}$ 时，才会形成漏极电流，这种 MOSFET 称为增强型 MOSFET。U_{GS} 对漏极电流的控制关系可用 $I_D=f(U_{GS})|_{U_{DS}=常数}$ 描述，称为转移特性曲线，如图 3.37 所示。

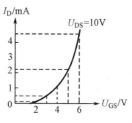

图 3.37　转移特性曲线

转移特性曲线斜率 g_m 的大小反映了栅源电压对漏极电流的控制作用。g_m 的量纲为 mA/V，所以 g_m 又称跨导。跨导的定义式为

$$g_m = \Delta I_D / \Delta U_{GS}|_{U_{DS}=常数}$$

（2）漏源电压 U_{DS} 对漏极电流 I_D 的控制作用。当 $U_{GS}>U_{GS(th)}$，且固定为某一值时，分析漏源电压 U_{DS} 对漏极电流 I_D 的影响。U_{DS} 的不同变化对沟道的影响如图 3.38 所示，有如下关系：

$$U_{DS} = U_{DG}+U_{GS} = -U_{GD}+U_{GS}$$
$$U_{GD} = U_{GS}-U_{DS}$$

当 U_{DS} 为 0 或较小时，相当于 $U_{GD}>U_{GS(th)}$，如图 3.38（a）所示。此时，U_{DS} 基本均匀降落在沟道中，沟道呈斜线分布。在紧靠漏极处，沟道达到开启的程度以后，漏源间有电流通过。

当 U_{DS} 增大到使 $U_{GD}=U_{GS(th)}$ 时，如图 3.38（b）所示。这相当于 U_{DS} 增大使漏极处沟道缩减到刚刚开启的情况，称为预夹断，此时的漏极电流 I_D 基本饱和。当 U_{DS} 增大到使 $U_{GD}<U_{GS(th)}$ 时，如图 3.38（c）所示。此时预夹断区域加长，伸向源极。U_{DS} 增大的部分基本降落在随之加长的夹断沟道上，I_D 基本不变。

当 $U_{GS}>U_{GS(th)}$，且固定为某一值时，U_{DS} 对 I_D 的影响，即 $I_D=f(U_{DS})|_{U_{GS}=常数}$ 关系曲线如图 3.39 所示，称为漏极输出特性曲线。

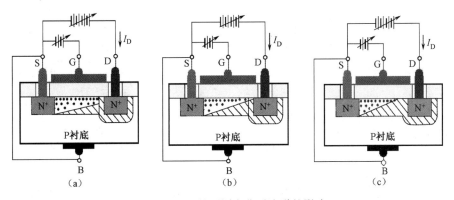

图 3.38 U_{DS} 的不同变化对沟道的影响

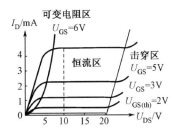

图 3.39 漏极输出特性曲线

N 沟道耗尽型 MOSFET 的结构和符号如图 3.40（a）所示。它在栅极下方的 SiO_2 绝缘层中掺入了大量的金属正离子，所以当 $U_{GS}=0$ 时，这些正离子已经感应出反型层，形成了沟道。于是，只要有漏源电压，就有漏极电流。当 $U_{GS}>0$ 时，I_D 进一步增大；当 $U_{GS}<0$ 时，随着 U_{GS} 的减小，漏极电流逐渐减小，直至 $I_D=0$。对应 $I_D=0$ 的 U_{GS} 称为夹断电压，用符号 $U_{GS(off)}$ 表示，有时也用 U_P 表示。N 沟道耗尽型 MOSFET 的转移特性曲线如图 3.40（b）所示。

P 沟道 MOSFET 的工作原理与 N 沟道 MOSFET 完全相同，只是导电的载流子、供电电压极性不同。

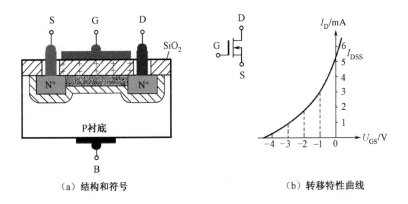

（a）结构和符号　　　　　　　　（b）转移特性曲线

图 3.40 N 沟道耗尽型 MOSFET

3.5.2　场效应管的参数和型号

1. 场效应管的参数

（1）开启电压 $U_{GS(th)}$（或 U_T）。开启电压是增强型 MOSFET 的参数，栅源电压小于开启电压的绝对值，场效应管不能导通。

（2）夹断电压 $U_{GS(off)}$（或 U_P）。夹断电压是耗尽型 MOSFET 的参数，当 $U_{GS} = U_{GS(off)}$ 时，漏极电流为零。

（3）饱和漏极电流 I_{DSS}。当 $U_{GS} = 0$ 时，耗尽型 MOSFET 所对应的漏极电流为饱和漏极电流。

（4）输入电阻 R_{GS}。场效应管的栅源输入电阻的典型值，对于结型场效应管，反偏时，R_{GS} 约大于 $10^7\Omega$；对于 MOSFET，R_{GS} 为 $10^9 \sim 10^{15}\Omega$。

（5）低频跨导 g_m。低频跨导反映了栅源电压对漏极电流的控制作用。g_m 可以在转移特性曲线上求取，单位是 mS（毫西门子）。

（6）最大漏极功耗 P_{DM}。最大漏极功耗可由 $P_{DM} = U_{DS}I_D$ 决定，与双极型三极管的 P_{CM} 相当。

2. 场效应管的型号

现行场效应管的型号有两种命名方法。第一种命名方法与双极型三极管相同，第三位字母 J 代表结型场效应管，O 代表 MOSFET，第二位字母代表材料，D 是 P 型硅，反型层是 N 沟道，C 是 N 型硅 P 沟道。例如，3DJ6D 是 N 沟道结型场效应管，3DO6C 是 N 沟道 MOSFET。

第二种命名方法是 CS××：CS 代表场效应管，×× 以数字代表型号的序号，用字母代表同一型号中的不同规格，如 CS14A、CS45G 等。

3.5.3　场效应管的正确使用

（1）根据电路的要求，选择合适的管型和性能参数。

（2）对于低压小信号放大器，应主要考虑小功率场效应管的跨导、输入阻抗、夹断电压及输出阻抗等；对于大功率电路，主要考虑场效应管的极限参数，使用时严禁超过其极限参数。

（3）使用场效应管时，各极必须加正确的工作电压。

（4）MOSFET 在保管或运输过程中，应将 3 个电极短接并用金属包装屏蔽，以防栅极被感应电动势击穿。

（5）焊接 MOSFET 时，应断电焊接，且先焊源极，再焊栅极，最后焊漏极。

（6）有些场效应管将衬底引出，故有 4 个引脚，这种场效应管的漏极与源极可互换使用。

（7）场效应管的代换应遵循如下原则：管型相同、参数特性相近、形体相似。这样才能保证原电路的性能不变，且易安装。

 小技能

结型场效应管的检测

根据结型场效应管的 PN 结正反向电阻的不同，可用万用表对其 3 个电极进行判别。将万用表拨至 R×1k 挡，用黑表笔接任意一个电极，红表笔依次触碰其他两个电极。若两次测得的阻值均较小且近似相等，则黑表笔所接电极为栅极，另外两个电极分别是源极和漏极，且该场效应管为 N 沟道。结型场效应管的漏极和源极在原则上可互换。

用红表笔接任意一个电极，黑表笔分别触碰另外两个电极，若两次测得的阻值均较小且近似相等，则红表笔所接电极为栅极，且该场效应管为 P 沟道。

小　　结

1. 三极管是由两个 PN 结构成的半导体器件，分为 NPN 型和 PNP 型两大类。三极管具有电流放大作用，其实质是电流控制作用。

2. 通常使用输入、输出特性来描述三极管的性能。特性曲线可以划分成饱和区、放大区和截止区。当发射结加正向电压、集电结加反向电压时，三极管处于放大状态。

3. 对放大器的基本要求是能实现对信号的不失真放大。只有建立合适的静态工作点，使三极管处于放大状态，电路才能实现对信号的不失真放大。

4. 共集电极放大器虽然没有电压放大能力，但具有输入电阻大、输出电阻小的优点，常用作多级放大器的输入级、中间级和输出级。

5. 多级放大器的级间耦合方式有阻容耦合、直接耦合和变压器耦合三种。多级放大器的电压放大倍数等于各单级放大器的电压放大倍数的乘积；输入电阻为第一级放大器的输入电阻；输出电阻为最末级放大器的输出电阻。

6. 当信号的频率下降或升高时，放大器的电压放大倍数会降低，这种关系称为幅频特性。

7. 功率放大器的主要作用是向负载提供足够大的交流功率，以推动执行装置。要求功率放大器输出功率大、效率高、非线性失真小，并能保证三极管可靠工作。功率放大器的主要指标有输出功率、效率、管耗等。

8. 集成功率放大器具有制造成本低、体积小、质量小、工作稳定、外围元器件少和调试方便等特点，所以应用非常广泛。

9. 场效应管是一种电压控制型器件，有绝缘栅型和结型两种类型，每种类型又分为 P 沟道和 N 沟道两种。绝缘栅型还可以分为增强型和耗尽型两种。

10. 与三极管相比，场效应管放大器具有很大的输入电阻，但其电压放大倍数较低。

习　题　3

一、填空题

3.1　NPN 型三极管工作在放大区时，三个电极的电位关系为 U_C＿＿＿ U_B＿＿＿ U_E。

3.2　放大器要设计合适的静态工作点，若静态工作点过高，则容易出现＿＿＿失真；若静态工作点过低，则容易出现＿＿＿失真。

3.3　在两级放大器中，第一级放大器的放大倍数为 60，第二级放大器的放大倍数为 80，则总的放大倍数为＿＿＿＿＿。

3.4　共集电极放大器的特点是电压放大倍数＿＿＿＿＿＿，输入电阻很＿＿＿＿，输出电阻很＿＿＿＿
＿＿＿＿＿＿。

3.5　三极管的内部是由＿＿区、＿＿区、＿＿区和＿＿结、＿＿结组成的。三极管对外引出电极分别
是＿＿极、＿＿极和＿＿极。

3.6　基本放大器的三种组态分别是＿＿放大器、＿＿放大器和＿＿放大器。

3.7　放大器应遵循的基本原则是＿＿＿结正偏，＿＿＿结反偏。

3.8　对放大器来说，总是希望电路的输入电阻＿＿＿越好，因为这可以减轻信号源的负荷。又希望放
大器的输出电阻＿＿＿越好，因为这可以增强放大器的带负载能力。

3.9　放大器有两种工作状态，当 $u_i = 0$ 时，电路的工作状态称为＿＿＿态，有交流信号 u_i 输入时，放
大器的工作状态称为＿＿＿＿态。在＿＿＿态情况下，三极管各极电压、电流均包含＿＿＿分量和＿＿＿
分量。放大器的输入电阻越＿＿＿＿，越能从前级信号源中获得较大的电信号；输出电阻越＿＿＿＿，放
大器带负载能力越强。

3.10　电压放大器中的三极管通常工作在＿＿＿＿状态下，功率放大器中的三极管通常工作在＿＿＿
参数情况下。功率放大器不仅要求有足够大的＿＿＿＿，而且要求电路中有足够大的＿＿＿＿，以获取足
够大的功率。

二、判断题 （正确的打√，错误的打×）

3.11　用万用表测试三极管时，选择 R×10k 挡。（　　　）

3.12　在任何情况下，三极管都具有电流放大能力。（　　　）

3.13　双极型三极管是电流控制型器件，单极型三极管是电压控制型器件。（　　　）

3.14　当三极管的集电极电流大于它的最大允许电流 I_{CM} 时，该管必被击穿。（　　　）

3.15　双极型三极管的集电极和发射极类型相同，因此可以互换使用。（　　　）

3.16　放大器中的所有电容，均起通交流、隔直流的作用。（　　　）

3.17　共集电极放大器的电压放大倍数等于 1，因此它在放大器中作用不大。（　　　）

3.18　分压式偏置共射极放大器是一种能够稳定静态工作点的放大器。（　　　）

3.19　设置静态工作点的目的是让交流信号叠加在直流量上全部通过放大器。（　　　）

3.20　共集电极放大器的输入信号与输出信号是相位差为 180° 的反相关系。（　　　）

3.21　普通放大器中存在的失真均为交越失真。（　　　）

3.22　放大器通常工作在小信号状态下，功率放大器通常工作在极限状态下。（　　　）

3.23　共射极放大器输出波形出现上削波，说明电路出现了饱和失真。（　　　）

3.24　采用适当的静态起始电压，可达到消除功率放大器中交越失真的目的。（　　　）

三、选择题

3.25　在基本放大器中的主要放大对象是（　　　）。

A. 直流信号　　　　　　　　B. 交流信号　　　　　　　　C. 交、直流信号均有

3.26　共射极放大器的反馈元件是（　　　）。

A. 电阻 R_B　　　　　　　　B. 电阻 R_E　　　　　　　　C. 电阻 R_C

3.27　电压放大器首先需要考虑的技术指标是（　　　）。

A. 放大器的电压增益　　　B. 不失真问题　　　C. 三极管的工作效率

3.28　三极管超过（　　　）所示极限参数时，必定被损坏。

A. 集电极最大允许电流 I_{CM}　　　　　　　　B. 集-射极间反向击穿电压 $U_{(BR)CEO}$

C. 集电极最大允许耗散功率 P_{CM}　　　　　　D. 三极管的电流放大倍数 β

四、综合题

3.29　二极管由一个 PN 结构成，三极管由两个 PN 结构成，那么能否将两只二极管背靠背地连接在一
起构成一只三极管？若不能，说说为什么？

3.30　如果把三极管的集电极和发射极对调使用，三极管会损坏吗？为什么？

3.31　放大器中为何设立静态工作点？静态工作点的高低对电路有何影响？

3.32　三极管电流放大作用的实质是什么？

3.33　某三极管的 1 脚流出的电流为 2.04mA，2 脚流进的电流为 2mA，3 脚流进的电流为 0.04mA，试判断各脚的名称和管型。

3.34　有两只三极管，一只三极管的 $\beta = 200$、$I_{CEO} = 200\mu A$，另一只三极管的 $\beta = 50$、$I_{CEO} = 10\mu A$，其他参数大致相同，通常应选用哪只三极管？为什么？

3.35　已知某放大器中三极管各电极电位如下，试确定各电位对应的电极及三极管类型。

（1）5V、1.2V、0.5V。　　　　　　　　（2）6V、5.8V、1V。

（3）9V、8.3V、2V。　　　　　　　　　（4）−8V、−0.2V、0V。

3.36　多级放大器有哪几种耦合方式？各有什么特点？

3.37　在两级放大器中，若 $A_{u1} = 50$，$A_{u2} = 60$，问总的电压放大倍数是多少？折算成分贝是多少？

3.38　当 NPN 型三极管放大器输入正弦信号时，由示波器观察到的输出波形如图 3.41 所示，试判断这是什么类型的失真？如何才能消除这种失真？

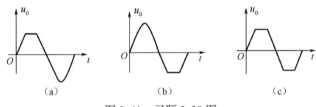

（a）　　　　　　　　　（b）　　　　　　　　　（c）

图 3.41　习题 3.38 图

3.39　在如图 3.42 所示的共射极基本放大器中，已知三极管的 $\beta = 50$，试求：

（1）绘制电路的直流通路。

（2）计算电路的静态工作点。

（3）若 $I_C = 0.5mA$、$U_{CE} = 6V$，求 R_B 和 R_C 的值。

（4）若 $R_L = 6k\Omega$，求电压放大倍数、输入电阻和输出电阻。

3.40　分压式偏置电路如图 3.43 所示，已知三极管的 $U_{BE} = 0.6V$，试求：

（1）放大器的静态工作点、电压放大倍数、输入电阻和输出电阻。

（2）将发射极电容 C_E 开路，重新计算电压放大倍数、输入电阻和输出电阻。

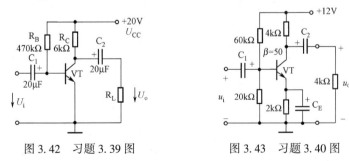

图 3.42　习题 3.39 图　　　　　　　　图 3.43　习题 3.40 图

3.41　共集电极放大器如图 3.44 所示。已知 $\beta = 50$，$R_B = 100k\Omega$，$R_E = 2k\Omega$，$R_L = 2k\Omega$，$R_s = 1k\Omega$，$U_{CC} = 12V$，$U_{BE} = 0.6V$，试求：

（1）电压放大倍数 $\dot{A}_u$。

（2）输入电阻。

（3）输出电阻。

3.42 在如图 3.45 所示的两级阻容耦合放大器中，$U_{CC} = 20V$，$R_{B11} = 100k\Omega$，$R_{B12} = 24k\Omega$，$R_{C1} = 15k\Omega$，$R_{E1} = 5.1k\Omega$，$R_{B21} = 33k\Omega$，$R_{B22} = 6.8k\Omega$，$R_{C2} = 7.5k\Omega$，$R_{E2} = 2k\Omega$，$r_{be1} = r_{be2} = 1k\Omega$，$R_L = 5k\Omega$，$\beta_1 = 60$，$\beta_2 = 120$，求总的电压放大倍数、输入电阻和输出电阻。

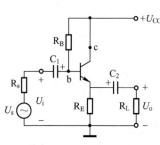 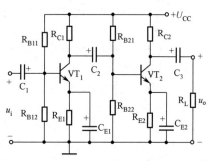

图 3.44 习题 3.41 图　　　　图 3.45 习题 3.42 图

项目 4　电冰箱冷藏室温控器的安装与调试

■ 能力目标

（1）能正确判断反馈类型及电路连接。

（2）能利用集成运放正确连接各种线性应用电路。

（3）能正确检测元器件和调试电路。

■ 知识目标

了解半导体的基本知识，熟悉二极管、三极管的结构及特性；掌握桥式整流电路的组成，了解集成运放的基本构成和工作特点；了解反馈放大器的基本构成及负反馈放大器对电路性能的影响；理解虚短、虚断和虚地的概念；理解反馈及深度负反馈的概念。

熟悉集成运放的线性应用与非线性应用；熟悉负反馈的极性判断、类型，以及 4 种组态类型。

■ 素质目标

（1）树立专业意识、严谨治学等职业素养。

（2）培养安全意识、规范意识等职业素养。

【任务工单】

工作任务 1		电冰箱冷藏室温控器的安装与调试				
姓名		班级		学号		日期	

🏮 学习情景

某电子科技有限公司接到某品牌电冰箱生产厂家的订单，要求其代工生产电冰箱冷藏室温控器，设计部把设计和验证的任务交给了电子工程师小明。经过思考，小明使用集成运放和门电路设计了一个电冰箱冷藏室温控器，并进行了实验制作和数据分析。电冰箱冷藏室温控器电路原理图如图 4.1 所示。

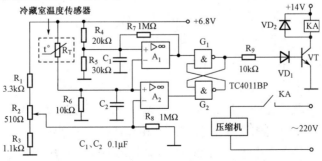

图 4.1　电冰箱冷藏室温控器电路原理图

学习目标

1. 了解电冰箱冷藏室温控器电路的基本结构。
2. 体会集成运放非线性应用——电压比较器控制电冰箱冷藏室上限温度和下限温度的方法。
3. 掌握继电器与三极管放大器的结合使用，掌握反馈在电冰箱系统中的应用。

任务要求

1. 各小组制订工作计划，小组成员按分配任务开展工作。
2. 识别原理图，明确元器件连接和电路连线。
3. 画出装配图。
4. 完成电路所需元器件的购买与检测。
5. 根据装配图，选择合适的敷铜板焊接、制作电路。
6. 自主完成电路功能检测和故障排除。
7. 各小组讨论完成电路的详细分析并撰写任务工单。

任务分组

班级		组号		分工
组长		学号		
组员		学号		
组员		学号		

获取信息

认真阅读任务要求，理解工作任务内容，明确工作任务的目标，为顺利完成工作任务，回答引导问题，做好充分的知识准备、技能准备和工具耗材的准备，同时拟订任务实施计划。

（1）温度传感器。作为冷藏室温度传感器的热敏电阻 R_T，其阻值随温度升高而减小，随温度降低而增大。

（2）电路组成。电阻 R_1、R_2 和 R_3 组成电冰箱温度下限控制电路，电阻 R_4、R_5 组成电冰箱温度上限控制电路，集成运放 A_1、A_2 和与非门 G_1、G_2 组成电压比较及转换输出电路，继电器 KA 和三极管 VT 组成电冰箱压缩机运转控制电路。

（3）电路工作原理。因某种原因，冷藏室温度升高，传感器电阻随之减小，A_1 反相输入端和 A_2 同相输入端电压随之增大，当冷藏室温度达到允许的最高温度时，A_1 反相输入端电压比其同相输入端电压大，A_1 输出低电平，G_1 输出高电平，VT 导通，KA 线圈得电，其常开触点闭合，压缩机工作，制冷剂开始循环制冷，使得冷藏室温度开始下降。

随着冷藏室温度下降，传感器电阻增大，A_1 反相输入端和 A_2 同相输入端电压随之减小，当温度降低到冷藏室允许的最低温度时，A_1 反相输入端电压比其同相输入端电压小，A_1 输出高电平；而 A_2 的同相输入端电压比反相输入端电压小，A_2 输出低电平，由 G_1、G_2 构成的 RS 触发器输出低电平，VT 截止，KA 线圈失电，其常开触点断开，压缩机断电停止工作，制冷剂也随之停止循环，使得冷藏室温度不再降低。

引导问题

1. 负温度系数热敏电阻的特性是随着温度升高，阻值（　　　　）。

2. 对于由反相比例运放组成的电压比较器，反相输入端电压比同相输入端大，则运放的输出为（　　　　　　）。

3. 对于由同相比例运放组成的电压比较器，同相输入端电压比反相输入端小，则运放的输出为（　　　　）。

4. 电路分析：根据图 4.1，如果三极管 VT 输入端为高电平，则继电器 KA 将会（　　　　），压缩机将会（　　　　　　）。

5. 功能分析：根据图 4.1，如果电冰箱冷藏室的温度升高超过设置的上限，会使得热敏电阻的阻值（　　　　），导致集成运放 A_1 的反相输入端电压（　　　　　），集成运放 A_1 输出（　　　　）。RS 触发器输出（　　　　），使得继电器 KA（　　　　）。

工作计划

工序步骤安排

序号	工作内容	计划用时	备注

进行决策

1. 各小组派代表阐述设计方案。

2. 各小组对其他小组的设计方案提出自己的看法。

3. 教师对大家完成的方案进行点评，选出最佳方案。

工作实施

1. 确定元器件需求。根据电路设计方案、芯片选型方案、元器件参数，填写元器件需求明细表。

元器件需求明细表

序号	名称	规格型号	数量
1	电路板	或用面包板代替	1 块
2	集成运放	LM358，DIP8（双列直插）	1 块
3	集成与非门	74LS00	1 块
4	三极管	9013	1 只
5	电阻	10kΩ、1MΩ 各 2 个	4 个
6	电阻	1.1kΩ、3.3kΩ、4.7kΩ、20kΩ、30kΩ、100kΩ 各 1 个	6 个
7	电位器	510Ω	1 个
8	涤纶电容	2G104	1 个
9	二极管	2CP31B	2 只
10	温度传感器	负温度系数热敏电阻	1 个
11	电灯泡	220V/40W	1 个

2. 安装。电路可以连接在自制的 PCB 上，也可以焊接在万能板上，或者通过面包板插接。

3. 调试。

①如果没有负温度系数热敏电阻 MF53-502-3950（最小电阻为 5kΩ），则实训时可用 4.7kΩ 的电阻表示电冰箱上限温度时传感器对应的电阻，可用 100kΩ 的电阻表示电冰箱下限温度时传感器对应的电阻。在温度传感器处可放置一个双掷开关，开关打到一边接 4.7kΩ 的电阻，打到另一边接 100kΩ 的电阻。分别观察电路的工作情况。

②验证时可用电灯泡代替压缩机观察工作情况。

课程思政

在完成电路焊接和调试时，第一次安装后可能无法实现功能，需要不断调试才能解决。提示同学们在电路制作过程中需要什么样的精神？

评价反馈

评分表（与项目 1 任务工单的评分表一样）。

工作任务 2	集成运放线性应用电路测试					
姓名		班级		学号		日期	

学习情景

某电子科技有限公司的电子工程师小明在设计和验证电冰箱冷藏室温控器电路的过程中，使用集成运放作为电压比较器，如何使用集成运放并应用在实际电路中。小明使用 LM358 设计了几个电路（具体电路详见工作实施）进行验证。

学习目标

1. 增强专业意识，培养良好的职业道德和职业习惯。

2. 掌握模拟电路实验装置的结构与使用方法。

3. 熟悉同相比例、反相比例运放及加法电路的组成与工作原理。

4. 验证集成运放完成各种运算的逻辑功能。

任务要求

1. 各小组制订工作计划。

2. 识别集成运放 LM358 的功能和引脚分布。

3. 完成 LM358 连接各种线性应用电路，并对其逻辑功能进行测试。

4. 通过小组讨论，完成电路详细分析并撰写任务工单。

任务分组

班级		组号		分工
组长		学号		
组员		学号		
组员		学号		

获取信息

认真阅读任务要求，理解工作任务内容，明确工作任务的目标，为顺利完成工作任务，回答引导问题，做好充分的知识准备、技能准备和工具耗材的准备，同时拟订任务实施计划。

引导问题

1. u_+ 和 u_- 分别是运放同相端和反相端的电位，i_+ 和 i_- 分别是运放同相端和反相端的电流。我们把 $u_+ = u_-$ 的现象称为（　　　）；把 $i_+ = i_- = 0$ 的现象称为（　　　）。

2. 在同相比例运放中，输入信号和输出信号（　　　）。如果反馈电阻 $R_f = 100\text{k}\Omega$，反馈网络中 $R_1 = 10\ \text{k}\Omega$，则根据电压放大倍数公式，$A_u =$（　　　）。

3. 在反相比例运放中，输入信号和输出信号（　　　）。如果反馈电阻 $R_f = 100\text{k}\Omega$，反馈网络中 $R_1 = 10\text{k}\Omega$，则根据电压放大倍数公式，$A_u =$（　　　）。

4. 在反相加法运算器中，电压放大倍数 $A_u =$（　　　）。

工作计划

工序步骤安排

序号	工作内容	计划用时	备注

进行决策

1. 各小组派代表阐述设计方案。
2. 各小组对其他小组的设计方案提出自己的看法。
3. 教师对大家完成的方案进行点评，选出最佳方案。

工作实施

1. 确定元器件需求。根据电路设计方案、芯片选型方案、元器件参数，填写元器件需求明细表。

元器件需求明细表

序号	名称	规格型号	数量
1	集成运放	LM358	1块
2	电阻	9.1kΩ	1个
3	电阻	10kΩ	3个
4	电阻	5kΩ	1个
5	电阻	100kΩ	1个

2. 反相比例运算电路。按照图 4.2 连接实验电路，接通 +5V 和 -5V 电源，输入端短路，进行调零和消振，按照下表的要求输入直流信号，用直流电压表测量对应的输出电压，记入表中。

反相比例运算电路

输入电压 U_i （V）	+0.1	+0.2	+0.3
输出电压 U_o （V）			
电压放大倍数 U_o/U_i			

3. 同相比例运算电路。按照图4.3连接实验电路，接通+5V和−5V电源，输入端短路，进行调零和消振，按照下表的要求输入直流信号，用直流电压表测量对应的输出电压，记入表中。

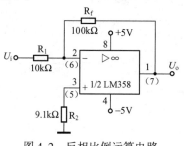

图4.2　反相比例运算电路

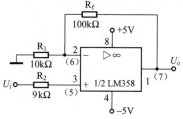

图4.3　同相比例运算电路

同相比例运算电路

输入电压 U_i （V）	+0.1	+0.2	+0.3
输出电压 U_o （V）			
电压放大倍数 U_o/U_i			

4. 反相加法运算电路。按照图4.4连接实验电路，接通+5V和−5V电源，输入端短路，进行调零和消振，按照下表的要求输入直流信号，用直流电压表测量对应的输出电压，记入表中。

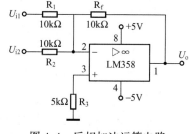

图4.4　反相加法运算电路

反相加法运算电路

输入电压 U_{i1} （V）	+0.1	+0.2	+0.3
输入电压 U_{i2} （V）	+0.1	+0.2	+0.3
输出电压 U_o （V）			
电压放大倍数 U_o/U_i			

课堂讨论

在反相加法运算电路中，若选定 $U_{i2} = -1V$，当考虑到集成运放的最大输出幅度（±12V）时，$|U_{i1}|$ 的大小不应超过（　　　）V。

课程思政

完成安装和测试后，你认为你应具备怎样的职业素养？

评价反馈

评分表（与项目1任务工单的评分表一样）。

4.1　【知识链接】　负反馈放大器

反馈广泛应用于工农业生产及日常生活中，放大器引入负反馈能稳定电路的工作点，提高电路的工作性能，但它必须以牺牲放大倍数为代价。

4.1.1　反馈的概念与判断

1. 集成运放的基本知识

集成运放由输入级、中间级、输出级及偏置电路 4 部分组成，如图 4.5 所示。集成运放的电路图形符号如图 4.6 所示。

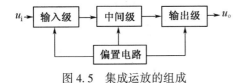

图 4.5　集成运放的组成　　　　　　图 4.6　集成运放的电路图形符号

集成运放具有两个输入端和一个输出端。在两个输入端中，一个是同相输入端，标注"+"，表示信号单独从同相输入端输入时，输出电压与之同相；另一个为反相输入端，标注"－"，表示信号单独从反相输入端输入时，输出电压与之反相。图中"▷"表示信号传递的方向；"A"为运放标志；"∞"表示在理想情况下运放的差模输入电阻为无穷大。

2. 反馈的概念

将放大器输出回路信号（电压或电流）的部分或全部，通过一定形式的电路（称为反馈网络）返送到输入回路，从而影响（增强或削弱）净输入信号，这种信号的返送过程称为反馈。输出回路中返送到输入回路的那部分信号称为反馈信号。图 4.7 所示为反馈放大器。图中，输出电压信号 u_o 通过电阻 R_f 送回到集成运放的反相输入端形成反馈。

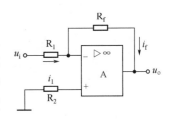

图 4.7　反馈放大器

3. 反馈极性的判断

在判断反馈的类型之前，应看放大器的输出端与输入端之间有无电路连接，以便由此确定有无反馈。不同类型反馈电路的性质是不同的。因此，在分析实际反馈电路时，必须首先判别其属于哪种反馈类型。若反馈信号使净输入信号加强，则称为正反馈；反之，若反馈信号使净输入信号减弱，则称为负反馈。

通常采用瞬时极性判别法来判别实际电路反馈极性的正负。首先假定输入信号在某一瞬时对地而言极性为正，然后由各级输入、输出之间的相位关系，分别推出其他有关各点的瞬时极性（用"⊕"表示电位升高，用"⊖"表示电位降低），最后判别反映到电路输入端的作用是加强了输入信号还是削弱了输入信号。使输入信号加强为正反馈，使输入信号削弱为负反馈。瞬时极性的判断方法：对三极管来说，如果信号由基极输入，由集电极输出，则极性相反；如果信号由发射极输出，则极性相同。对集成运放来说，如果信号从反相输入端输入，则极性相反；如果信号从同相输入端输入，则极性相同。

现在用瞬时极性法判断各电路反馈的极性,如图 4.8 所示。在图 4.8(a)中,反馈元件是 R_f,设输入信号瞬时极性为 ⊕,由于共射极放大器的集电极与基极反相,VT_1 集电极(也是 VT_2 的基极)电位为 ⊖,VT_2 集电极电位为 ⊕,电路经 C_2 的输出端电位为 ⊕,经 R_f 反馈到输入端后使原输入信号加强(输入信号与反馈信号同相),因而由 R_f 构成的反馈是正反馈。在图 4.8(b)中,反馈元件是 R_E,当输入信号瞬时极性为 ⊕ 时,基极电流与集电流瞬时增加,使发射极电位瞬时为 ⊕,结果净输入信号被削弱,因而是负反馈。同样,用瞬时极性法判断出图 4.8(c)和图 4.8(d)中的反馈为负反馈。

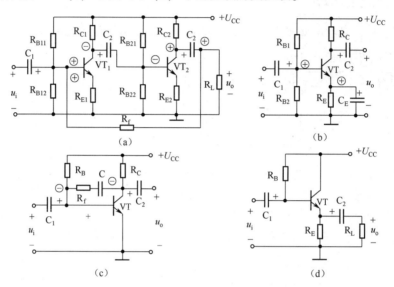

图 4.8　用瞬时极性法判断反馈极性

当输入信号与反馈信号在不同节点时,如果两者极性相同,则为负反馈;极性相反,则为正反馈。当输入信号与反馈信号在相同节点时,如果两者极性相同,则为正反馈;极性相反,则为负反馈。

4. 直流反馈与交流反馈

如果反馈信号中只有直流成分,即反馈元件只能反映直流量的变化,则称为直流反馈;如果反馈信号中只有交流部分,即反馈元件只能反映交流量的变化,则称为交流反馈。在有些情况下,反馈信号中既有直流成分,又有交流成分,称为交直流反馈。

例如,图 4.8(c)中的反馈信号通道仅通交流,不通直流,故为交流反馈;而图 4.8(b)中反馈信号的交流成分被 C_E 旁路掉,在 R_E 上产生的反馈信号只有直流成分,因此是直流反馈。

5. 电压反馈与电流反馈

如果反馈信号取自输出电压,则称为电压反馈[见图 4.8(a)],其反馈信号正比于输出电压;如果反馈信号取自输出电流,则称为电流反馈[见图 4.8(b)],其反馈信号正比于输出电流。

电压、电流反馈的判别常采用负载 R_L 短路法来进行。假设将负载 R_L 短路使输出电压为零,即 $u_o=0$,而 $i_o\neq0$。此时若反馈信号也随之为零,则说明反馈与输出电压成正比,为电压反馈；若反馈依然存在，则说明反馈不与输出电压成正比，为电流反馈。在图 4.5（a）中，令 $u_o = 0$，反馈信号随之消失，故为电压反馈。而在图 4.8（b）中，令 $u_o = 0$，反馈信号依然存在，故为电流反馈。

6. 串联反馈与并联反馈

如果反馈信号在放大器输入端以电压的形式出现，在输入端必定与输入电路串联，这就是串联反馈；如果反馈信号在放大器输入端以电流的形式出现，在输入端必定与输入电路并联，这就是并联反馈。

可以通过反馈信号与输入信号在基本放大器输入端的连接方式来判断串、并联反馈。如果反馈信号与输入信号串接在基本放大器输入端的不同节点，则为串联反馈；如果反馈信号与输入信号并接在基本放大器输入端的同一节点，则为并联反馈。由此可知图 4.5（a）、(b)、(c)、(d) 分别为并联反馈、串联反馈、并联反馈、串联反馈。

4.1.2　负反馈的四种组态

综合考虑放大器输出端取样方式的不同及放大器输入端叠加方式的不同，负反馈放大器可以分为电流串联、电流并联、电压串联、电压并联 4 种类型。

下面以具体的反馈电路为例，对这 4 种类型的负反馈放大器性能进行分析判断，找出其中的一些规律。

1. 电压串联负反馈

图 4.9 所示为一个电压串联负反馈电路。图中反馈信号（反馈回反相输入端）与输入信号（从同相输入端输入）串接在基本放大器输入端的不同节点，为串联反馈。当 $u_o = 0$ 时，u_f 随之消失，故为电压反馈。按照瞬时极性法，设同相输入信号瞬时极性为 $\oplus$，则运放输出信号为 $\oplus$，经反馈元件 R_f 回传至同相输入端也为 $\oplus$，结果使运放的净输入信号减小，因此这种反馈的极性为负反馈（当输入信号与反馈信号在不同节点时，如果两者极性相同，则为负反馈）。

2. 电压并联负反馈

图 4.10 所示为一个电压并联负反馈电路。反馈元件为 R_f，跨接在输出与输入回路之间，将放大器的输出电压引到反相输入端。当 $u_o = 0$ 时，u_f 随之消失，故为电压反馈。反馈信号与输入信号并接在运放反相输入端的同一节点，故为并联反馈。

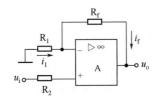

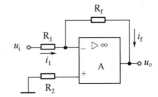

　　图 4.9　电压串联负反馈电路　　　　　　图 4.10　电压并联负反馈电路

根据瞬时极性法，设输入电压在反相输入端的瞬时极性为 $\oplus$，则运放输出电压的瞬时极性为⊖，通过反馈电阻 R_f 反馈回来的极性为⊖，输入信号与反馈信号极性相反，并且在同一节点叠加，净输入信号减少，故为负反馈。

3. 电流串联负反馈

图 4.11 所示为一个电流串联负反馈放大器。图中 R_{E1} 和 R_{E2} 是反馈元件，介于输入和输出回路之间，构成联系。

当 $u_o = 0$ 时，u_f 依然存在，故为电流反馈。反馈信号与输入信号不在同一节点，故为串联反馈。设某瞬时输入电压极性为⊕，发射极极性也为⊕，根据前述"输入信号与反馈信号在不同节点时，如果两者极性相同，则为负反馈"，故为负反馈。

4. 电流并联负反馈

图 4.12 所示为一个电流并联负反馈放大器。图中 R_f 是反馈元件，它将第二级（VT_2）的输出回路与第一级（VT_1）的输入回路联系起来，构成反馈通道。

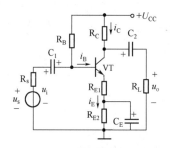
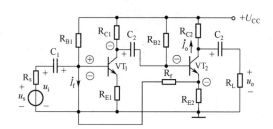

图 4.11　电流串联负反馈放大器　　　　　图 4.12　电流并联负反馈放大器

将负载短路，当 $u_o = 0$ 时，u_f 仍然存在，故为电流反馈。反馈信号与原输入信号在同一节点，故为并联反馈。

设输入电压瞬时极性为⊕，由于 VT_1 的反相作用，其集电极电位（VT_2 基极电位）降低，VT_2 的发射极电位也低，因而使反馈电流增加，导致净输入电流减少，故为负反馈。

4.1.3　反馈放大器的一般表达式

为了实现反馈，必须有一个既连接输出回路又连接输入回路的中间环节，称为反馈网络。反馈网络一般由电阻、电容组成。反馈放大器可用方框图加以说明，如图 4.13 所示。为了表示更一般的规律，图中用相量符号表示有关电量。其中 $\dot{X}_i$、$\dot{X}_o$、$\dot{X}_f$ 分别表示放大器的输入信号、输出信号和反馈信号，它们可以是电压，也可以是电流。⊕表示 $\dot{X}_i$ 与 $\dot{X}_f$ 两个信号的叠加，$\dot{X}_d$ 则是 $\dot{X}_i$ 与 $\dot{X}_f$ 叠加后得到的净输入信号。$\dot{A}$ 为放大器的开环放大倍数，又称开环增益，$\dot{A} = \dot{X}_o / \dot{X}_d$。开环放大器可以是单级放大，也可以是多级放大。$\dot{F}$ 称为反馈网络的反馈系数，$\dot{F} = \dot{X}_f / \dot{X}_o$。

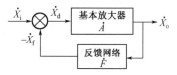

图 4.13　反馈放大器的方框图

在图 4.10 中，放大器的开环放大倍数为

$$\dot{A} = \dot{X}_o / \dot{X}_d$$

反馈系数为

$$\dot{F} = \dot{X}_f / \dot{X}_o$$

闭环放大倍数为

$$\dot{A}_f = \dot{X}_o / \dot{X}_i$$

放大器的净输入信号为

$$\dot{X}_d = \dot{X}_i - \dot{X}_f$$

由上述公式，可得

$$\dot{A}_f = \dot{X}_o / \dot{X}_i = \frac{\dot{X}_o}{\dot{X}_d + \dot{X}_f} = \frac{\dot{X}_o / \dot{X}_d}{1 + \dot{X}_f / \dot{X}_d} = \frac{\dot{A}}{1 + \dot{A}\dot{F}}$$

上式为负反馈放大器放大倍数的一般表达式，又称基本关系式。它反映了闭环放大倍数与开环放大倍数及反馈系数之间的关系。式中，$1 + \dot{A}\dot{F}$ 称为反馈深度，$1 + \dot{A}\dot{F}$ 越大，负反馈越深。放大器在中频范围内，各参数均为实数，上式可写成

$$A_f = \frac{A}{1 + AF}$$

上式表明，闭环放大倍数 A_f 是开环放大倍数 A 的 $1/(1+AF)$。可见，反馈深度表示了闭环放大倍数下降的倍数。当反馈深度 $|1+AF| \geqslant 10$ 时，闭环放大倍数降到开环放大倍数的 $1/10$ 以下。这时可认为电路处于深度负反馈，满足这个条件的放大器叫作深度负反馈放大器。

4.1.4　负反馈对放大器性能的影响

放大器引入负反馈后，会减小放大倍数，但其他性能却可以得到改善，如提高放大倍数的稳定性、展宽通频带、减小非线性失真、产生对输入电阻和输出电阻的影响等。

1. 减小放大倍数

根据前述，闭环放大倍数为 $A_f = \dfrac{A}{1+AF}$。负反馈时，$1+AF$ 总是大于 1，所以引进负反馈后，放大倍数减小为原来的 $1/(1+AF)$。

2. 提高放大倍数的稳定性

放大器的放大倍数取决于三极管及电路元器件的参数，当元器件老化或更换、电源不稳、负载变化及环境温度变化时，都会引起放大倍数的变化。因此，通常在放大器中加入负反馈，以提高放大倍数的稳定性。

将闭环放大倍数公式对 A 求导得

$$\frac{\mathrm{d}A_f}{\mathrm{d}A} = \frac{1}{1+AF} - \frac{AF}{(1+AF)^2} = \frac{1+AF-AF}{(1+AF)^2} = \frac{1}{(1+AF)^2}$$

从而可得

$$\frac{\mathrm{d}A_\mathrm{f}}{A_\mathrm{f}} = \frac{1}{1+AF} \cdot \frac{\mathrm{d}A}{A}$$

上式表明，负反馈放大器的闭环放大倍数的相对变化量 $\mathrm{d}A_\mathrm{f}/A_\mathrm{f}$ 仅为开环放大倍数相对变化量 $\mathrm{d}A/A$ 的 $1/(1+AF)$。同时此式表明，虽然负反馈的引入使放大倍数下降了 $1/(1+AF)$，但放大倍数的稳定性却提高了 $(1+AF)$ 倍。

例 4.1　某负反馈放大器，其 $A=10^4$，反馈系数 $F=0.01$，计算 A_f 为多少？若因参数变化使 A 变化 $\pm10\%$，问 A_f 的相对变化量为多少？

解：
$$A_\mathrm{f} = \frac{A}{1+AF} = \frac{10^4}{1+10^4\times0.01} \approx 100$$

$$\frac{\mathrm{d}A_\mathrm{f}}{A_\mathrm{f}} = \frac{1}{1+AF} \cdot \frac{\mathrm{d}A}{A} = \frac{1}{1+10^4\times0.01}\times(\pm10\%) \approx \pm0.1\%$$

计算结果表明，负反馈使闭环放大倍数下降了约 $1/100$，而放大倍数的稳定性却提高了约 100 倍（放大倍数的变化由 10% 变至 0.1%）。负反馈越深，稳定性越强。

3. 展宽通频带

由于电路电抗元件及三极管本身结电容的存在，放大器放大倍数随频率而变化。即中频段放大倍数扩大，而高频段和低频段放大倍数随频率的升高或降低而减小。这样，放大器的通频带就比较窄，如图 4.14 f_BW 所示。

引入负反馈后，就可以利用负反馈的自动调整作用将通频带展宽。具体来讲，在中频段，由于放大倍数大、输出信号大、反馈信号也大，净输入信号减少得多，即中频段放大倍数有较明显的降低。而在高频段和低频段，放大倍数较小，输出信号小，在反馈系数不变的情况下，其反馈信号也小，使净输入信号减少的程度比中频段要小，即高频段

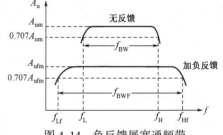

图 4.14　负反馈展宽通频带

和低频段放大倍数降得少。这样，就从总体上使放大倍数随频率的变化减少了，幅频特性变得平坦，上限频率升高、下限频率下降，通频带得以展宽，如图 4.14 f_BWF 所示。

4. 减小非线性失真

非线性失真是由放大器元件的非线性引起的。一个无反馈的放大器虽然设置了合适的静态工作点，但当输入信号较大时，也可使输出信号产生非线性失真。例如，输入标准的正弦波，经基本放大器放大后产生非线性失真，输出波形 $\dot{X}_\mathrm{o}$。假如为前半周大后半周小，如图 4.15（a）所示。如果引入负反馈，如图 4.15（b）所示，失真的输出波形就会反馈到输入回路。在反馈系数不变的情况下，反馈信号 $\dot{X}_\mathrm{f}$ 也是前半周大后半周小，与无反馈时 $\dot{X}_\mathrm{o}$ 的失真情况相似。在输入端，反馈信号 $\dot{X}_\mathrm{f}$ 与输入信号 $\dot{X}_\mathrm{i}$ 叠加，使净输入信号 $\dot{X}_\mathrm{d} = \dot{X}_\mathrm{i} - \dot{X}_\mathrm{f}$ 变为前半周小后半周大，这样的净输入信号经基本放大器放大，就可以抵消基本放大器的非线性失真，使输出波形前后半周幅度趋于一致，接近输入的正弦波形，

从而减小非线性失真。

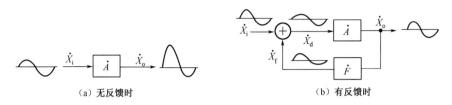

(a) 无反馈时　　　　　　　　　　(b) 有反馈时

图 4.15　负反馈减小非线性失真示意图

应当说明，负反馈可以减小放大器非线性失真，而对于输入信号本身固有的失真并不能减小。此外，负反馈只是"减小"非线性失真，并非完全"消除"非线性失真。

5. 产生对输入电阻和输出电阻的影响

(1) 对输入电阻的影响。负反馈对输入电阻的影响如图 4.16 所示。

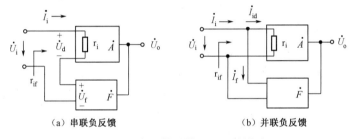

(a) 串联负反馈　　　　　　　　　(b) 并联负反馈

图 4.16　负反馈对输入电阻的影响

负反馈对输入电阻的影响仅与反馈信号在输入回路出现的形式有关，而与输出端的取样方式无关。也就是说，无论是电压反馈还是电流反馈，对输入电阻都不会产生影响。对于串联负反馈，由于反馈信号 $\dot{U}_f$ 串联于输入回路，对 $\dot{U}_i$ 起分压作用，所以在 $\dot{U}_i$ 一定的条件下，串联负反馈的输入电流比无反馈时要小，即此时输入电阻比无反馈时大；对于并联负反馈，由于反馈信号 $\dot{I}_f$ 和输入信号 $\dot{I}_i$ 并联于输入回路，对 $\dot{I}_i$ 起分流作用，所以在净输入信号 $\dot{I}_{id}$ 一定的条件下，并联负反馈的输入电流 $\dot{I}_i$ 将增大，即此时输入电阻比无反馈时小。

(2) 对输出电阻的影响。前面已指出，电压负反馈具有稳定输出电压的作用，即电压负反馈放大器具有恒压源的性质，因此引入电压负反馈后的输出电阻 r_{of} 比无反馈时的输出电阻 r_o 小。相应地，电流负反馈具有稳定输出电流的作用，即电流负反馈放大器具有恒流源的性质，因此引入电流负反馈后的输出电阻 r_{of} 要比无反馈时大。

负反馈对输出电阻的影响仅与反馈信号在输出回路中的取样方式有关，而与在输入端的叠加形式无关。也就是说，无论是串联反馈还是并联反馈，对输出电阻都不会产生影响。还应指出，这里所说的 r_{of} 并不包含末级放大器的集电极负载电阻 R_C，仅仅是指从三极管集电极向里看进去的电阻。这类放大器实际的总输出电阻应为 r_{of} 与 R_C 并联。综合上述，可将负反馈对放大器输入、输出电阻的影响总结列于表 4.1。

表 4.1　负反馈对输入电阻和输出电阻的影响

电阻类别	负反馈类型			
	电压串联	电压并联	电流串联	电流并联
输入电阻	增大	减小	增大	减小
输出电阻	减小	减小	增大	增大

 自我测试 12

1. (单选题) 使净输入信号减小的反馈属于 (　　　　)。
A. 正反馈　　　　　　　B. 负反馈
2. (判断题) 放大器加入负反馈, 将提高放大倍数。(　　　)
A. 正确　　　　　　　　B. 错误
3. (判断题) 负反馈电路减小非线性失真。(　　　)
A. 正确　　　　　　　　B. 错误

自我测试 12

4.2 【知识链接】 集成运放

集成运放早期主要应用于信号的运算方面, 所以又把它称为运算放大器, 其内部实质是一种性能优良的多级直接耦合放大器。它是一种通用性较强的多功能器件, 通过把一些特定的半导体器件、电阻及连接导线集中制造在一块半导体基片上, 以实现某种功能。由于其体积小、成本低、工作可靠性高、易组装调试, 其应用已不再局限于信号的运算方面, 几乎在所有的电子技术领域都有应用。

4.2.1 集成运放的概述

1. 集成运放的主要技术指标

为了描述集成运放的性能, 方便正确地选用和使用集成运放, 必须明确它的主要技术指标的意义。

(1) 开环差模电压放大倍数 A_{od}。它是指集成运放在开环 (无反馈电路) 情况下的差模电压放大倍数。这个值越大越好, 理想集成运放的开环差模电压放大倍数为无穷大。

(2) 差模输入电阻 R_{id}。它是指集成运放两输入端在输入差模信号时所呈现的阻抗, 其值越大, 对上一级放大器或信号源的影响就越小, 在理想情况下其值应为无穷大。

(3) 输出电阻 R_{od}。集成运放在开环工作时, 从输出端对地看进去的等效电阻即输出电阻, 其大小反映了集成运放的带负载能力, 越小带负载能力越强。在理想情况下其值应为零。

(4) 共模抑制比 K_{CMR}。共模抑制比为开环差模电压放大倍数与开环共模电压放大倍数之比。通常其比值越大, 集成运放抑制共模信号的能力越强。在理想情况下其值应为无穷大。

在分析集成运放时, 常常将它看作理想集成运放, 这样可以简化分析过程, 并且计算产生的误差也很小。

2. 理想集成运放的传输特性

集成运放的电压传输特性如图 4.17 所示，由于集成运放的电压放大倍数很大，线性区十分接近纵轴，理想情况下可认为与纵轴重合。

（1）在深度负反馈作用下，集成运放工作在线性区。

在理想情况下，因为 $A_{uo} = \dfrac{u_o}{u_{id}} = \dfrac{u_o}{u_+ - u_-} \to \infty$，而 u_o 是一个有限值，故 $u_+ = u_-$，称为虚短，即两个输入端之间的电压为零，但不是真正短路；又因为集成运放的输入阻抗 $R_{id} \to \infty$，故 $i_+ = i_- = 0$，称为虚断，即输入端相当于断路，但不是真正断路。

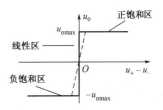

图 4.17　集成运放的电压传输特性

（2）在开环或正反馈状态下，集成运放工作在非线性区即饱和区。输出电压是一个恒定值，可正可负。若 $u_+ > u_-$，则输出 $u_o = +u_{omax}$；若 $u_+ < u_-$，则输出 $u_o = -u_{omax}$。

在非线性区，集成运放的差模输入电压 $u_+ - u_-$ 可能较大，即 $u_+ \neq u_-$，此时虚短不复存在。

在非线性区，虽然集成运放两个输入端的电位不等，但因为理想集成运放的 $R_{id} \to \infty$，故仍可认为理想集成运放的输入电流等于零，即 $i_+ = i_- = 0$。此时，虚断仍然成立。

4.2.2　集成运放的线性应用

集成运放和外接电阻、电容构成比例、加法和减法、微分和积分等基本运算电路，这些运算电路都存在负反馈电路，因此都工作在线性区。在分析这些电路时，可利用集成运放在线性区虚短和虚断的特点进行分析，推导出相应的运算公式。

1. 反相比例运算电路

反相比例运算电路又称反相放大器，如图 4.18 所示。输入电压 u_i 经 R_1 加到集成运放的反相输入端，输出电压 u_o 经 R_f 反馈至反相输入端，形成深度的电压并联负反馈，集成运放工作在线性区。其同相输入端经电阻 R_2 接地。

根据虚短和虚断的特点，$u_+ = u_-$ 且 $u_+ = 0$，故 $u_- = 0$。这表明集成运放反相端与地端等电位，但不是真正接地，称为虚地。因此有

$$i_1 = \frac{u_i}{R_1}, \ i_f = -\frac{u_o}{R_f}$$

又因为 $i_+ = i_- = 0$，$i_1 = i_f$，可得到

$$u_o = -\frac{R_f}{R_1} u_i$$

可见，输出电压与输入电压之比（电压放大倍数 A_{uf}）是一个定值。如果 $R_f = R_1$，则 $u_o = -u_i$，电路成为一个反相器。静态时为了使输入级偏置电流平衡并在集成运放两个输入端的外接电阻上产生相等的电压降，以消除零漂，平衡电阻 R_2 的值必须满足 $R_2 = R_1 /\!/ R_f$。

例 4.2　在图 4.18 中，已知 $R_f = 400\Omega$，$R_1 = 20\Omega$，求电压放大倍数 A_{uf} 及平衡电阻 R_2

的值。

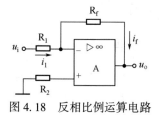

图 4.18　反相比例运算电路

解： 电压放大倍数 $A_{uf} = -\dfrac{R_f}{R_1} = -\dfrac{400\Omega}{20\Omega} = -20$。

平衡电阻 $R_2 = R_1 // R_f = \dfrac{20\Omega \times 400\Omega}{20\Omega + 400\Omega} \approx 13.3\Omega$。

2. 同相比例运算电路

图 4.19 所示为同相比例运算电路。输入电压 u_i 经 R_2 加到集成运放的同相输入端，其反相输入端经 R_1 接地。输出电压 u_o 经 R_f 和 R_1 分压后，取 R_1 上的分压作为反馈信号加到集成运放的反相输入端，形成负反馈，集成运放工作在线性区。R_2 为平衡电阻，其值为 $R_2 = R_f // R_1$。

根据 $u_+ = u_-$，$i_+ = i_- = 0$，有

$$u_i = u_+ = u_- = \frac{R_1}{R_1 + R_f} u_o$$

$$u_o = \left(1 + \frac{R_f}{R_1}\right) u_i$$

在 u_o 与 u_i 的比例关系中，$1 + \dfrac{R_f}{R_1}$ 是一个定值，且总大于或等于 1，输出电压和输入电压同相，电压放大倍数 A_{uf} 只取决于 R_f 和 R_1，而与集成运放内部各参数无关。

如果在同相比例运算电路中，$R_f = 0$ 或 $R_1 = \infty$（开路），$u_o = u_i$，就可得到如图 4.20 所示的电路，输出电压等于输入电压，并且相位相同，这种电路称为电压跟随器。

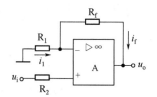　　　　　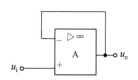

图 4.19　同相比例运算电路　　　　　图 4.20　电压跟随器

3. 加法运算电路

加法运算电路如图 4.21 所示，电路对多个输入信号求和。它在反相比例运算电路的基础上，在反相输入端增加输入信号。现以两个输入信号为例进行分析和计算。

如果有更多的输入信号，用同样的方法可以进行分析和计算。

由于 $u_+ = u_- = 0$，则各支路电流分别为

$$i_1 = \frac{u_{i1}}{R_1}, \quad i_2 = \frac{u_{i2}}{R_2}, \quad i_f = \frac{u_o}{R_f}$$

因 $i_+ = i_- = 0$，则 $i_1 + i_2 = i_f$，即

$$\frac{u_{i1}}{R_1} + \frac{u_{i2}}{R_2} = -\frac{u_o}{R_f}$$

所以

$$u_o = -\left(\frac{R_f}{R_1}u_{i1} + \frac{R_f}{R_2}u_{i2}\right)$$

式中，当 $R_1 = R_2 = R$ 时，有

$$u_o = -\frac{R_f}{R}(u_{i1} + u_{i2})$$

平衡电阻 $R_3 = R_1 / / R_2 / / R_f$。

因为集成运放工作在线性区，应用叠加原理也可得到上述结论。读者可自行推导。

4. 减法运算电路

减法运算电路如图 4.22 所示，电路所完成的功能是对反相输入端和同相输入端的输入信号进行比例减法运算，分析电路可知，它相当于由一个同相比例放大器和一个反相比例放大器组合而成。

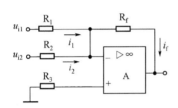
图 4.21　加法运算电路

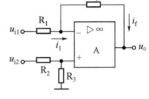
图 4.22　减法运算电路

当输入信号 u_{i1} 单独作用时，电路相当于反相比例运放，这时输出信号为

$$u_{o1} = -\frac{R_f}{R_1}u_{i1}$$

当输入信号 u_{i2} 单独作用时，电路相当于同相比例运放，这时输出信号为

$$u_- = u_+ = \frac{R_3}{R_2 + R_3}u_{i2}$$

$$u_{o2} = \left(1 + \frac{R_f}{R_1}\right)u_- = \left(1 + \frac{R_f}{R_1}\right)\frac{R_3}{R_2 + R_3}u_{i2}$$

当两个输入端同时输入信号 u_{i1} 和 u_{i2} 时，由叠加原理可得

$$u_o = \left(1 + \frac{R_f}{R_1}\right)\frac{R_3}{R_2 + R_3}u_{i2} - \frac{R_f}{R_1}u_{i1}$$

若有 $R_1 = R_2$，$R_3 = R_f$，则输出电压为

$$u_o = \frac{R_f}{R_1}(u_{i2} - u_{i1})$$

由此可见，只要适当选择电路中的电阻，就可使输出电压与两输入电压的差值成比例。

例 4.3　图 4.23 所示为电压放大倍数连续可调的运放电路。已知 $R_1 = R_2 = 10\text{k}\Omega$，$R_f = 20\text{k}\Omega$，$R_p = 20\text{k}\Omega$。求电压放大倍数的调节范围。

解：当滑动变阻器的滑片调至最上端时，同相输入端接地，电路成为单一的反相比例运算电路，这时电压放大倍数为

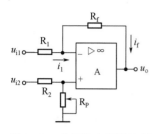

图 4.23　电压放大倍数连续
可调的运放电路

$$A_{uf} = -\frac{R_f}{R_1} = -\frac{20}{10} = -2$$

当滑动变阻器的滑片调至最下端时，这时电路成为减法运算电路，这时电压放大倍数为

$$A_{uf} = \frac{u_o}{u_{i2} - u_{i1}} = \frac{R_f}{R_1} = 2$$

因此，电压放大倍数的调节范围是 $-2 \sim 2$。

5. 积分运算电路

图 4.24 所示为积分运算电路，它是在反相比例运算电路的基础上把电阻 R_f 用电容 C_f 代替作为负反馈元件。

由虚短 $u_+ = u_- = 0$ 及虚断 $i_+ = i_- = 0$ 可得

$$i_1 = i_C = \frac{u_i}{R_1}$$

输出电压 u_o 等于电容两端的电压，即

$$u_o = -u_C = -\frac{1}{C_f}\int i_f dt = -\frac{1}{R_1 C_f}\int u_i dt$$

上式表明，u_o 与 u_i 的积分成比例，式中的负号表示两者的相位反相。$R_1 C_f$ 称为积分时间常数，用 τ 表示，其值的大小反映了积分的强弱。τ 越小，积分作用越强；τ 越大，积分作用越弱。电路中平衡电阻 $R_2 = R_1$。

积分运算电路可以方便地将方波转换成锯齿波，在彩色电视机、控制和测量系统中得到了广泛应用。

6. 微分运算电路

将积分运算电路的 R_1 和 C_f 位置互换就构成了微分运算电路，如图 4.25 所示。由虚短和虚断概念可知

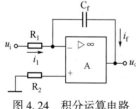

图 4.24　积分运算电路

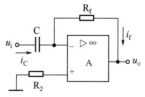

图 4.25　微分运算电路

$$u_+ = u_- = 0$$

$$i_C = i_f = \frac{0 - u_o}{R_f}$$

故

$$u_o = -i_C R_f$$

而 $i_C = C\dfrac{du_C}{dt}$，电容电压 $u_C = u_i$，故

$$u_o = R_f C \frac{\mathrm{d}u_i}{\mathrm{d}t}$$

可见，输出电压与输入电压对时间的微分成比例，实现了微分运算。$R_f C$ 为微分时间常数。

由于微分电路对输入信号中的快速变化分量敏感，易受外界信号的干扰，尤其是高频信号干扰，电路抗干扰能力下降。一般在电阻 R_f 上并联一个很小的电容，增强高频负反馈量，抑制高频干扰。

4.2.3　集成运放的非线性应用——电压比较器

当集成运放工作于开环状态时，由于开环电压放大倍数很高，即使输入端有一个非常微小的差值信号，也会使集成运放达到饱和，所以集成运放工作在非线性区。电压比较器是最常见的由工作在非线性区的集成运放组成的应用。

电压比较器是将输入电压与基准电压进行比较，并将比较结果以高电平或低电平的形式输出，其输入是连续变化的模拟信号，而输出是数字电压波形。电压比较器经常应用在波形变换、信号发生、模/数转换等电路中。

1. 基本电压比较器

图 4.26 所示为基本电压比较器的电路和电压传输特性。

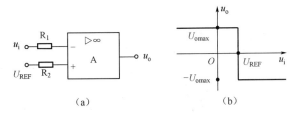

图 4.26　基本电压比较器的电路和电压传输特性

由理想集成运放的非线性区的特点可知。

当输入电压 $u_i > U_{REF}$ 时，$u_o = -U_{omax}$；当输入电压 $u_i < U_{REF}$ 时，$u_o = U_{omax}$。由此可看出，输出电压具有两个稳定值，同时可绘制电压比较器的输入、输出电压关系曲线，也叫作电压传输特性曲线，如图 4.26 所示。

如果把 R_2 左端接地，即 $U_{REF} = 0$，这时电路成为过零电压比较器。其电路和电压传输特性如图 4.27 所示。过零电压比较器能将输入的正弦波转换成矩形波，如图 4.28 所示。

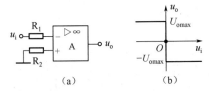

图 4.27　过零电压比较器的电路和电压传输特性

有时为了获取特定输出电压或限制输出电压，在输出端采用稳压管限幅，如图 4.29 所示。

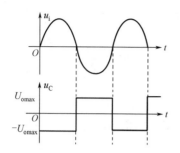

图 4.28　过零电压比较器波形

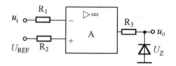

图 4.29　输出端采用稳压管限幅

当输入电压 u_i 大于基准电压 U_{REF} 时，U_Z 正向导通，不考虑二极管正向管压降时，输出电压 $u_o = 0$。

当输入电压 u_i 小于基准电压 U_{REF} 时，U_Z 反向导通限幅，不考虑二极管正向管压降时，输出电压 $u_o = U_Z$。因此，输出电压被限制在 $0 \sim U_Z$。

为了保护集成运放，防止因输入电压过高而损坏集成运放，在集成运放的两输入端之间并联两只二极管进行限幅，使过大的电压或干扰不能进入电路，如图 4.30 所示。

为了防止电源反接造成故障，可在电源引线上串联保护二极管，使得当电源极性反接时，二极管处于截止状态，如图 4.31 所示。

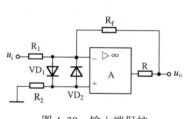

图 4.30　输入端保护

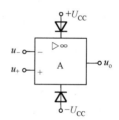

图 4.31　电源极性保护

2. 滞回电压比较器

基本电压比较器电路比较简单，当输入电压在基准电压附近有干扰波动时，将会引起输出电压的跳变，可能使电路的执行电路产生误动作。为提高电路的抗干扰能力，常常采用滞回电压比较器。

滞回电压比较器的电路和电压传输特性如图 4.32 所示。因电路中引入一个正反馈，故作为基准电压的同相输入端电压不再固定，而是随输出电压变化，集成运放工作在非线性区。

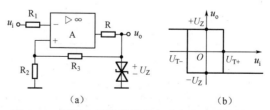

（a）　　　　　　　　　（b）

图 4.32　滞回电压比较器的电路和电压传输特性

当输出电压为最大值$+U_Z$时，同相输入端电压为

$$u_+ = \frac{R_2}{R_2+R_3}U_Z$$

即当输入电压升高到这个值时，滞回电压比较器发生翻转。此时输出电压由$+U_Z$跳变为$-U_Z$。我们把滞回电压比较器的输出电压从一个电平跳变到另一个电平时所对应的输入电压称为门限电压，又称阈值电压或转折电压。

把输出电压由$+U_Z$跳变为$-U_Z$时所对应的门限电压称为上限门限电压，即

$$U_{T+} = \frac{R_2}{R_2+R_3}U_Z$$

把输出电压由$-U_Z$跳变为$+U_Z$时所对应的门限电压称为下限门限电压。当输出电压为$-U_Z$时，下限门限电压为

$$U_{T-} = -\frac{R_2}{R_2+R_3}U_Z$$

即当输入电压下降到这个值时，滞回电压比较器发生翻转，此时输出电压由$-U_Z$跳变为$+U_Z$。

在输入电压u_i升高到U_{T+}之前，输出电压$u_o = U_Z$，当升高到U_{T+}时，电路发生翻转，输出电压$u_o = -U_Z$，此后u_i再增大时，u_o不再改变。如果这时u_i下降，在没有下降到下限门限电压U_{T-}之前，输出电压$u_o = -U_Z$，只有下降到下限门限电压U_{T-}时电路才能翻转，输出电压$u_o = U_Z$。

我们把上、下限门限电压之差称为回差电压U_H或迟滞电压，通过改变R_2和R_3的值来改变门限电压和回差电压的大小。从图 4.32 可知，电压传输特性具有滞后回环特性，滞回电压比较器因此而得名，又称施密特触发器。

3. 窗口比较器

基本电压比较器和滞回电压比较器在输入电压单一方向变化时，输出电压只跳变一次，因而不能检测输入电压是否在两个给定电压之间，而窗口比较器具有这一功能。窗口比较器又称双限比较器，其电路如图 4.33（a）所示，外加参考电压$U_{RH} > U_{RL}$，电阻R_1、R_2和稳压二极管VD_Z构成限幅电路。

窗口比较器的工作原理如下。

（1）当输入电压$u_i > U_{RH}$时，$u_i > U_{RL}$，所以集成运放A_1的输出$u_{o1} = +U_{omax}$，A_2的输出$u_{o2} = -U_{omax}$。使得二极管VD_1导通而VD_2截止，稳压二极管VD_Z工作在稳压状态，输出电压$u_o = +U_Z$。

（2）当输入电压$u_i < U_{RL}$时，$u_i < U_{RH}$，所以集成运放A_1的输出$u_{o1} = -U_{omax}$，A_2的输出$u_{o2} = +U_{omax}$。使得二极管VD_2导通而VD_1截止，稳压二极管VD_Z工作在稳压状态，输出电压$u_o = +U_Z$。

（3）$U_{RL} < u_i < U_{RH}$时，$u_{o1} = u_{o2} = -U_{omax}$，所以$VD_1$和$VD_2$均截止，稳压二极管$VD_Z$截止，$u_o = 0$。$U_{RH}$和$U_{RL}$分别为窗口比较器的两个阈值电压，设$U_{RH}$和$U_{RL}$均大于零，则其电压传输特性如图 4.33（b）所示。

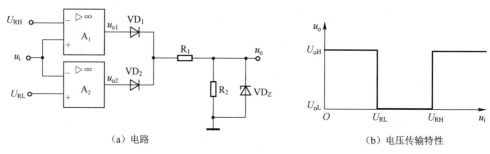

（a）电路　　　　　　　　　　（b）电压传输特性

图 4.33　窗口比较器

 自我测试 13

1.（单选题）理想集成运放的两个重要结论是（　　）。
A. 虚短与虚地　　　　B. 虚断与虚短　　　　C. 断路与短路

2.（单选题）集成运放一般分为两个工作区，分别是（　　）。
A. 正反馈与负反馈　　B. 线性与非线性　　　C. 虚断和虚短

3.（单选题）理想集成运放的开环放大倍数 A_{u0} 为 ∞，输入电阻为（　　），输出电阻为（　　）。
A. ∞　　　　　　　　B. 0　　　　　　　　C. 不定

自我测试 13

4.（判断题）集成运放不但能处理交流信号，还能处理直流信号。（　　）
A. 正确　　　　　　　B. 错误

5.（判断题）集成运放在开环状态下，输入与输出之间存在线性关系。（　　）
A. 正确　　　　　　　B. 错误

小　　结

1. 放大器中引入负反馈，是以减小放大倍数为代价的，负反馈改善了放大器的许多性能指标。

2. 负反馈对放大器的影响是多方面的：交流负反馈减小了放大倍数，但提高了其稳定性，展宽了通频带，减小了电路内部引起的非线性失真和噪声的影响，可改变输入电阻和输出电阻。

3. 集成运放的两个工作区：线性区和非线性区。当集成运放有负反馈时，其工作在线性区；否则工作在非线性区。

4. 集成运放工作在线性区的特点是：输出电压与输入电压成正比；两输入端电位相等。

5. 集成运放工作在非线性区的特点是：输出电压具有二值性；两输入端电位不相等。

习　题　4

一、填空题

4.1　设 u_+ 和 u_- 分别是集成运放同相端和反相端的电位，i_+ 和 i_- 分别是集成运放同相端和反相端的电流。我们把 $u_+ = u_-$ 的现象称为＿＿＿；把 $i_+ = i_- = 0$ 的现象称为＿＿＿。

4.2　为了稳定静态工作点，在放大器中应引入＿＿＿负反馈；若要稳定放大倍数，改善非线性失真等性能，应引入_____负反馈。

4.3   通常采用_____判别法判别反馈电路的反馈极性。若反馈信号加强了输入信号，则为_____反馈；反之为_____反馈。

二、选择题

4.4   理想集成运放的输入电阻为（   ）。

A. ∞   B. 0   C. 1kΩ   D. 100kΩ

4.5   理想集成运放的输出电阻为（   ）。

A. ∞   B. 0   C. 1kΩ   D. 100kΩ

4.6   理想集成运放在线性区工作时的两个重要特点是（   ）。

A. 虚短和虚断   B. 虚短和虚地   C. 虚断和虚地   D. 同相和反相

4.7   电路如图 4.34 所示，要使灯泡发光，u_i 必须满足（   ）。

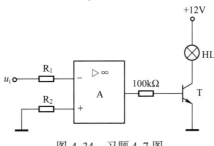

图 4.34   习题 4.7 图

A. 大于零   B. 等于零   C. 小于零

三、判断题（正确的打√，错误的打×）

4.8   负反馈通常被用来稳定放大器的工作点。（   ）

4.9   多级放大器引入负反馈后，原来电路的放大倍数不改变。（   ）

4.10   多级放大器引入串联反馈，能增大输入电阻。（   ）

4.11   多级放大器引入电压反馈，能增大输出电阻。（   ）

4.12   如果电压比较器的同相输入端电压大于反相输入端电压，则输出电压为正。（   ）

四、计算问答题

4.13   电路如图 4.35 所示，集成运放输出电压的最大幅值为 ±14V，当 u_{i1} 和 u_{i2} 均为 u_i 且为 0.1V、0.5V、1.0V、1.2V 时，请将 u_{o1} 和 u_{o2} 填入表 4.2。

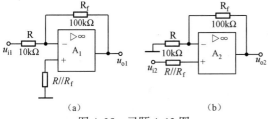

（a）   （b）

图 4.35   习题 4.13 图

表 4.2   习题 4.13 表

u_i/V	0.1	0.5	1.0	1.2
u_{o1}/V				
u_{o2}/V				

4.14   电路如图 4.36 所示，运放的输入、输出关系是什么？并求出 R_1 和 R_2 的值。

4.15   在如图 4.37（a）所示的电路中，已知输入电压 u_i 的波形如图 4.37（b）所示，当 $t=0$ 时，$u_o = 0$，试绘制输出电压 u_o 的波形。

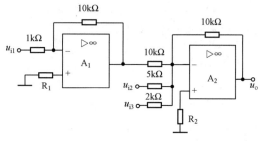

图 4.36　习题 4.14 图

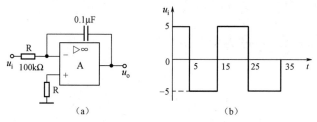

图 4.37　习题 4.15 图

4.16　电路如图 4.38 所示，其中存在哪种类型的反馈？

4.17　电路如图 4.39 所示，其中存在哪种类型的反馈？

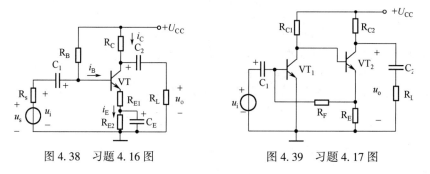

图 4.38　习题 4.16 图　　　　　　　　　图 4.39　习题 4.17 图

4.18　在如图 4.40 所示的反相比例运算电路中，已知输入电压 $U_i = -1V$，$R_f = 125k\Omega$，$R_1 = 25k\Omega$，试求电压放大倍数 A_u 和输出电压 u_o。

4.19　在如图 4.41 所示的同相比例运算电路中，已知 $R_1 = 10k\Omega$，$R_f = 47k\Omega$，$u_i = 100mV$，试求电压放大倍数 A_u 和输出电压 u_o。

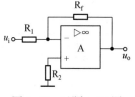　　　　　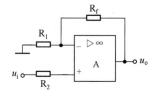

图 4.40　习题 4.18 图　　　　　　　　图 4.41　习题 4.19 图

项目 5　信号发生器的制作

■ 能力目标

(1) 会识别和测试相关电子元器件的质量好坏。

(2) 能完成音频信号发生器的制作。

■ 知识目标

了解振荡与自激振荡的概念、产生振荡的条件；掌握各种振荡电路的结构、工作原理、频率计算；掌握振荡电路的应用。

■ 素质目标

(1) 培养工作责任心与职业道德。

(2) 培养语言表达、沟通协调能力。

【任务工单】

工作任务	信号发生器的制作					
姓名		班级		学号		日期	

学习情景

扫一扫二维码观看《大国工匠——夏立 可靠的天线》视频。

随着我国探月工程"嫦娥四号"任务圆满完成，人类航天器第一次到达了月球背面，如此精准的落月，若没有大天线精准指路，是不可想象的。天线虽小，但在探月工程中却有着不可替代的作用。中国的现代化征程，离不开高技能人才和大国工匠。信号发生器在电子工程、通信工程、测量仪器、计算机等领域有广泛的应用，同学们应该树立专业自豪感，明确职业责任。向大国工匠学习，热爱专业、精益求精、一丝不苟。以勤学长知识、以苦练精技术、以创新求突破。在专业学习中坚定自己的报国之志，在岗位工作中实现自己的人生价值。

大国工匠——
夏立可靠的天线

为了更好地验证一款电子产品的性能是否符合要求，某电子科技公司电子工程师小明设计并制作了一款音频信号发生器。具体电路原理图如图 5.1 所示。

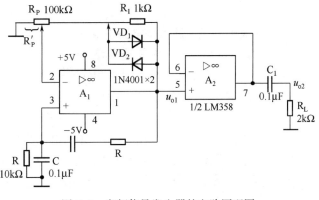

图 5.1　音频信号发生器的电路原理图

📋 学习目标

1. 增强专业意识，培养良好的职业道德和职业习惯。
2. 熟悉音频信号发生器的电路结构，理解其工作原理。
3. 能正确安装音频信号发生器。
4. 掌握音频信号发生器的频率调节与测试方法。

📋 任务要求

1. 各小组制订工作计划。
2. 认识并掌握文氏电桥振荡电路原理图，明确元器件连接和电路连线。
3. 画出装配图。
4. 完成电路所需元器件的检测。
5. 根据装配图制作文氏电桥振荡电路。
6. 完成电路功能检测和故障排除。
7. 通过小组讨论，完成电路的详细分析并撰写任务工单。

📋 任务分组

班级		组号		分工
组长		学号		
组员		学号		
组员		学号		

📋 获取信息

认真阅读任务要求，理解工作任务内容，明确工作任务的目标，为顺利完成工作任务，回答引导问题，做好充分的知识准备、技能准备和工具耗材的准备，同时拟订任务实施计划。

本电路是一个文氏电桥振荡电路，又叫作 RC 桥式正弦波振荡电路，由一个同相比例放大器和 RC 选频网络组成，由于放大器的输出电压与输入电压同相，RC 选频网络对反馈信号相移为零，且输出电压最大，故反馈信号能满足振荡的相位条件。只要放大倍数满足振幅条件，就能产生音频振荡信号。

📋 引导问题

1. 一个实际的正弦波振荡电路主要由（　　　　　　　　　　）三部分组成。为了保证振荡幅值稳定且波形较好，常常还需要（　　　　）环节。

2. 在 RC 选频网络中，要求串联和并联的（　　　　）都一样。

3. RC 选频网络的振荡频率 f_0 = （　　　　　　　　）。请计算图 5.1 的振荡频率 f_0 = （　　　　）。

4. 为了满足电路起振的相位条件，要求电路采用（　　　　）。

5. 图 5.1 中的 R_1 是为了使得电路满足幅值起振条件（　　　　）。

6. 图 5.1 中的 VD_1 和 VD_2 是为了使得电路自动满足幅值平衡条件（　　　　）。

📋 **工作计划**

工序步骤安排

序号	工作内容	计划用时	备注

📊 **进行决策**

1. 各小组派代表阐述设计方案。

2. 各小组对其他小组的设计方案提出自己的看法。

3. 教师对大家完成的方案进行点评，选出最佳方案。

🔧 **工作实施**

1. 确定元器件需求。根据电路设计方案、芯片选型方案、元器件参数，填写元器件需求明细表。

元器件需求明细表

代号	名称	规格型号	数量
A_1、A_2	集成运放	LM358	1块
R	电阻	10kΩ	4个
R_L	电阻	2kΩ	1个
R_1	电阻	1kΩ	1个
R'_P	电位器	100kΩ	1个
C、C_1	涤纶电容	1E104	5个
VD_1、VD_2	二极管	1N4001	2只
	通用面包板		1块

2. 电路安装。

（1）识别与检测元器件，并查阅资料画出 LM358 的引脚排列示意图。

（2）根据图 5.1 绘制文氏电桥振荡电路的装配图。

（3）按装配图进行电路装接，其中电位器 R'_p 置最大。

3. 电路调试。

（1）接通电源，调小 R'_p 直至振荡波形 u_{o1}、u_{o2} 不失真。将 u_{o1}、u_{o2} 测量的数据记入下表。若电路有故障，则进行排除并记录。

正弦波实测数据（$R=10kΩ$，$C=0.1μF$）

被测量	有效值	波形	周期 T（ms）	频率 f_0（kHz）理论值	频率 f_0（kHz）测量值
u_{o1}		u_{o1} 波形图			
u_{o2}		u_{o2} 波形图			

故障现象及排除过程：

_____

_____。

（2）在 RC 选频网络中的电阻两端各并联 10kΩ 电阻，进行频率调节，并测量完成下表的填写。

（3）在 RC 选频网络中的电容两端各并联 0.1μF 电容，进行频率调节，并测量完成下表的填写。

频率调节实测数据

元件参数	被测量	周期 T（ms）	频率 f_0（kHz）	
			理论值	测量值
$R = 5$kΩ	u_{o1}			
$C = 0.1$μF	u_{o2}			
$R = 10$kΩ	u_{o1}			
$C = 0.2$μF	u_{o2}			

课堂讨论

各小组讨论总结制作文氏电桥振荡电路应该注意哪些事项。

课程思政

1. 制作完后，你认为你应具备怎样的职业素养？

2. 弘扬大国工匠精神，精益求精、一丝不苟，用实干成就梦想，在平凡中彰显不凡，铸就高超技能，为祖国的现代化建设做出贡献。谈谈你应该怎么做？

评价反馈

评分表（与项目 1 任务工单的评分表一样）。

5.1 【知识链接】 正弦波振荡电路

能产生周期性电信号的电路叫作振荡电路。其中，能产生正弦波的电路叫作正弦波振荡电路（又称正弦波振荡器），类似的还有三角波振荡电路、锯齿波振荡电路、矩形波振荡电路等。

正弦波振荡电路能产生输出正弦波，它是在放大器的基础上加上正反馈形成的，是各类波形发生器和信号源的核心电路，在测量、通信、无线电技术、自动控制等领域有广泛的应用，如实验室的信号发生器、开关电源、电视机、收音机等。

5.1.1 正弦波振荡电路的基本概念

1. 正弦波振荡电路的组成

从放大器的输出端取出部分或全部输出信号，以一定的方式返送到输入端的过程，称为反馈。若该反馈能加强输入信号，则称为正反馈。

为了产生正弦波，必须在放大器里加入正反馈，因此放大器和正反馈网络是振荡电路最主要的部分。但是，我们一般想得到的是一定频率的正弦波，所以正弦波振荡电路中必须有选频网络（或称为选频电路）。所以，正弦波振荡器一般由放大器、正反馈网络和选频网络三部分组成。正弦波振荡电路的框图如图 5.2 所示。

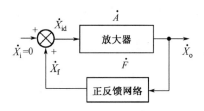

图 5.2　正弦波振荡电路的框图

2. 正弦波振荡电路的振荡条件

各类振荡电路的共同特点是在没有外来信号的条件下，能输出一定频率、一定幅度和特定波形的电信号。

电路能不断地输出交流信号（或脉冲信号）$\dot{X}_o$ 的现象，称为电路振荡。不需要外来信号（$\dot{X}_i = 0$），而能自己产生电路振荡的现象，称为自激振荡。正弦波振荡电路就是利用自激振荡来产生正弦信号的。

正弦波振荡电路由放大器和反馈网络组成，在最初的正弦输入信号 $\dot{X}_i$ 的作用下，输出正弦信号 $\dot{X}_o$，$\dot{X}_o$ 经过反馈网络送到输入端的反馈电压为 $\dot{X}_f$，若 $\dot{X}_f$ 和 $\dot{X}_i$ 的大小、相位完全一致，即使去掉 $\dot{X}_i$，也可以在输出端得到维持不变的输出电压，则电路产生自激振荡，即 $\dot{X}_f = \dot{X}_{id}$（$\dot{X}_{id}$ 是电路的净输入信号）。

因为

$$\dot{X}_f = \dot{X}_{id}, \quad \dot{X}_f = \dot{F}\dot{X}_o = \dot{F}\dot{A}\dot{X}_{id}$$

所以，当产生稳定的振荡时，$\dot{F}\dot{A} = 1$。

由此可见，自激振荡的形成必须满足以下两个条件。

（1）相位平衡条件。

在振荡电路中，反馈信号 $\dot{X}_f$ 必须与输入信号 $\dot{X}_i$ 相位相同，为正反馈，即

$$\varphi_A + \varphi_F = 2n\pi \ (n = 0, 1, 2, \cdots)$$

（2）幅值平衡条件。

在振荡电路中，反馈信号 $\dot{X}_f$ 必须与输入信号 $\dot{X}_i$ 大小相等，此时 $AF = 1$。

3. 自激振荡的建立和稳定

（1）起振。振荡电路在接通电源开始工作的瞬间，电路中并没有外加输入信号。但是因为电路突然导通，振荡电路中总会存在各种电的扰动（如接通电源瞬间的电流突变、内部噪声等），这些扰动中包含频率由零到无穷大的各种微弱交流信号。由于选频网络的作用，与选频网络频率 f_0 相等的信号，经过反复放大和正反馈过程，其振幅逐渐增强，形成

振荡。其他频率的信号则均被选频网络滤除。为了起振,在振荡的开始阶段,设计电路的正反馈信号略强于输入信号,从而使振荡信号的幅度越来越大。

(2)稳定。当振荡的幅度达到一定值后,由于放大器本身的非线性,随着幅度的增加,放大器的电压放大倍数下降,振幅的增长受到限制而使振荡的幅度自动稳定下来。

4. 正弦波振荡电路的分类

为了保证振荡电路产生单一的正弦波,电路中必须包含选频网络,根据选频网络元件的不同,可以将振荡电路分为 RC 振荡电路、LC 振荡电路和石英晶体振荡电路。

 自我测试 14

1. (单选题) 电路产生正弦振荡的必要条件是 (　　　)。
A. 放大器的电压放大倍数大于 100　　　　B. 反馈一定是正反馈
2. (判断题) 只要具有正反馈,电路就一定能产生振荡。(　　　)
A. 正确　　　　　　　　　　　　　　　B. 错误

自我测试 14

3. (判断题) 只要满足正弦波振荡电路的相位平衡条件,电路就一定能产生振荡。(　　　)
A. 正确　　　　　　　　　　　　　　　B. 错误
4. (判断题) 只要具有负反馈,电路就一定不能产生振荡。(　　　)
A. 正确　　　　　　　　　　　　　　　B. 错误
5. (判断题) 正弦波振荡电路一般由放大器、正反馈网络和选频网络三部分组成。(　　　)
A. 正确　　　　　　　　　　　　　　　B. 错误

5.1.2 RC 振荡电路

要产生频率低于 1MHz 的正弦波信号,一般采用 RC 振荡电路 (又称 RC 桥式振荡电路),其电路原理图如图 5.3 所示,它由一个同相比例放大器和 RC 串并联反馈网络兼选频网络组成。由于放大器的输出电压与输入电压同相,而 RC 串并联反馈网络兼选频网络对 f_0 的信号相移为零,且输出电压最大,故对 f_0 的信号能满足振荡的相位条件。只要放大倍数等于 3 即可满足振幅条件。

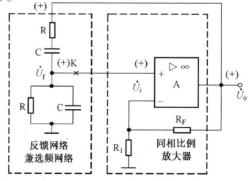

图 5.3　RC 振荡电路原理图

振荡频率为

$$f_0 = \frac{1}{2\pi RC}$$

1. RC 串并联选频网络的选频特性

图 5.4 所示为 RC 串并联选频网络，传输系数为 $\dot{F} = \dfrac{\dot{U}_f}{\dot{U}_o}$。由理论计算可知，在 $R_1 = R_2 = R$

和 $C_1 = C_2 = C$ 的条件下，当 RC 串并联选频网络中传输信号的角频率为 $\omega = \omega_o = \dfrac{1}{RC}$ 时，传输

系数达到最大值 $\dot{F} = \dfrac{1}{3}$，而且此时 $\dot{U}_f$ 与 $\dot{U}_o$ 同相位，如图 5.5 所示。

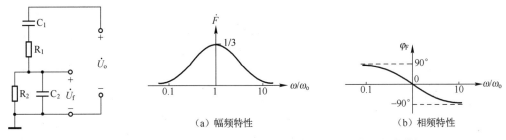

图 5.4 RC 串并联选频网络   图 5.5 RC 串并联选频网络的频率特性

2. RC 振荡电路的工作原理

由于当 $\omega = \omega_o = \dfrac{1}{RC}$ 时，传输系数达到最大值 $\dot{F} = \dfrac{1}{3}$，且此时 $\dot{U}_f$ 与 $\dot{U}_o$ 同相位。为满足振荡

的幅度条件 $AF = 1$，应把 RC 振荡电路中的运放接成同相比例放大器，并适当选择 R_1、R_F 使

$A \geqslant 3$。也就是要让运放和电阻 R_1、R_F 构成同相比例放大器，其电压放大倍数为 $A = 1 + \dfrac{R_f}{R_1} \geqslant$

3。这样就可以从运放的输出端得到正弦波信号，且其频率为 $f_0 = \dfrac{1}{2\pi RC}$。

由 $f_0 = \dfrac{1}{2\pi RC}$ 可知，如果需要得到较高的振荡频率，必须选择较小的 R 和 C。但是，R 的

减小将使放大器的负载加重；而 C 的减小又受到三极管结电容和线路分布电容的限制。所

以，RC 振荡电路通常只适用于产生低频和中频信号（1Hz～1MHz）。

5.1.3 LC 振荡电路

LC 振荡电路通常用于产生高频（>1MHz）正弦信号。LC 振荡电路与 RC 振荡电路的组

成原则基本相同，只是选频网络采用可调谐的 LC 回路。LC 回路在谐振频率 f_0 下能提供较

大的增益，而其余频率的信号则被大大衰减。通过一个正反馈，整个振荡电路在 LC 回路谐

振频率处形成一个可持续的振荡。

采用 LC 并联谐振回路的 LC 振荡电路通常有变压器反馈式、电感三点式和电容三点式三种。

1. 变压器反馈式振荡电路

（1）电路组成。

变压器反馈式振荡电路如图5.6所示。图中，三极管VT和电阻R_{B1}、R_{B2}、R_E组成共射极放大器，LC并联回路作为VT的集电极负载，是振荡电路的选频网络。电路中3个线圈用作变压器耦合。线圈L与电容C组成选频电路，L_f是反馈线圈，与负载相接的L_0为输出线圈。

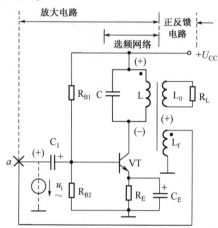

图5.6　变压器反馈式振荡电路

利用瞬时极性法可判断反馈电路的同名端设置是否正确，并由此推断该电路是否能产生振荡输出。判断的方法是：在放大器的输入端（见图5.6中的a点）接入假想正极性的瞬时信号源u_i，经放大器放大后，从反馈网络反馈到输入端的信号也是正极性时，放大器是正反馈，满足振荡电路的相位条件，当振荡电路的幅度条件也满足时，振荡电路将产生振荡输出正弦波信号。

（2）振荡条件及振荡频率。

集电极输出信号与基极的相位差为180°，通过变压器的适当连接，L_2两端的反馈交流电压产生180°相移，即可满足振荡的相位条件。自激振荡的频率基本上由LC并联回路决定。即

$$f_0 = \frac{1}{2\pi\sqrt{LC}}$$

在电路电源接通瞬间，在集电极选频网络中激起一个很微弱的电流变化信号，选频网络只对谐振频率f_0的电流呈现很大的阻抗，该频率的电流在回路两端产生电压降，这个电压降经变压器耦合到L_f，反馈到VT输入端；对于非谐振频率的电流，LC并联回路呈现的阻抗很小，回路两端几乎不产生电压降，L_f中也就没有非谐振频率信号的电压降，当然这些信号也没有反馈。谐振信号经反馈、放大、再反馈，反复循环就形成了振荡。当改变L或C的参数时，振荡频率将发生相应的改变。

（3）电路特点。

变压器反馈式振荡电路的特点是电路结构简单，容易起振，改变电容大小可方便地调节振荡频率。在应用时要特别注意L_f的极性，否则没有正反馈，无法振荡。

2. 电感三点式振荡电路

图5.7所示为电感三点式振荡电路，其结构原理与上述变压器反馈式振荡电路相似，不同的是，电路中用具有抽头的电感线圈L_1和L_2替代变压器，由于电感线圈通过三个端子与放大器相连，因此称为电感三点式振荡电路。反馈线圈L_2是电感线圈的一段，通过L_2将反馈电压送到输入端，幅值条件可以通过放大器和反馈线圈L_2的匝数来满足，通常L_2的匝数为电感线圈总匝数的1/8~1/4，电感三点式振荡电路的振荡频率为

$$f_0 = \frac{1}{2\pi\sqrt{(L_1+L_2+2M)C}}$$

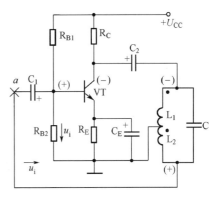

式中，M 为线圈 L_1 和 L_2 之间的互感，通常通过改变电容 C 来调节振荡频率。

电感三点式振荡电路的优点是：电路简单，L_1 和 L_2 耦合紧密，更易起振；当电容 C 采用可变电容时，可在较宽的范围内调节振荡频率。该电路一般用于产生几十兆赫以下频率的输出信号，其缺点是振荡的输出波形较差，因此常用于对波形要求不高的场合。

图 5.7　电感三点式振荡电路

3. 电容三点式振荡电路

电容三点式振荡电路如图 5.8 所示。由于 LC 并联电路中的串联电容 C_1 和 C_2 通过三个点与放大器相连，因此称为电容三点式振荡电路。电路中，串联电容支路的两端分别接 VT 的集电极和基极，中间点接地。C_1 和 C_2 串联，反馈电压从 C_2 上取出送到输入端，它的振荡频率为

$$f_0 = \frac{1}{2\pi\sqrt{L \cdot \dfrac{C_1 C_2}{C_1+C_2}}}$$

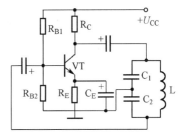

图 5.8　电容三点式振荡电路

调节振荡频率时要同时改变 C_1 和 C_2，显然很不方便。因此，通常与线圈 L 再串联一个较小的可变电容来调节振荡频率。由于 C_1 和 C_2 的容量可以选得较小，所以电容三点式振荡电路的振荡频率较高，可达 100MHz 以上，输出波形也较好，但频率调节不方便，调节范围较小，因此常用于要求调频范围不宽的高频振荡电路。

5.1.4　石英晶体振荡电路

在对频率稳定度要求较高的场合，一般 LC 振荡电路已不能满足要求，这时可采用石英晶体振荡电路。通常 LC 振荡电路的稳定度在相当长的时间内能够达到 0.01%，能满足无线电接收机和电视机的要求。但是，如果要求频率的稳定度高于 10^{-5} 的数量级，那就必须采用石英晶体振荡电路。

石英谐振器简称晶振，是利用具有压电效应的石英晶体片制成的。石英晶体片受到外加交变电场的作用时会产生机械振动，当交变电场的频率与石英晶体片的固有频率相同时，振动便变得很强烈，这就是晶体谐振。利用这种特性，就可以用石英谐振器取代 LC 并联回路、滤波器等。由于石英谐振器具有体积小、质量小、可靠性高、频率稳定度高等优点，被应用于家用电器和通信设备中。石英晶体振荡电路的形式是多种多样的，但其基本电路只有并联型和串联型两种。

1. 并联型石英晶体振荡电路

并联型石英晶体振荡电路原理图如图 5.9 所示，选频网络由 C_1、C_2 和石英晶体组成，

石英晶体当作电感使用，构成电容三点式振荡电路，其振荡频率在石英晶体的串联谐振频率 f_s 与石英晶体的并联谐振频率 f_p 之间，因为只有在这个频率范围内晶体才呈感性，由于 f_s 和 f_p 非常接近，振荡频率可认为是 f_s。

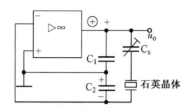

图5.9　并联型石英晶体振荡电路原理图

2. 串联型石英晶体振荡电路

图5.10所示为串联型石英晶体振荡电路。当频率等于石英晶体的串联谐振频率 f_s 时，石英晶体的阻抗最小，且为纯电阻，此时石英晶体构成的反馈为正反馈，满足相位平衡条件，且在 $f=f_s$ 时，正反馈最强，电路产生正弦振荡，振荡频率稳定在 f_s。

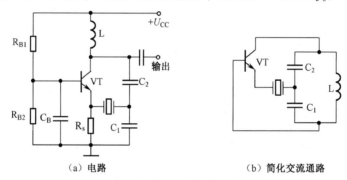

（a）电路　　　　　　　　　　（b）简化交流通路

图5.10　串联型石英晶体振荡电路

石英谐振器的标准频率都标注在外壳上，如4.43MHz、465kHz、6.5MHz等，可以根据需要加以选择。一种实用的石英晶体振荡电路（皮尔斯晶体振荡电路）如图5.11所示，调节 C_3 可以微调输出频率，使振荡器的信号频率更为准确。

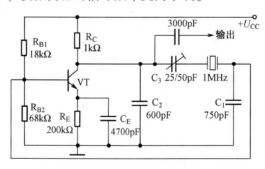

图5.11　皮尔斯晶体振荡电路

 思考

要产生频率低于1MHz的低频信号，一般采用什么振荡电路？

自我测试 15

自我测试 15

1.（单选题）RC 振荡电路的振荡频率计算式为（   ）。

A. $f_0 = \dfrac{1}{2\pi\sqrt{(L_1 + L_2 + 2M)C}}$ B. $f_0 = \dfrac{1}{2\pi RC}$

2.（单选题）产生低频正弦波信号一般可用（   ）。

A. RC 振荡电路   B. LC 振荡电路   C. 石英晶体振荡电路

3.（单选题）产生高频正弦波信号一般选用（   ）。

A. 石英晶体振荡电路 B. RC 振荡电路   C. LC 振荡电路   D. 锯齿波振荡电路

4.（判断题）石英晶体振荡电路的主要优点是振荡频率稳定度高。（   ）

A. 正确   B. 错误

5.2 【知识链接】 非正弦波振荡电路

在电子设备中，有时要用到一些非正弦波信号。例如，在数字电路中经常用到上升沿和下降沿都很陡峭的方波和矩形波；在电视扫描电路中要用到锯齿波等，我们把除正弦波之外的波形统称为非正弦波。本节主要介绍方波、三角波、锯齿波信号产生电路的基本形式和工作原理，非正弦波振荡电路通常由迟滞电压比较器和 RC 充放电电路组成，工作过程一张一弛，所以又将这些电路称为张弛振荡电路。

5.2.1 方波信号发生器

1. 电路组成

方波信号发生器又称多谐振荡器，常用在脉冲和数字系统中作为信号源。图 5.12（a）所示为方波信号发生器的基本电路，它是在滞回比较器的基础上，增加一条 RC 充放电负反馈支路构成的。它工作于比较器状态，R_f 和 C 构成负反馈回路，R_1、R_2 构成正反馈回路，电路的输出电压由集成运放的同相输入端电压 U_P 与反相输入端电压 U_N 比较决定。

2. 电路工作原理

假设电容的初始电压为 0，因而 $U_N = 0$；电源刚接通时，由于电路中的电流由零突然增大，产生了电冲击，在同相输入端获得一个最初的输入电压。因为电路中有强烈的正反馈回路，使输出电压迅速升到最大值 $+U_Z$。此时同相输入端的比较电压为

$$U_{P1} = \frac{R_2}{R_1 + R_2} \times (+U_Z)$$

与此同时，输出电压 $+U_Z$ 通过电阻 R_f 向电容 C 充电，使电容上的电压 U_C 逐渐增大。

当 U_C 稍大于比较电压 U_{P1} 时，电路发生翻转，输出电压迅速由 $+U_Z$ 跳变为 $-U_Z$。同相输入端的比较电压也随之变为

$$U_{P2} = \frac{R_2}{R_1 + R_2} \times (-U_Z)$$

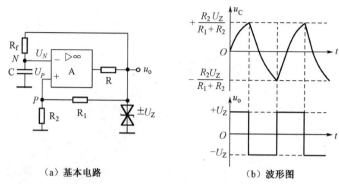

（a）基本电路　　　　　　　　（b）波形图

图 5.12　方波信号发生器

电路翻转后，电容 C 就开始经 R_f 放电，U_C 逐渐下降，U_C 降至零后由于输出端为负电压，所以电容 C 开始反向充电，U_C 继续下降，当 U_C 下降到稍小于同相输入端的比较电压 U_{P2} 时，电路又发生翻转，输出电压由 $-U_Z$ 迅速变成 $+U_Z$。输出电压变成 $+U_Z$ 后，电容又反过来充电，如此充放电循环不止，在电路的输出端产生了稳定的方波电压。R_fC 的乘积越大，充放电时间越长，方波的频率就越低。图 5.12（b）所示为方波信号发生器的波形图。

方波信号的周期为

$$T=2R_fC\ln\left(1+2\frac{R_2}{R_1}\right)$$

改变 R_f、C 或 R_1、R_2 的值均可调节方波信号的周期。

5.2.2　三角波信号发生器

1. 电路组成

图 5.13（a）所示为方波–三角波信号发生器的电路图。集成运放 A_1 构成过零电压比较器，其反相输入端接地，同相输入端信号由本级的输出和集成运放 A_2 构成的积分器输出电压共同决定。

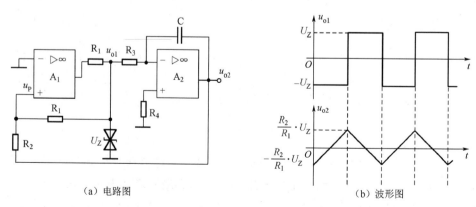

（a）电路图　　　　　　　　（b）波形图

图 5.13　方波–三角波信号发生器

2. 电路工作原理

A_1 的同相输入端电压 u_P 由电位叠加原理求出：

$$u_P = u_{o1} \times \frac{R_2}{R_1 + R_2} + u_{o2} \times \frac{R_1}{R_1 + R_2}$$

当 u_P 大于零时，$u_{o1} = +U_Z$；当 u_P 小于零时，$u_{o1} = -U_Z$。

在电路接通电源的瞬间，设 A_1 的同相输入端电压 u_P 为负值，则 $u_{o1} = -U_Z$，电容 C 被反向充电，A_2 的输出电压 u_{o2} 从零开始线性上升。经 R_2 反馈后，A_1 的同相输入端电压 u_P 由负值渐渐上升。当 u_{o2} 达到某值正好使 u_P 由负值升到稍大于零时，A_1 输出翻转，使 u_{o1} 迅速跳变到 $+U_Z$。此时 u_P 可由下式求出：

$$u_P = -U_Z \times \frac{R_2}{R_1 + R_2} + u_{o2} \times \frac{R_1}{R_1 + R_2} = 0$$

所以

$$u_{o2} = \frac{R_2}{R_1} U_Z$$

上式表明，当 u_{o2} 上升到 $\frac{R_2}{R_1} U_Z$ 时，A_1 发生翻转，u_{o1} 由 $-U_Z$ 变成 $+U_Z$。当然，此时 u_P 也随之突变为正值。u_{o1} 变成正值（$+U_Z$）后，A_2 的输出电压 u_{o2} 开始线性下降，A_1 同相端的电压 u_P 也逐渐下降。当 u_{o2} 降至正好使 u_P 由正值降至稍小于零时，A_1 又发生翻转，u_{o2} 迅速由 $+U_Z$ 跳变成 $-U_Z$。

A_1 再次翻转到 $-U_Z$ 时的 u_P 为

$$u_P = U_Z \times \frac{R_2}{R_1 + R_2} + u_{o2} \times \frac{R_1}{R_1 + R_2} = 0$$

由此式可求出

$$u_{o2} = -\frac{R_2}{R_1} U_Z$$

上式表明，当 u_{o2} 下降至 $-\frac{R_2}{R_1} U_Z$ 时，A_1 又开始翻转，u_{o1} 从 $+U_Z$ 变成 $-U_Z$。

电路的工作波形如图 5.13（b）所示。在 A_1 的输出端可以得到方波，在 A_2 的输出端可以得到三角波。方波的幅值为 U_Z，三角波的幅值为 $\frac{R_2}{R_1} U_Z$。

可得方波和三角波信号的周期为

$$T = 4 \frac{R_2}{R_1} R_3 C$$

在实际应用中，一般先调节 R_1 或 R_2，使三角波的幅度满足要求，再调节 R_3 或 C 可以调节方波和三角波的周期。

5.2.3　锯齿波信号发生器

如果三角波是不对称的，即上升时间不等于下降时间，则为锯齿波。从三角波产生电路原理分析可知，三角波上升和下降的正负斜率取决于电容充放电时间常数，所以只要修改电路使电容充放电时间常数发生变化，就可以得到锯齿波产生电路。图5.14（a）为锯齿波信号发生器的电路图，图中 A_2 构成的积分器有两条积分支路：$VD_1 \rightarrow R_3 \rightarrow C$ 与 $VD_2 \rightarrow R_4 \rightarrow C$。

当 u_{o1} 的输出为正电压时，电容 C 通过二极管 VD_1 及电阻 R_3 正向充电，当 u_{o1} 的输出为负电压时，电容 C 通过 VD_2 及 R_4 反向充电。如果 $R_3 < R_4$，则三角波的下降时间小于上升时间，形成锯齿波。图5.14（b）为矩形波–锯齿波信号发生器的波形图。如果 $R_3 > R_4$，则锯齿波的形状与图5.14（b）相反，u_{o1} 矩形波的占空比大于50%。

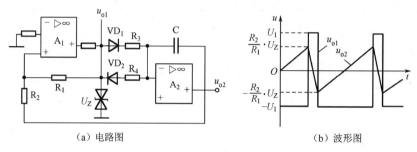

（a）电路图　　　　　　　　　　　　　　　（b）波形图

图5.14　锯齿波信号发生器

 小技能

万用表测量判断振荡电路是否振荡的方法

　　三极管处于放大状态时，发射结正偏；处于振荡状态时，直流电压表测量值"显示"发射结反偏。所以当单管振荡电路的三极管为 NPN 型时，$U_{BE} < 0$；为 PNP 型时，$U_{BE} > 0$，振荡电路振荡。

5.2.4　集成函数信号发生器 8038 的简介

　　ICL 8038 是一种集波形产生与变换于一体的多功能单片集成函数信号发生器，它能产生4种基本波形：正弦波、矩形波、三角波和锯齿波。矩形波的占空比可任意调节，它的输出频率范围也非常宽，可以从 0.001Hz 到 1MHz。在典型应用情况下，输出波形的失真度小，线性度好。

　　ICL 8038 芯片的引脚功能如图5.15所示，各引脚功能已标在图中。电源电压：单电源为 10~30V；双电源为 ±(5~15)V。图5.16所示为 ICL 8038 接成的多种信号发生器的电路图，能同时输出矩形波、正弦波和三角波。输出信号的频率由电路中的两个外接电阻 R_A、R_B 和电容 C 决定。R_A 与 R_B 的比值决定了矩形波的占空比。当取值相等时，占空比刚好为50%。这时输出方波。选择合适的 R_A 和 R_B 的值，可使占空比从 2% 变化到 99%。这种占空比的调节将影响输出的正弦波和三角波。当占空比为50%时（$R_A = R_B$），输出的正弦波和三角波是十分标准的。但如果占空比远离50%（在任一方向上），这些波形的失真将会逐渐加大。在极端情况下，输出的三角波将变为锯齿波，所以3脚具有双重功能。

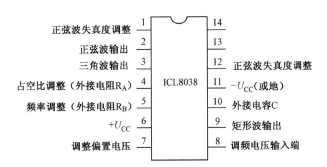

图 5.15   ICL 8038 芯片的引脚功能

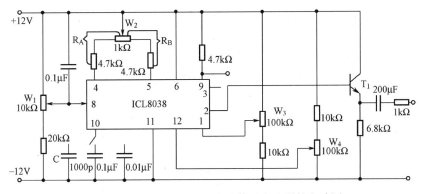

图 5.16   ICL 8038 接成的多种信号发生器的电路图

　　另外，8 脚为频率调节电压输入端，信号的频率正比于加在 6 脚和 8 脚之间的电压差，若在 8 脚调频输入端外加一控制电压信号，则可用作压控振荡器（VCO），并在一定范围内调节输出信号的频率。

小　　结

1. 产生自激振荡必须满足相位平衡条件和幅值平衡条件：

$$\varphi_A + \varphi_F = 2n\pi \quad (n = 0,\ 1,\ 2,\ \cdots)$$
$$|AF| = 1$$

2. 按照选频网络的不同，正弦波振荡电路主要有 RC 振荡电路和 LC 振荡电路，通过改变选频网络的参数就可以改变选频网络振荡的频率。

3. RC 振荡电路的振荡频率 $f_0 = \dfrac{1}{2\pi RC}$，通常作为低频信号发生器。

4. LC 振荡电路有变压器反馈式、电感三点式和电容三点式三种，振荡频率 $f_0 = \dfrac{1}{2\pi \sqrt{LC}}$，通常用作高频信号发生器。由于较大的电感和电容元件体积大、笨重、安装不便，而且制造困难、成本高，所以 LC 振荡电路不适用于产生低频信号。

5. 方波信号发生器由 RC 充放电支路与迟滞电压比较器组成，三角波是在方波的基础上加上积分器来产生的，电路使三角波上升时间不等于下降时间，就形成了锯齿波。

习 题 5

一、填空题

5.1　LC 并联回路的 $L = 0.1\text{mH}$，$C = 0.04\mu\text{F}$，其谐振频率为_____ Hz。

5.2　在 RC 振荡电路的选频网络中，$C_1 = C_2 = 6800\text{pF}$，$R_1 = R_2$，可在 23kΩ 到 32kΩ 之间进行调节，振荡频率的变化范围是_____。

5.3　集成函数信号发生器 5G8038 可以产生_____信号。

5.4　正弦波振荡电路利用正反馈产生振荡的条件是_____，其中相位平衡条件是_____，幅值平衡条件是_____。为使振荡电路起振，其条件是_____。

5.5　产生低频正弦波一般可选用_____振荡电路；产生高频正弦波可选用_____振荡电路；要求频率稳定性很高，则可选用_____振荡电路。

二、判断题 (正确的打√，错误的打×)

5.6　凡满足振荡条件的反馈放大器一定能产生正弦波振荡。(　　)

5.7　在放大器中，只要有正反馈，就会产生自激振荡。(　　)

5.8　若在放大器中，存在负反馈，则不可能产生自激振荡。(　　)

5.9　在 RC 振荡电路中，负反馈支路的反馈系数越小，电路越容易起振。(　　)

5.10　欲获得稳定度很高的高频正弦信号，应选用 LC 振荡电路。(　　)

三、分析计算题

5.11　已知 RC 振荡电路如图 5.17 所示。

(1) 试计算其输出信号的频率。

(2) 若希望振荡频率变为 10kHz，电阻不变，试确定 C 的容量。

5.12　试用相位平衡条件判断如图 5.18 所示电路能否振荡，并说明理由。

5.13　理想集成运放 A 构成的振荡电路如图 5.19 所示，其中 $R = 16\text{kΩ}$，$C = 0.01\mu\text{F}$，$R_1 = 10\text{kΩ}$，$R_2 = 1\text{kΩ}$，试回答：

(1) 该电路输出什么波形？

(2) 选频网络由哪些元件组成？

(3) 振荡频率是多少？

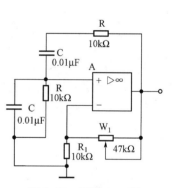

图 5.17　习题 5.11 图

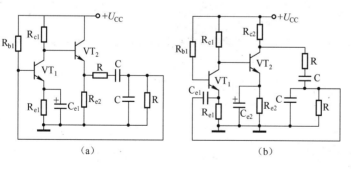

(a)　　　　　　　　　　　　　(b)

图 5.18　习题 5.12 图

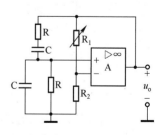

图 5.19　习题 5.13 图

项目6 家用调光灯电路的制作

■ 能力目标

(1) 会识别和测试晶闸管、单结晶体管、双向触发二极管的好坏。

(2) 能完成家用调光灯电路的制作。

■ 知识目标

了解晶闸管、单结晶体管、双向触发二极管的结构和工作原理，熟悉这些元器件的应用电路，掌握这些元器件的检测方法。

■ 素质目标

(1) 培养理论联系实际的习惯。

(2) 培养辩证思维的能力，培养创新意识，提升电子产品创新的专业能力。

【任务工单】

工作任务	家用调光灯（220V/40W）电路的制作				
姓名		班级	学号	日期	

🏛 学习情景

扫一扫二维码观看《张艺谋解读：冬奥的火炬为什么这么"小"？》视频。

张艺谋解读：冬奥的火炬为什么这么"小"？

2022年2月4日晚，张艺谋领衔的总导演团队大胆创新，第24届冬奥会以"不点火"代替"点燃"，以"微火"取代熊熊燃烧的大火，传递低碳、环保的绿色奥运理念，实现了奥运历史上的一次点火创新。

近年来，碳排放量过大，导致全球气温升高，成为人类目前面临规模最大、范围最广、影响最为深远的挑战之一。据调查显示，居民消费生产的碳排放量占中国碳排放总量的40%~50%。实现减排，需要每个人脚踏实地地行动。例如，购买低能耗家电、随手关灯、节约用水、选择公共交通、不留剩饭菜等。同学们学习制作调光灯，也是绿色低碳的行为。大学生应该践行简约适度、绿色低碳的生活方式，形成文明健康的生活风尚，向中国冬奥会团队学习，勇敢、智慧、创新，为保护好人类共同的地球家园努力。

某电子科技有限公司接到某机电设备公司的订单，要求其帮忙代工生产一批220V的单相异步电动机无极调速器。根据设计要求，电子工程师小明使用双向晶闸管设计了如图6.1所示的电路，并用指示灯代替电动机进行了实验验证。

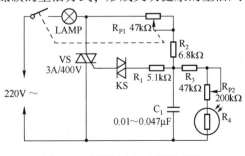

图6.1 家用调光灯电路原理图

学习目标

1. 目测识别典型双向晶闸管、双向触发二极管的引脚。
2. 掌握用万用表检测双向晶闸管、双向触发二极管的引脚和判断其质量的好坏。
3. 熟悉可控整流触发电路的基本结构与工作原理。
4. 掌握排除电路故障的方法。

任务要求

1. 各小组制订工作计划。
2. 识别家用调光灯电路原理图，明确元器件连接和电路连线。
3. 画出装配图。
4. 完成电路所需元器件的购买与检测。
5. 根据装配图制作家用调光灯电路。
6. 完成家用调光灯电路功能检测和故障排除。
7. 通过小组讨论完成电路的详细分析并撰写任务工单。

任务分组

班级		组号		分工
组长		学号		
组员		学号		
组员		学号		

获取信息

认真阅读任务要求，理解工作任务内容，明确工作任务的目标，为顺利完成工作任务，回答引导问题，做好充分的知识准备、技能准备和工具耗材的准备，同时拟订任务实施计划。

家用调光灯电路原理图如图 6.1 所示，由 R_2、R_{p1} 和 C_1 组成的阻容移相电路决定双向晶闸管的导通角。当 C_1 两端电压经 R_2、R_{p1} 充电上升到双向触发管的导通电压时，双向晶闸管 VS 被触发导通，当交流电过零时，双向晶闸管自行截止，调节 R_{p1} 可改变 C_1 的充电时间，从而改变双向晶闸管 VS 在交流电正、负半周时的导通角，以便得到需要的亮度。图中 R_3、R_{p2} 及光敏电阻 R_4 串联后和 C_1 并联。在 R_3、R_{p2} 固定的情况下，分流的大小由光敏电阻 R_4 的阻值来决定。当电网电压上升时，灯光亮度增加，光敏电阻 R_4 受到的光照强度增大，阻值减小，分流增大，C_1 两端电压上升变慢，双向晶闸管导通角减小，输出电压变小，灯光的亮度也相应减弱，这样就自动地将输出电压稳定在需要的数值，保证了灯光亮度的稳定。

引导问题

1. 根据控制特性，晶闸管可分为单向晶闸管和 （　　　　　　　　）。
2. 双向晶闸管的三个引脚分别为 （　　　　　　　　）。双向触发二极管实际上就是 （　　　　　　　　） 集成为一体。

3. ▇ 从左到右的三个引脚分别为（　　　　　　　　）。

4. 双向晶闸管好坏判断。在识别出双向晶闸管三个引脚的基础上，使用指针式万用表的 R×10 挡，黑笔接 T2，红笔接 T1，用手快速接触 T2 和栅极，万用表指针（　　　　）。

工作计划

工序步骤安排

序号	工作内容	计划用时	备注

进行决策

1. 各小组派代表阐述设计方案。
2. 各小组对其他小组的设计方案提出自己的看法。
3. 教师对大家完成的方案进行点评，选出最佳方案。

工作实施

1. 确定元器件需求。根据电路设计方案、芯片选型方案、元器件参数，填写元器件需求明细表。

元器件需求明细表

代号	名称	规格型号	数量
LAMP	灯泡	40W/220V	1 个
VS	双向晶闸管	BTA16-600B	1 只
KS	双向触发二极管	DB3	1 只
R_1	电阻	5.1kΩ	1 个
R_2	电阻	6.8kΩ	2 个
R_3	电阻	47kΩ	1 个
R_4	光敏电阻	——	1 个
R_{P1}	带开关电位器	47 kΩ，可以用 WH149-500K 代替	1 个
R_{P2}	电位器	200 kΩ	1 个
C_1	涤纶电容	2J103～2J473	1 个
	PCB	——	1 块

2. 安装制作。

电路可以焊接在自制的 PCB 上，也可以焊接在万能板上，或者通过"面包板"插接。参照图 6.2 连接线路，按以下原则安装制作。

（1）元器件的标志方向应按要求进行（标志朝外能看清）。

（2）元器件的极性不能错。

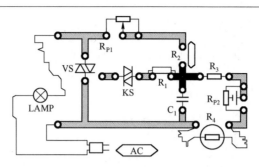

图 6.2　家用调光灯电路装配图（PCB）

（3）同一规格的元器件尽量安装在同一高度。

（4）安装顺序：先低后高，先轻后重，先易后难，先一般后特殊。

（5）板上分布尽量均匀整齐，不允许斜排及立体交叉，引脚间保证有 1mm 的安全间隙。

（6）引线直径与过孔直径应有 0.2~0.4mm 的合理间隙。

（7）底面与 PCB 距离 6±2mm。

（8）电位器应尽量插到底，不能倾斜，三个引脚均需焊接。

3. 调试。

调试时，先将 R_{P2} 调到最小值，并用纸挡住光线，使光敏电阻 R_4 不受灯光照射，接通电源，调节 R_{P1} 使灯光处于最亮。然后将纸拿开，如果灯光稍有变化，则说明此时 R_{P2} 不需调节。如果在 R_4 受照后亮度不变，则应调节 R_{P2} 使灯光稍有变暗。如果 R_4 受照后，亮度变化很大，则应增大 R_3 的值；R_{P2} 经一次调整后不需再调。灯泡正常发光，调节电位器，灯泡的亮度随着阻值的变化而变化，说明电路板制作成功。

🗨 **课堂讨论**

双向触发二极管的作用是什么？请自行查找有关资料回答。

💡 **课程思政**

1. 制作完后，你认为你应具备怎样的工匠精神？

2. 同学们通过学习制作家用调光灯电路，上网查找有关绿色低碳的资料，谈谈你应如何践行简约适度、绿色低碳的生活方式？

🖥 **评价反馈**

评分表（与项目 1 任务工单的评分表一样）。

6.1 【知识链接】 晶闸管

晶闸管（SCR）是一个可控导电开关，是能以弱电控制强电的电路器件。晶闸管常用于整流、调速、交直流转换、开关调光等控制电路。常见晶闸管的种类有单向晶闸管、双向晶闸管、可关断晶闸管、快速晶闸管、光控晶闸管，目前运用最多的是单向晶闸管和双向晶闸管，晶闸管图形符号及外形如图 6.3 所示。

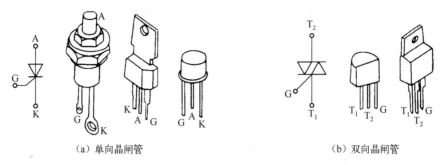

（a）单向晶闸管　　　　　　　　　　　　　（b）双向晶闸管

图6.3　晶闸管图形符号及外形

6.1.1　单向晶闸管

1. 单向晶闸管的结构和符号

单向晶闸管是一种 PNPN 4 层半导体器件，其图形符号及外形如图 6.3（a）所示。它有 3 个电极，分别为阳极（A）、阴极（K）和控制极（G）（控制极又称门极）。控制极从 P 型硅层上引出，供触发用。图 6.4 所示为单向晶闸管的结构及图形符号。阳极与阴极、阳极与控制极之间的正、反向电阻 R_{AK}、R_{KA}、R_{AG}、R_{GA} 均应很大，而控制极与阴极之间为一个 PN 结，PN 结正向电阻应较小，反向电阻应很大。

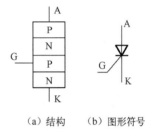

（a）结构　　（b）图形符号

图6.4　单向晶闸管

2. 单向晶闸管的工作特性

下面通过图 6.5 来说明单向晶闸管的工作特性。

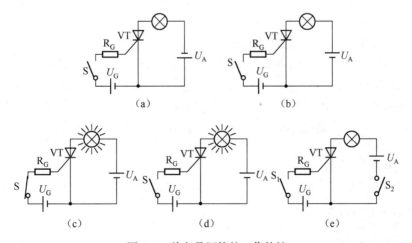

图6.5　单向晶闸管的工作特性

（1）单向晶闸管的阳极和阴极间加反向电压，如图 6.5（a）所示，无论控制极是否加电压，灯泡都不亮，单向晶闸管截止。这种情况下称单向晶闸管处于反向阻断状态。

（2）单向晶闸管阳极经灯泡接电源正端，阴极接电源负端，此时单向晶闸管承受正向电压，控制极电路中开关 S 断开，如图 6.5（b）所示，这时灯泡不亮，说明单向晶闸管不导通，即处于正向阻断状态。

（3）单向晶闸管的阳极和阴极间加正向电压，控制极相对于阴极加正向电压 U_G，如图 6.5（c）所示，这时灯泡亮，说明单向晶闸管导通，即处于正向触发导通状态。如果控制极加反向电压，无论阳极回路加正向电压还是反向电压，单向晶闸管都不导通。

（4）单向晶闸管导通后，如果去掉控制极上的电压，如图 6.5（d）所示，灯泡仍然亮，则表明晶闸管除去触发信号后继续导通，即单向晶闸管一旦导通，控制极就失去了作用。

（5）在单向晶闸管导通的情况下，当阳极和阴极间的电压（或电流）减小到一定程度时，如图 6.5（e）所示，切除主信号后，单向晶闸管才能从导通状态变为阻断状态。

从上述分析可得以下结论。

（1）单向晶闸管在反向阳极电压作用下，无论控制极为何种电压，都处于关断状态。

（2）单向晶闸管同时在正向阳极电压与正向控制极电压作用下，才能导通。

（3）已导通的单向晶闸管在正向阳极电压作用下，控制极失去控制作用。

（4）单向晶闸管在导通状态下，当阳极电压减小到接近于零时，单向晶闸管关断。

以上结论说明，单向晶闸管像二极管一样，具有单向导电性。单向晶闸管电流只能从阳极流向阴极。若加反向阳极电压，则单向晶闸管处于反向阻断状态，只有极小的反向电流。但单向晶闸管与二极管不同的是，它还具有正向导通的可控特性。当仅加上正向阳极电压时，元器件还不能导通，这时称为正向阻断状态。只有同时加上一定的正向控制极电压，形成足够的控制极电流，单向晶闸管才能正向导通，而且一旦导通，即使撤掉控制极电压，导通仍然维持。

3. 单向晶闸管的极性判别及质量检测

（1）极性判别。选用指针式万用表 R×100 挡或 R×1k 挡，分别测量各电极间的正、反向电阻。若测得其中两电极间阻值较大，调换表笔后其阻值较小，则黑表笔所接电极为控制极，红表笔所接电极为阴极，剩余为阳极。

（2）质量检测。指针式万用表黑表笔接阳极，红表笔接阴极，黑表笔在保持和阳极接触的情况下，与控制极接触，即给控制极加上触发电压。此时，单向晶闸管导通，阻值减小，指针偏转。黑表笔保持和阳极接触，并断开与控制极的接触。若断开控制极后，单向晶闸管仍维持导通状态，即指针偏转状况不发生变化，则单向晶闸管基本正常。

6.1.2　双向晶闸管

1. 双向晶闸管的结构

双向晶闸管相当于两个单向晶闸管反向并联而成。双向晶闸管的结构及图形符号如图 6.6 所示。它为 NPNPN 5 层半导体器件，有 3 个电极，分别为第一阳极(T_1)、第二阳极(T_2)、控制极(G)。

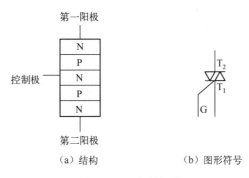

（a）结构　　　　　　　（b）图形符号

图6.6　双向晶闸管

2. 双向晶闸管的工作特点

在双向晶闸管的 T_1 极和 T_2 极之间，无论加正向电压还是反向电压，都能触发导通。不仅如此，无论触发信号的极性是正还是负，都可触发双向晶闸管使其导通。双向晶闸管在电路中主要用来进行交流调压、交流开关、可逆直流调速等。

3. 双向晶闸管的极性判别及质量检测

（1）极性判别。根据双向晶闸管的结构可知，控制极与 T_1 极较近，与 T_2 极较远。因此控制极与 T_1 极间的正、反向电阻都较小，而 T_2 极与控制极间、T_2 极与 T_1 极间的正、反向电阻均较大。这表明，如果测出某极和其余两极之间的电阻呈现高阻态，则该极一定是 T_2 极。

区分出 T_2 极后，将万用表置于 R×1 挡，假设一极为 T_1 极，并将黑表笔接在假设的 T_1 极上，红表笔接在 T_2 极上。保持红表笔与 T_2 极相接触，红表笔再与控制极短接，即给控制极一个负极性触发信号，双向晶闸管将导通，内电阻减小，这表明双向晶闸管已导通，其导通方向为 $T_1 \to T_2$。在保持红表笔和 T_2 极相接触的情况下，断开控制极，此时，若阻值保持不变，则证明双向晶闸管能维持导通状态。将红黑表笔调换，即红表笔接在假设的 T_1 极上，黑表笔接在 T_2 极上。保持黑表笔与 T_2 极相接触，黑表笔再与控制极短接，即给控制极一个正极性触发信号，如果双向晶闸管也能导通，则导通方向为 $T_2 \to T_1$。在保持黑表笔和 T_2 极相接触的情况下，断开控制极，断开后双向晶闸管也应能维持导通状态，则该双向晶闸管具有双向触发特性，且上述假设正确。

（2）质量检测。若双向晶闸管具有双向触发导通的能力，则该双向晶闸管正常。若无论怎样检测均不能使双向晶闸管触发导通，则表明该双向晶闸管已损坏。

6.2 【知识链接】 触发器件

6.2.1 单结晶体管

单结晶体管是一种特殊的半导体器件。它被广泛地用于振荡、双稳态、定时等电路中。由单结晶体管组成的电路具有电路简单、稳定性好等优点。单结晶体管的外形和普通三极管相似，内部只有一个 PN 结。三个极分别称为发射极（E）、第一基极（B_1）和第二基极（B_2）。单结晶体管的结构、图形符号及等效电路如图6.7所示。

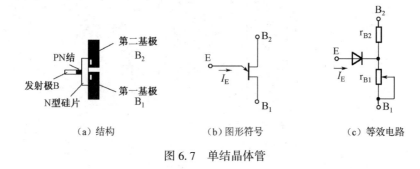

图 6.7　单结晶体管

1. 单结晶体管的极性判别

在正常情况下，B_1 极和 B_2 极之间有 2~15kΩ 的电阻，发射极对 B_1 极和 B_2 极之间为单向导电。

单结晶体管的判断和测量的方法是：使用指针式万用表的欧姆挡，用黑表笔接触一个极，红表笔接触另外两个极，如果均导通（万用表显示的读数为数千欧姆），而改用红表笔接触这个极，黑表笔碰触另外两个极均不导通（万用表显示的读数为数万欧姆），则这个极为发射极。黑表笔接发射极，红表笔接两个基极，阻值较小的极为 B_2 极。

2. 单结晶体管的质量检测

在发射极开路的条件下，用指针式万用表 R×100 挡或 R×1k 挡测量 B_1 极和 B_2 极之间的阻值应在 2~15kΩ，阻值过大或过小均不宜使用。

6.2.2　双向触发二极管

双向触发二极管是与双向晶闸管同时问世的，常用来触发双向晶闸管。

双向触发二极管的结构、图形符号、等效电路及伏安特性如图 6.8 所示。它是 3 层、对称性质的两端半导体器件，等效于基极开路、发射极与集电极对称的 NPN 型三极管。其正、反向伏安特性曲线中心对称。

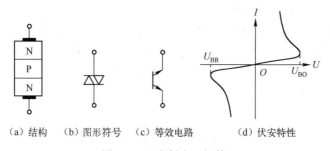

（a）结构　　（b）图形符号　　（c）等效电路　　（d）伏安特性

图 6.8　双向触发二极管

当器件两端的电压小于正向转折电压 U_{BO} 时，呈高阻态；当 $U>U_{BO}$ 时，进入负阻区。同样，当 $|U|$ 超过反向转折电压 $|U_{BR}|$ 时，也能进入负阻区。

转折电压的对称性表示为

$$\Delta U_{B} = U_{BO} - |U_{BR}|$$

一般要求 $\Delta U_{B} < 2U$，双向触发二极管的耐压值 U_{BO} 大致分三个等级：20～60V，100～150V，200～250V。

在实际应用中，除根据电路的要求选取适当的转折电压 U_{BO} 之外，还应选择转折电流 I_{BO} 小、转折电压偏差 ΔU_{B} 小的双向触发二极管。

双向触发二极管除用来触发双向晶闸管之外，还常用在过压保护、定时、移相等电路中，图6.9就是由双向触发二极管和双向晶闸管组成的过压保护电路。当瞬态电压过压时，VD迅速导通并触发双向晶闸管也导通，使后面的负载免受过压损害。

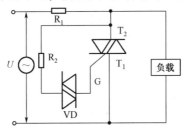

图 6.9　过压保护电路

图6.10所示为双向触发二极管与双向晶闸管等元器件构成的交流电路调压电路。通过调节电位器 R_{P} 的值，可以改变双向晶闸管的导通角，从而改变通过灯泡的电流（平均值），实现连续调压。如果将灯泡换成电熨斗、电热褥，还可实现连续调温。

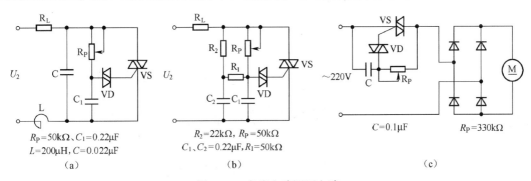

图 6.10　交流电路调压电路

该电路在双向晶闸管加散热器的情况下，可控负载功率可达500W，各元器件参数如图6.10所示。

 自我测试 16

自我测试 16

1. （单选题）晶闸管内部有（　　）PN 结。
A. 1个　　　　　　B. 2个　　　　　　C. 3个　　　　　　D. 4个

2. （单选题）单结晶体管内部有（　　）PN 结。
A. 1个　　　　　　B. 2个　　　　　　C. 3个　　　　　　D. 4个

3. （单选题）普通晶闸管的通态电流（额定电流）是用电流的（　　）来表示的。
A. 有效值　　　　　　B. 最大值　　　　　　C. 平均值

小　　结

1. 当在单向晶闸管的阳极和阴极间加正向电压，同时在控制极加适当的正向电压时，单向晶闸管触发导通后，控制极失去控制作用。当阳极电流小于维持电流时，单向晶闸管又重新阻断。

2. 单向晶闸管具有利用小触发信号控制大电流的特性，可以使用晶闸管组成可控整流电流，通过改变晶闸管的导通角 θ，可以将输入的交流电变换成可调的直流电。

3. 双向晶闸管可以看作两个单向晶闸管正、反向并联组成的元器件，它具有正、反两个方向都能导通的特性，广泛用于交流开关电路。

4. 利用具有负阻特性的单结晶体管可以组成张弛振荡电路，作为单向晶闸管的触发电路。双向晶闸管常用双向触发二极管来触发。在实际应用中，需要解决主电路与触发电路的同步问题。

习　题　6

6.1　晶闸管触发导通后，取消控制极上的触发信号还能保持导通吗？已导通的晶闸管在什么情况下才会自行关断？

6.2　交流调压和可控整流有什么不同？试画出工作波形并加以比较。

6.3　双向晶闸管的导通特点与单向晶闸管的导通特点有什么不同？

6.4　试绘制如图 6.11（a）所示电路在图 6.11（b）控制极电压波形作用下负载 R_L 两端电压 u_o 的波形。

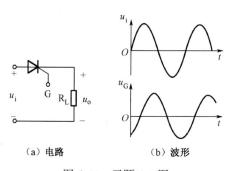

（a）电路　　　　　　　　（b）波形

图 6.11　习题 6.4 图

项目 7 救护车警笛电路的制作

■ 能力目标

（1）会识别和测试 555 定时器等电子元器件。

（2）能完成救护车、消防车警笛电路的安装与调试。

■ 知识目标

了解脉冲产生与变换的基本概念；掌握 555 定时器的结构框图和工作原理；熟悉 555 定时器的应用电路及其工作原理；掌握 555 定时器应用电路的设计方法；掌握救护车、消防车警笛电路的组成与工作原理。

■ 素质目标

（1）培养责任心与职业道德。

（2）培养创新意识及自我学习能力。

【任务工单】

工作任务		救护车警笛电路的制作				
姓名		班级		学号		日期	

学习情景

扫一扫二维码观看《钟南山战"疫"全记录》视频。

2020 年疫情初期，一张钟南山院士乘坐高铁奔赴武汉的照片"刷爆"朋友圈：餐车里的钟南山院士，眉头紧锁，闭目思考，身前是一摞刚刚翻看过的文件……无数医务者，像钟南山院士一样，告别亲人，冒着生命危险，义无反顾投入到抗疫之中，有的甚至以身殉职。只因为他们是医生，生命至上，人民至上。他们挽救了一个个生命，用行动诠释了医者仁心和大爱无疆。

钟南山战"疫"全记录

救护车的警笛响起，生命分秒必争，责任和使命在肩。哪有什么岁月静好，只不过是有人在为你负重前行。职业，是一份责任。爱岗敬业，体现的是对岗位的"爱"和对职业的"敬"，无论何时何地，我们都要坚守岗位，不怕苦、不畏难、不惧牺牲，在祖国和人民需要的时候挺身而出，勇于担当，担负起岗位的责任，担负起人民的信任，担负起祖国的重托。

为什么救护车能发出一长一短的警笛声呢？下面我们来思考设计并制作一款救护车警笛电路，其原理图及波形如图 7.1 所示。

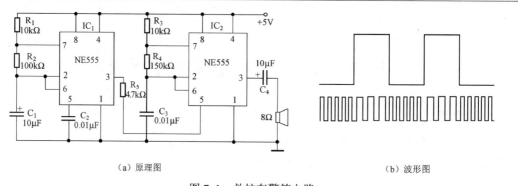

（a）原理图　　　　　　　　　　　　　　　　　（b）波形图

图 7.1　救护车警笛电路

学习目标

1. 增强专业意识，培养良好的职业道德和职业习惯。
2. 熟悉用 555 时基电路构成的多谐振荡器。
3. 熟悉 555 时基电路控制端（5 脚）的功能和作用。
4. 了解用电压调制频率的两种方法。
5. 掌握救护车警笛电路的调试方法。

任务要求

1. 各小组制订工作计划。
2. 识别救护车警笛电路原理图，明确元器件连接和电路连线。
3. 设计、制作装配图。
4. 完成电路所需元器件的购买与检测。
5. 根据装配图制作救护车警笛电路。
6. 完成救护车警笛电路功能检测和故障排除。
7. 通过小组讨论，完成电路的详细分析并撰写任务工单。

任务分组

班级		组号		分工
组长		学号		
组员		学号		
组员		学号		

获取信息

认真阅读任务要求，理解工作任务内容，明确工作任务的目标，为顺利完成工作任务，回答引导问题，做好充分的知识准备、技能准备和工具耗材的准备，同时拟订任务实施计划。

救护车警笛电路如图 7.1（a）所示。图中 IC_1、IC_2 都接成自激多谐振荡的工作方式。其中，IC_1 输出的方波信号通过 R_5 去控制 IC_2 的 5 脚电平。当 IC_1 输出高电平时，由 IC_2 组成的多谐振荡器电路输出频率较低的一种音频；当 IC_1 输出低电平时，由 IC_2 组成的多谐振荡器电路输出频率较高的另一种音频。因此 IC_2 的振荡频率被 IC_1 的输出电压调制为两种音频频率，使喇叭发出"嘀、嘟、嘀、嘟……"的与救护车鸣笛声相似的变音警笛声，其波形如图 7.1（b）所示。改变 R_2、C_1 的值，可改变滴、嘟声的间隔时间；改变 R_4、C_3 的值，可改变滴、嘟声的音调。

引导问题

1. 555 定时器 TTL 型电源电压的工作范围为（　　　）；COMS 型电源电压的工作范围为（　　　）。

2. 555 定时器由（　　）、（　　）、（　　）、（　　）、（　　）5 部分组成。

3. 根据 555 定时器的功能表，若 2 脚和 6 脚的电压均大于 $\frac{2}{3}U_{CC}$，则 3 脚输出为（　　）；若 2 脚和 6 脚的电压大于 $\frac{1}{3}U_{CC}$ 却小于 $\frac{2}{3}U_{CC}$，则 3 脚输出为（　　　）；若 2 脚和 6 脚的电压均小于 $\frac{1}{3}U_{CC}$，则 3 脚输出为（　　　）。

4. 555 定时器构成多谐振荡器，输出高电平时间（充电时间）为（　　　）；输出低电平时间（放电时间）为（　　　）；振荡周期 T =（　　　）。

工作计划

工序步骤安排

序号	工作内容	计划用时	备注

进行决策

1. 各小组派代表阐述设计方案。
2. 各小组对其他小组的设计方案提出自己的看法。
3. 教师对大家完成的方案进行点评，选出最佳方案。

工作实施

1. 确定元器件需求。根据电路设计方案、芯片选型方案、元器件参数，填写元器件需求明细表。

元器件需求明细表

代号	名称	规格型号	数量
IC_1、IC_2	555 定时器	NE555	1 片
R_1、R_3		10 kΩ	2 个
R_2	电阻	100kΩ	1 个
R_4		150kΩ	1 个
R_5		4.7 kΩ	1 个
C_2、C_3	陶瓷电容	103	1 个
C_1、C_4	电解电容	10μF/16V	2 个
	IC 插座	DIP8	2 个

续表

代号	名称	规格型号	数量
Y	扬声器	0.25W 8Ω	1个
	PCB	——	1块

2. 电路安装。

（1）参考图 7.2 设计制作装配图。

（2）按照装配图上元器件的排布，先焊接两块 555 时基电路的 IC 插座，再安装其他元器件，一般安装顺序为 IC 插座（或多脚元器件）→小体积元器件→大体积元器件→电路板外元器件或连线。

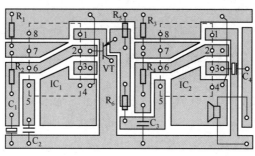

图 7.2　装配图

3. 电路调试。

调试步骤如下。

（1）接通电源时，最好先把电源负极接好，然后在电源正极和电路板正电源接点之间串联一个几百毫安至几安的直流电流表，先瞬时点通一下电源，如果电路仍存在未查出的短路故障，电流表会瞬时显示很大的电流，此时应进一步仔细检查并消除短路故障。只有电路总电流小于 100mA（一般是 10~50mA）才算正常。

（2）如果电路正常，一般会听到喇叭发出变音警笛声，若喇叭无声，则先进行下一步调试。

（3）先确定喇叭是否正常，最简捷的办法是用 1~2V 的直流电直接瞬时点通喇叭，正常的喇叭应有响声，若喇叭正常，则是其他的电路问题，应进一步检查。

（4）首先检查 IC$_2$ 及其外围电路组成的自激多谐振荡器电路，任一元器件损坏都可能导致喇叭无声，最常见的是 555 时基电路损坏。最简易的判断是：当用导线把 2、6 脚接低电平（地）时，输出端 3 脚应为高电平；把 2、6 脚接高电平（+5V）时，输出端 3 脚应为低电平，这说明 555 时基电路功能基本正常。但是如果 555 时基电路芯片内（7 脚）的放电管损坏，那么电路也不能振荡。再就是 C$_3$ 或 C$_4$ 损坏。当然可以对元器件测试判断，但更简捷的办法是采用"替换法"，即从工作正常的电路板上拔下相同参数的元器件替换；或者把认为有问题的元器件插到工作正常的电路板上测试。排查故障直到喇叭有声。

（5）若喇叭声响是单一频率的音频（不变调），这是 IC$_1$ 及其外围电路组成的自激多谐振荡器电路的信号未能送到 IC$_2$ 的控制端（5 脚）导致的。IC$_1$ 电路不能振荡的检查方法与 IC$_2$ 电路不能振荡的检查方法相同，当然不能忽略级间耦合的元器件（R$_5$）故障。最简捷的办法仍是采用"替换法"。排查故障直到喇叭有变调的声响。

3. 画出 IC_1 和 IC_2 的 3 脚波形。

IC_1 的 3 脚波形	IC_2 的 3 脚波形

课程思政

1. 制作完后,你认为你应具备怎样的工匠精神?

2. 救护车的警笛响起,生命分秒必争,责任驱使使命在肩。职业,更多是一份责任。请结合你的专业谈谈你对遵守职业道德、爱岗敬业的认识。

评价反馈

评分表（与项目 1 任务工单的评分表一样）。

7.1 【知识链接】 555 定时器

555 定时器为数字–模拟混合集成电路,可产生精确的时间延迟和振荡,内部有 3 个 $5k\Omega$ 的电阻分压器,故称为 555。在波形的产生与变换、测量与控制、家用电器、电子玩具等领域得到了广泛应用。

555 定时器的产品型号繁多,但所有 TTL 集成单定时器型号的最后 3 位数码都为 555,双定时器都为 556,电源电压的工作范围为 $4.5 \sim 16V$；所有 COMS 型集成单定时器型号的最后 4 位数码都为 7555,双定时器都为 7556,电源电压的工作范围为 $3 \sim 18V$。

555 定时器电路如图 7.3 所示,其可分成电阻分压器、电压比较器、基本 RS 触发器、缓冲器和放电管。

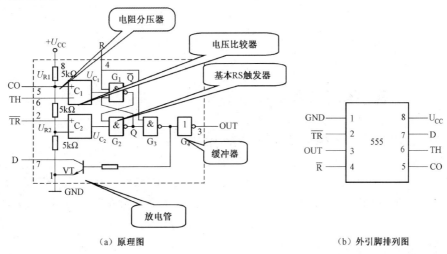

（a）原理图　　　　　　　　　　　（b）外引脚排列图

图 7.3　555 定时器电路

（1）电阻分压器。由 3 个 $5k\Omega$ 的电阻 R 组成电阻分压器,为电压比较器 C_1 和 C_2 提供基准电压。

（2）电压比较器。由 C_1 和 C_2 组成电压比较器，当控制电压输入端 CO 悬空时（不用时可在它与地之间接一个 $0.01\mu F$ 的电容，以防止干扰电压引入），C_1 和 C_2 的基准电压分别为 $\dfrac{2}{3}U_{CC}$ 和 $\dfrac{1}{3}U_{CC}$。C_1 的反相输入端 TH 称为 555 定时器的高触发端，C_2 的同相输入端 $\overline{TR}$ 称为 555 定时器的低触发端。

（3）基本 RS 触发器。由两个与非门 G_1 和 G_2 构成基本 RS 触发器。C_1 的输出作为置 0 输入端，若 C_1 输出为 0，则 $Q=0$；C_2 的输出作为置 1 输入端，若 C_2 输出为 0，则 $Q=1$。$\overline{R}$ 是定时器的复位输入端，只要 $\overline{R}=0$，定时器的输出端 OUT 就为 0。正常工作时，必须使 $\overline{R}$ 处于高电平。

（4）放电管。放电管 VT 是集电极开路的三极管，VT 的集电极作为定时器的一个输出端 D，与 OUT 端相比较，若 D 输出端经过电阻 R 接到电源 U_{CC} 上，则 D 端和 OUT 端具有相同的逻辑状态。

（5）缓冲器。缓冲器由 G_3 和 G_4 构成，用于提高电路的带负载能力。

在 1 脚接地、5 脚未外接电压时，C_1、C_2 基准电压分别为 $\dfrac{2}{3}U_{CC}$、$\dfrac{1}{3}U_{CC}$ 的情况下，555 定时器电路的功能表如表 7.1 所示。

表 7.1　555 定时器电路的功能表

清零端 $\overline{R}$	高触发端 TH	低触发端 $\overline{TR}$	输出端 OUT	放电管 VT	功　能
0	×	×	0	导通	直接清零
1	$>\dfrac{2}{3}U_{CC}$	$>\dfrac{1}{3}U_{CC}$	0	导通	置 0
1	$<\dfrac{2}{3}U_{CC}$	$<\dfrac{1}{3}U_{CC}$	1	截止	置 1
1	$<\dfrac{2}{3}U_{CC}$	$>\dfrac{1}{3}U_{CC}$	不变	不变	保持不变

 小问答

555 定时器电路 $\overline{R}$ 端的作用是什么？

7.2 【知识链接】　555 定时器的应用电路

555 定时器是一种用途很广的集成电路，只要改变 555 集成电路的外部附加电路，就可以构成各种各样的应用电路。这里仅介绍多谐振荡器、单稳态触发器和施密特触发器三种典型应用电路。

7.2.1　多谐振荡器

多谐振荡器是一种典型的矩形脉冲产生电路，它是一种自激振荡器，在接通电源以后，不需要外加触发信号，便能自动地产生矩形脉冲信号。由于矩形波中含有丰富的高次谐波分量，所以习惯上又把矩形波振荡电路叫作多谐振荡器。

1. 电路组成

用 555 定时器构成的多谐振荡器的电路图及工作波形如图 7.4 所示。

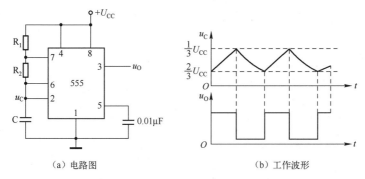

（a）电路图　　　　　　　　　（b）工作波形

图 7.4　由 555 定时器构成的多谐振荡器

2. 工作原理

接通电源后，假定 u_O 是高电平，则 555 定时器内部放电管 VT（见图 7.3）截止，电容 C 充电，充电回路是 $U_{CC} \rightarrow R_1 \rightarrow R_2 \rightarrow C \rightarrow$ 地，u_C 按指数规律上升，当 u_C 上升到 $\frac{2}{3} U_{CC}$ 时（TH、$\overline{TR}$ 端电平大于 $\frac{2}{3} U_{CC}$），输出 u_O 翻转为低电平。u_O 是低电平，放电管 VT 导通，C 放电，放电回路为 $C \rightarrow R_2 \rightarrow VT \rightarrow$ 地，u_C 按指数规律下降，当 u_C 下降到 $\frac{1}{3} U_{CC}$ 时（TH、$\overline{TR}$ 端电平小于 $\frac{1}{3} U_{CC}$），输出 u_O 翻转为高电平，放电管 VT 截止，电容再次充电，如此周而复始，产生振荡，经分析可得输出高电平时间（充电时间）$t_{PH} = 0.7(R_1 + R_2)C$；输出低电平时间（放电时间）$t_{PL} = 0.7R_2C$；振荡周期 $T = t_{PH} + t_{PL} = 0.7(R_1 + 2R_2)C$；输出方波的占空比为 $D = \frac{t_{PH}}{T} = \frac{R_1 + R_2}{R_1 + 2R_2}$。

 思考

试用两片 555 定时器设计一个间歇单音发生电路，要求发出单音频率约为 1kHz，发音时间约为 0.5s，间歇时间约为 0.5s。

 小知识

矩形脉冲的产生电路

多谐振荡器是一种典型的矩形脉冲产生电路，除可以用 555 定时器构成多谐振荡器之外，还可以由门电路和 R、C 组成。根据电路结构和性能特点的不同，又可分为对称式多谐振荡器、非对称式多谐振荡器、石英晶体多谐振荡器和环形振荡器。下面以最为常见的对称式多谐振荡器为例对矩形脉冲的产生原理加以说明。

图 7.5 所示为一个对称式多谐振荡器，由两个 TTL 反相器 G_1 和 G_2 经过电容 C_1、C_2 交叉耦合组成。其中，$C_1=C_2=C$，$R_1=R_2=R_F$。其工作原理如下。

假设接通电源后，由于某种原因 u_{I1} 有微小的正跳变，必然会引起如下正反馈过程：

$$u_{I1}\uparrow \to u_{O1}\downarrow \to u_{I2}\downarrow \to u_{O2}\uparrow$$

u_{O1} 迅速跳变为低电平，u_{O2} 迅速跳变为高电平，电路进入第一暂稳态。此后，u_{O2} 的高电平对电容 C_1 充电，使 u_{I1} 升高，电容 C_2 放电使 u_{I1} 降低。由于充电时间常数小于放电时间常数，所以充电速度较快，u_{I2} 首先上升到 G_2 的阈值电压 U_{TH}，又引起了如下正反馈过程：

$$u_{I2}\uparrow \to u_{O2}\downarrow \to u_{I1}\downarrow \to u_{O1}\uparrow$$

u_{O2} 迅速跳变为低电平，u_{O1} 迅速跳变为高电平，电路进入第二暂稳态。此后，电容 C_1 放电，电容 C_2 充电使 u_{I1} 上升，又引起第一次正反馈过程，从而使电路回到第一暂稳态。如此周而复始，电路不停地在两个暂稳态之间振荡，输出端产生了周期性矩形脉冲波形，如图 7.6 所示。

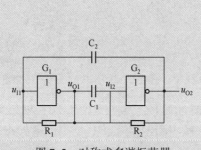

图 7.5　对称式多谐振荡器

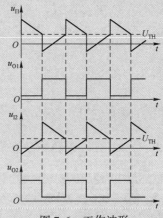

图 7.6　工作波形

从上面的分析可以看出，输出脉冲的周期等于两个暂稳态持续时间之和，而每个暂稳态持续时间的长度又由 C_1 和 C_2 的充电速度决定。若 $U_{OH}=3.4V$，$U_{TH}=1.4V$，$U_{OL}=0V$，且 R_F 的阻值比门电路的输入电阻小很多，则输出脉冲信号的周期为

$$T=1.4R_FC$$

7.2.2　单稳态触发器

单稳态触发器具有如下显著特点。

（1）有稳态和暂稳态两个不同的工作状态。

（2）在外界触发脉冲作用下，能从稳态翻转到暂稳态，暂稳态维持一段时间后，自动返回稳态。

（3）暂稳态维持时间的长短取决于电路本身的参数，与触发脉冲的宽度和幅度无关。

由于具备上述特点，单稳态触发器被广泛应用于脉冲整形、延时（产生滞后于触发脉冲的输出脉冲）及定时（产生固定时间宽度的脉冲信号）等电路。

1. 电路组成

将低触发端 $\overline{\text{TR}}$ 作为输入端 u_1，将高触发端 TH 和放电管输出端 D 接在一起，并与定时元件 R、C 连接，就可以构成一个单稳态触发器。由 555 定时器构成的单稳态触发器的电路图和工作波形如图 7.7 所示。

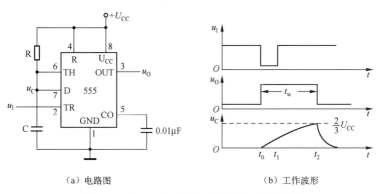

（a）电路图　　　　　　　　（b）工作波形

图 7.7　由 555 定时器构成的单稳态触发器

2. 工作原理

接通电源后，未加负脉冲，$u_1 = \dfrac{1}{3}U_{CC}$，而 C 充电，u_c 上升，当 $u_c > \dfrac{2}{3}U_{CC}$ 时，u_0 输出为低电平，放电管 VT 导通，C 快速放电，使 $u_c = 0$。这样，在加负脉冲前，u_0 为低电平，$u_c = 0$，这是电路的稳态。在 $t = t_0$ 时刻，u_1 负跳变（$\overline{\text{TL}}$ 端电平小于 $\dfrac{1}{3}U_{CC}$），而 $u_c = 0$（TH 端电平小于 $\dfrac{2}{2}U_{CC}$），所以输出 u_0 翻转为高电平，放电管 VT 截止，C 充电，u_c 按指数规律上升。$t = t_1$ 时，u_1 负脉冲消失；$t = t_2$ 时，u_c 上升到 $\dfrac{2}{3}U_{CC}$（此时 TH 端电平大于 $\dfrac{2}{3}U_{CC}$，$\overline{\text{TL}}$ 端电平大于 $\dfrac{1}{3}U_{CC}$），u_0 又自动翻转为低电平；在 $t_0 \sim t_2$ 这段时间，电路处于暂稳态；$t > t_2$ 时，放电管 VT 导通，C 快速放电，电路又恢复到稳态。由分析可得输出正脉冲宽度 $t_W = 1.1RC$。

注意：如图 7.8 所示的电路只能用窄负脉冲触发，即触发脉冲宽度 t_i 必须小于 t_W。

3. 单稳态触发器的应用

（1）脉冲延时。

如果需要延迟脉冲的触发时间，可利用如图 7.7（a）所示的单稳态触发器电路来实现。从图 7.8 的波形可以看出，经过单稳态触发器电路的延迟，由于 u_0 的下降沿比输入信号 u_1 的下降沿延迟了 t_W 的时间，因而可以用输出脉冲 u_0 的下降沿去触发其他电路，从而达到脉冲延时的目的。

小问答

怎样改变输出脉冲的宽度（延迟时间）呢?

（2）脉冲定时。

单稳态触发器能够产生一定宽度 t_{W} 的矩形脉冲，利用这个脉冲去控制某个电路，可使其仅在 t_{W} 时间内工作。例如，利用宽度为 t_{W} 的正矩形脉冲作为与门的一个输入信号，使得在矩形脉冲为高电平的 t_{W} 期间，与门的另一个输入信号 u_{I} 才能通过。脉冲定时的原理框图及工作波形如图 7.9 所示。

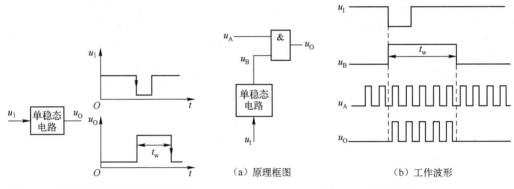

图 7.8　单稳态电路的脉冲延时电路　　　　　　　（a）原理框图　　　　　（b）工作波形

　　　　　　　　　　　　　　　　　　　　　　　图 7.9　脉冲定时

7.2.3　施密特触发器

施密特触发器是脉冲波形变换中经常使用的一种电路，它在性能上有以下两个重要的特点。

（1）输入信号从低电平上升的过程中电路状态转换对应的输入电平，与输入信号从高电平下降过程中电路状态转换对应的输入电平不同。

（2）在电路状态转换时，通过电路内部的正反馈过程，输出电压波形的边沿变得十分陡峭。

利用上述两个特点不仅能将边沿变化缓慢的信号波形整形为边沿陡峭的矩形波，而且可以将叠加在矩形脉冲高、低电平上的噪声有效地加以消除。

1. 电路组成

将高触发端 TH 和低触发端 $\overline{\mathrm{TR}}$ 连在一起作为输入端 u_{I}，就可以构成一个反相输出的施密特触发器。由 555 定时器构成的施密特触发器的电路图和工作波形如图 7.10 所示。

2. 工作原理

现设输入信号 u_{I} 为如图 7.10（b）所示的三角波，结合 555 定时器电路的功能表 7.1 可知，当 $u_{\mathrm{I}} < \frac{1}{3} U_{\mathrm{CC}}$ 时，两个比较器的输出为 $u_{\mathrm{C1}} =$ "1"，$u_{\mathrm{C2}} =$ "0"，因而基本 RS 触发器状态为 $Q=$

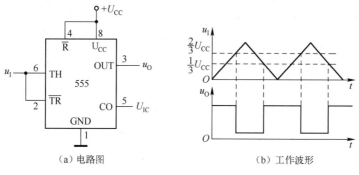

（a）电路图　　　　　　　　（b）工作波形

图 7.10　由 555 定时器构成的施密特触发器

"1"，输出 u_0 = "1"；当 $\frac{1}{3}U_{CC}$ < u_1 < $\frac{2}{3}U_{CC}$ 时，两个比较器的输出为 $u_{C1}=u_{C2}$ = "1"，基本 RS 触发器保持状态不变，故输出 u_0 也保持不变；当 $u_1 \geqslant \frac{2}{3}U_{CC}$ 时，两个比较器的输出为 u_{C1} = "0"，u_{C2} = "1"，因而基本 RS 触发器状态为 $Q=0$，输出 u_0 = "0"。

当 $\frac{1}{3}U_{CC}$ < u_1 < $\frac{2}{3}U_{CC}$ 时，两个比较器的输出为 $u_{C1}=u_{C2}$ = "1"，基本 RS 触发器保持状态不变，仍为 Q = "0"，输出 u_0 = "0"；当 $u_1 \leqslant \frac{1}{3}U_{CC}$ 时，两个比较器的输出为 u_{C1} = "1"，u_{C2} = "0"，基本 RS 触发器状态被置为 Q = "1"，输出 u_0 = "1"；电路的工作波形如图 7.10（b）所示。

根据以上分析可知，由 555 定时器构成的施密特触发器的上限触发阈值电压 U_{T+} = $\frac{2}{3}U_{CC}$，下限触发阈值电压 U_{T-} = $\frac{1}{3}U_{CC}$，回差电压 $\Delta U = \frac{1}{3}U_{CC}$。如果在 CO 端加上控制电压 U_{IC}，则可以改变电路的 U_{T+}、U_{T-} 和 ΔU。

3. 应用举例

（1）用于波形变换。

利用施密特触发器可以把幅度变化的周期性信号变换为边沿很陡的矩形脉冲信号。图 7.11 所示为一正弦信号转换为矩形脉冲信号的电路输入、输出电压波形，只要输入信号的幅度大于 U_{T+}，就可在施密特触发器的输出端得到同频率的矩形脉冲信号。

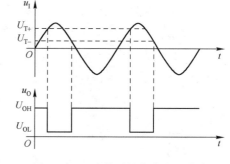

图 7.11　正弦信号转换为矩形脉冲
信号的电路输入、输出电压波形

（2）用于脉冲整形。

在数字系统中，矩形脉冲经传输后往往发生波形畸变，图 7.12 给出了几种常见的情况。当传输线上电容较大时，波形的上升沿和下降沿将明显变坏，如图 7.12（a）所示；当传输线较长，而且接收端的阻抗与传输线的阻抗不匹配时，在波形的上升沿和下降沿将产生振荡现象，如图 7.12（b）所示；当其他脉冲信号通过导线间的分布电容或公共电源线叠加到矩形脉冲信号上时，信号上将出现附加的噪声，如图 7.12（c）所示。无论出现上述哪种情况，都可以使用施密特触发反相器整形而获得比较理想的矩形脉冲波形。由图 7.12 可见，只要施密特触发反相器的 U_{T+} 和 U_{T-} 设置合适，就能达到满意的整形效果。

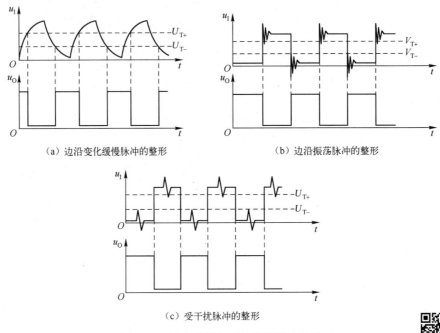

（a）边沿变化缓慢脉冲的整形　　　　　　（b）边沿振荡脉冲的整形

（c）受干扰脉冲的整形

图 7.12　施密特触发反相器的脉冲整形

自我测试 17

自我测试 17

1.（单选题）555 定时器属于（　　　）。
A. 时序逻辑电路　　　　　　　　　　B. 组合逻辑电路
C. 模拟电子电路　　　　　　　　　　D. 数字–模拟混合集成电路
2.（单选题）多谐振荡器可产生（　　　）。
A. 正弦波　　　　　　B. 矩形脉冲　　　　　　C. 三角波　　　　　　D. 锯齿波
3.（判断题）在应用中，555 定时器的 4 脚是直接接地的。（　　　）
A. 正确　　　　　　　　　　　　　　B. 错误
4.（判断题）施密特触发器可用于将三角波变换成正弦波。（　　　）
A. 正确　　　　　　　　　　　　　　B. 错误
5.（判断题）多谐振荡器的输出信号的振荡周期与阻容元件的参数成正比。（　　　）
A. 正确　　　　　　　　　　　　　　B. 错误

小　结

1. 脉冲的产生电路即多谐振荡器，其主要用途是产生数字逻辑电路的时钟脉冲，脉冲的振荡周期 T（或频率 f）由 R 和 C 的值决定，但石英晶体振荡器的频率由石英谐振频率决定。多谐振荡器的种类有对称式和非对称式多谐振荡器、环形振荡器、石英晶体多谐振荡器及由 555 定时器构成的多谐振荡器。

2. 脉冲整形电路包括单稳态触发器和施密特触发器。单稳态触发器的主要用途是脉冲的整形和定时，主要参数是输出的脉冲宽度；施密特触发器的主要用途是将输入波形转换成矩形波，并具有回差特性，回差提高了抗干扰能力。

3. 555 定时器是用途广泛的模拟数字混合芯片，利用 555 定时器除了可构成多谐振荡器、单稳态触发器、施密特触发器，还可构成各种脉冲应用电路。

习　题　7

一、填空题

7.1　555 定时器型号的最后数码为 555 的是＿＿＿＿＿产品，最后数码为 7555 的是＿＿＿＿＿产品。

7.2　常见的脉冲产生电路有＿＿＿＿＿，常见的脉冲整形电路有＿＿＿＿＿＿＿＿＿＿＿＿＿＿＿＿＿＿＿。

二、选择题

7.3　用 555 定时器组成施密特触发器，当输入控制端 CO 外接 10V 电压时，回差电压为（　　　）。

A. 3.33V　　　　　　B. 5V　　　　　　C. 6.66V　　　　　　D. 10V

三、判断题（正确的打√，错误的打×）

7.4　单稳态触发器的暂稳态时间与输入触发脉冲宽度成正比。（　　　）

项目 8 简单抢答器的制作

■ 能力目标

(1) 会识别和测试常用 TTL、CMOS 集成电路产品。

(2) 能完成简单抢答器的制作。

■ 能力目标

了解数字逻辑的概念，理解与、或、非三个基本逻辑关系；熟悉逻辑代数的基本定律和常用公式；掌握逻辑函数的正确表示方法；熟悉逻辑门电路的逻辑功能，了解集成逻辑门的常用产品，掌握集成逻辑门的正确使用方法。

■ 素质目标

(1) 培养逻辑思维及自我学习能力。

(2) 培养创新意识及奉献、专研等职业素养。

【任务工单】

工作任务			简单抢答器的制作				
姓名		班级		学号		日期	

📋 **学习情景**

在很多竞争场合要求有快速、准确、公正的竞争裁决，如知识竞赛、益智性文娱活动、抢答赛等，这些场合就会用到抢答器。针对主持人提出的问题，抢答器能快速判定哪组先按键，减少纠纷和误判。通过数字逻辑代数、常用门电路逻辑功能学习，请你设计一款基于门电路的抢答器。

📑 **学习目标**

1. 了解集成逻辑门芯片的结构特点。
2. 体验由集成逻辑门实现复杂逻辑关系的一般方法。
3. 掌握集成逻辑门的正确使用方法。

🗂 **任务要求**

1. 各小组制订工作计划。
2. 识别简单抢答器电路原理图，明确元器件连接和电路连线。
3. 画出装配图。
4. 完成电路所需元器件的购买与检测。
5. 根据装配图制作抢答器电路。
6. 完成抢答器电路功能检测和故障排除。
7. 通过小组讨论完成电路的详细分析并撰写任务工单。

任务分组

班级		组号		分工
组长		学号		
组员		学号		
组员		学号		

获取信息

认真阅读任务要求，理解工作任务内容，明确工作任务的目标，为顺利完成工作任务，回答引导问题，做好充分的知识准备、技能准备和元器件等耗材的准备，同时拟订任务实施计划。

1. 逻辑要求。用集成门电路构成简易型 4 人抢答器。A、B、C、D 为抢答操作按钮开关。任何一个人先将某一开关按下且保持闭合状态，则与其对应的发光二极管（指示灯）被点亮，表示此人抢答成功；而紧随其后的其他开关再被按下，与其对应的发光二极管则不亮。

2. 电路组成。电路原理图如图 8.1 所示，电路中采用了两种不同的集成门电路，其中，74LS20 为双四输入与非门，可以实现 4 个输入信号与非的逻辑关系。74LS04 为六非门，又称反相器，可以实现非逻辑关系。

3. 电路的工作过程。

（1）初始状态（无开关按下）时，a、b、c、d 端均为低电平，各与非门的输出端为高电平，反相器的输出则都为低电平（小于 0.7V），因此全部发光二极管都不亮。

（2）当某一开关被按下后（如开关 A 被按下），则与其连接的与非门的输入端变为高电平，此与非门的输出端变为低电平，与之相连反相器的输出端为高电平，因此发光二极管 L_1 亮，A 组抢答。

（3）在发光二极管 L_1 亮，A 组抢答之时，由于与发光二极管 L_1 连接的与非门输出低电平维持另外 3 个与非门输出高电平，因此发光二极管 L_2、L_3、L_4 都不亮，B、C、D 三组均处于被封锁状态。

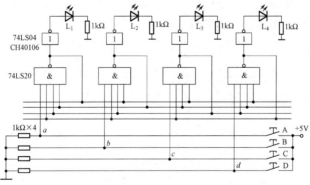

图 8.1　简单抢答器电路原理图

引导问题

1. 假设开关 A 没有按下，a 输入端为高电平还是低电平？

2. 假设开关 A 按下，其他开关没有按下，分析电路中各个与非门输出端的电平状态。

同理分析开关 B 按下，其他开关没有按下，分析电路中各个与非门输出端的电平状态。

3. 假设先按下开关 A，再按下开关 B。分析电路中各个与非门输出端的电平状态。

4. 电路中，8 个 1kΩ 电阻的作用是什么？

工作计划

工序步骤安排

序号	工作内容	计划用时	备注

进行决策

1. 各小组派代表阐述设计方案、芯片选型方案、元器件参数。

2. 各小组对其他小组的设计方案提出自己的看法。

3. 教师对大家完成的方案进行点评，选出最佳方案。

工作实施

1. 确定元器件需求。根据电路设计方案、芯片选型方案、元器件参数，填写元器件需求明细表。

元器件需求明细表

代号	名称	规格型号	数量

2. 元器件识别与检测。

根据元器件清单核对元器件，检测所有元器件有无损伤、变形，封装、型号、参数是否符合要求。

3. 安装与调试。

（1）安装。

按正确方法插好 IC 芯片，参照图 8.2 连接线路。电路可以连接在自制的 PCB 上，也可以焊接在万能板上，或者通过"面包板"插接。

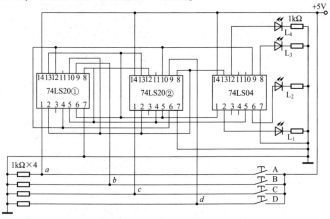

图 8.2　简单抢答器装配图

（2）功能验证。

①通电后，分别按下 A、B、C、D 各开关，观察对应发光二极管是否点亮。

②当其中某一发光二极管点亮时，再按其他开关，观察其他发光二极管的变化。

③分别测试 IC 芯片输入、输出引脚的电平变化，自拟表格记录测试结果。

用 A、B、C、D 表示开关，"×"表示开关动作无效；L_1、L_2、L_3、L_4 表示 4 只发光二极管的状态。开关闭合或发光二极管亮用"1"表示，开关断开或发光二极管不亮用"0"表示。

课堂讨论

1. 74LS04 和 CH40106 同为非门，简述它们的区别。

2. 点亮一只发光二极管需要考虑的参数有哪些？

3. 电路通电过程中是否允许插拔芯片？可能造成什么后果？

课程思政

制作完后，你认为你应具备怎样的职业素养？

评价反馈

评分表（与项目 1 任务工单的评分表一样）。

8.1 【知识链接】 逻辑代数的基本知识

逻辑代数又称布尔代数，是英国数学家乔治·布尔于 1847 年首先提出的，它是用于描述客观事物逻辑关系的数学方法。逻辑代数是分析和设计逻辑电路的主要数学工具。逻辑代数中的"0"和"1"不表示数量的大小，只表示事物的两种对立状态，即两种逻辑关系。例如，开关的通与断、灯的亮与灭、电位的高与低等。

8.1.1 逻辑变量和逻辑函数

下面以逻辑事件实例来介绍逻辑变量和逻辑函数的基本概念。图 8.3 所示为常见的控制楼道照明的开关电路。两个单刀双掷开关 A 和 B 分别安装在楼上和楼下。上楼之前，在楼下开灯，上楼后关灯；反之，下楼之前，在楼上开灯，下楼后关灯。开关与灯之间的关系如表 8.1 所示。

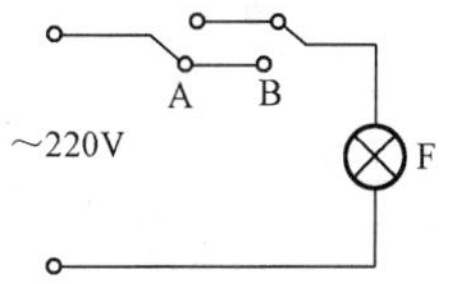

设 A、B 分别代表上、下楼层的两个开关，当 A、B 的闸刀合向上侧时为逻辑 0，合向下侧时为逻辑 1；F 表示灯，灯亮时为逻辑 1，灯灭时为逻辑 0。开关 A、B 与灯 F 之间的逻辑关系如表 8.2 所示，这种表征逻辑事件输入与输出之间全部可能状态的表格称为逻辑事件的真值表。

图 8.3 控制楼道照明
的开关电路

表 8.1 开关与灯之间的关系

开关 A	开关 B	灯 F
合向上	合向上	亮
合向上	合向下	灭
合向下	合向上	灭
合向下	合向下	亮

表 8.2 开关与灯之间的逻辑关系

A	B	F
0	0	1
0	1	0
1	0	0
1	1	1

1. 逻辑变量

真值表中的变量 A、B、F 均为仅有两个取值的变量，这种二值变量就称为逻辑变量。用来表示条件的逻辑变量就是输入变量（如 A、B、C、…）；用来表示结果的逻辑变量就是输出变量（如 Y、F、L、Z、…）。字母上无反号的叫作原变量（如 A），有反号的叫作反变量（如 $\overline{A}$）。

2. 逻辑函数

现实生活中的一些实际关系会使某些逻辑变量的取值互相依赖，或者互为因果。例如，实例中开关的通断决定了发光二极管的亮灭，反过来也可以从发光二极管的亮灭推出开关的通断，这样的关系称为逻辑函数关系。它可用逻辑函数式（又称逻辑表达式）来描述，其一般形式为 $f(A, B, C, …)$。

8.1.2　逻辑运算

逻辑运算即逻辑函数的运算，包括基本逻辑运算和复合逻辑运算两类。

1. 基本逻辑运算

在逻辑代数中，最基本的逻辑关系有三种：与逻辑、或逻辑、非逻辑。相应的有三种最基本的逻辑运算：与运算、或运算、非运算。它们分别对应三种基本逻辑函数。其他任何复杂的逻辑运算都是由这三种基本逻辑运算组成的。下面分别讨论这三种基本逻辑运算。

（1）与逻辑。

图 8.4（a）所示为由两个开关 A、B 和灯泡及电源组成的串联电路，这是一个简单的与逻辑电路。分析电路可知，只有当开关 A 和 B 都闭合时，灯泡 F 才会亮；A 和 B 只要有一个断开或全都断开，则灯泡灭。它们之间的逻辑关系可以用如图 8.4（b）所示的真值表表示。与的含义是只有当决定一事件的所有条件全部具备时，这个事件才会发生。与逻辑也叫作逻辑乘。

在逻辑电路中，把能实现与运算的逻辑电路叫作与门，其逻辑符号如图 8.4（c）所示。

A	B	F
0	0	0
0	1	0
1	0	0
1	1	1

　　（a）电路　　　　　　　　　　　（b）真值表　　　　　　　　（c）逻辑符号

图 8.4　与逻辑

逻辑函数 F 与逻辑变量 A、B 的与逻辑表达式为

$$F = A \cdot B$$

式中，"·"为与逻辑运算符，也可以省略。

对于多输入变量的与逻辑表达式为

$$F = ABCD\cdots$$

与运算的输入、输出关系为"有 0 出 0，全 1 出 1"。

小问答

请列出具有三个输入变量的与逻辑表达式 $F=ABC$ 的真值表。

（2）或逻辑。

图 8.5（a）所示为一个简单的或逻辑电路。若逻辑变量 A、B、F 和前述的定义相同，通过分析电路显然可知：A、B 中只要有一个为 1，则 $F=1$，即 $A=1$、$B=0$ 或 $A=0$、$B=1$ 或 $A=1$、$B=1$ 时都有 $F=1$；只有 A、B 全为 0 时，F 才为 0，其真值表如图 8.5（b）所示。因此，或的含义是在决定一事件的各条件中，只要有一个条件具备，这个事件就会发生。或逻辑也叫作逻辑加。

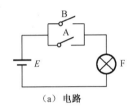

A	B	F
0	0	0
0	1	1
1	0	1
1	1	1

（a）电路　　　　　　　　（b）真值表　　　　　　　（c）逻辑符号

图 8.5　或逻辑

在逻辑电路中，把能实现或运算的逻辑电路叫作或门，其逻辑符号如图 8.5（c）所示。逻辑函数 F 与逻辑变量 A、B 的或逻辑表达式为

$$F=A+B$$

式中，"+"为或逻辑运算符。

对于多输入变量的或逻辑表达式为

$$F=A+B+C+D+\cdots$$

或运算的输入、输出关系为"有 1 出 1，全 0 出 0"。

 小问答

请列出具有 4 个输入变量的或逻辑表达式 $F=A+B+C+D$ 的真值表。

（3）非逻辑。

图 8.6（a）所示为一个简单的非逻辑电路。分析电路可以知道，只有当开关 A 断开的时候，灯泡 F 才亮。开关 A 对应断开和闭合两种状态，灯泡 F 对应亮和灭两种状态，这两种对立的逻辑状态可以用"0"和"1"来表示，但是它们并不代表数量的大小，只表示两种对立的可能。假设开关断开和灯泡灭用"0"表示，开关闭合和灯泡亮用"1"表示，可以得到如图 8.6（b）所示的真值表。从真值表可以看出，非的含义为当条件不具备时，事件才发生。

在逻辑电路中，把能实现非运算的逻辑电路叫作非门，其逻辑符号如图 8.6（c）所示。对逻辑变量 A 进行非运算的逻辑表达式为

$$F=\overline{A}$$

式中，$\overline{A}$ 读作 A 非或 A 反。

注意：在这个表达式中，逻辑变量 A 和 F 的含义与普通代数有本质的区别，无论是输

入变量 A 还是输出变量 F，都只有 0、1 两种取值，没有第 3 种取值。

（a）电路图　　　　　　（b）真值表　　　　　（c）逻辑符号

图 8.6　非逻辑

2. 复合逻辑运算

由与、或、非三种基本逻辑运算组合，可以得到复合逻辑运算，即复合逻辑函数。以下介绍常见的复合逻辑运算。

（1）与非运算。

与非运算为先"与"后"非"，与非逻辑表达式为

$$F=\overline{AB}$$

该表达式称为逻辑变量 A、B 的与非，其真值表和逻辑符号如图 8.7 所示。

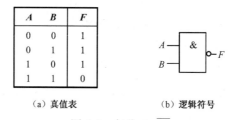

（a）真值表　　　　　　（b）逻辑符号

图 8.7　与非 $F=\overline{AB}$

与非运算的输入、输出关系是"有 0 出 1，全 1 出 0"。

（2）或非运算。

或非运算为先"或"后"非"，或非逻辑表达式为

$$F=\overline{A+B}$$

该表达式称为逻辑变量 A、B 的或非，其真值表和逻辑符号如图 8.8 所示。

或非运算的输入、输出关系是"全 0 出 1，有 1 出 0"。

（3）与或非运算。

与或非运算为先"与"后"或"再"非"，其逻辑符号如图 8.9 所示。关于与或非真值表请读者作为练习自行列出。与或非逻辑表达式为

$$F=\overline{AB+CD}$$

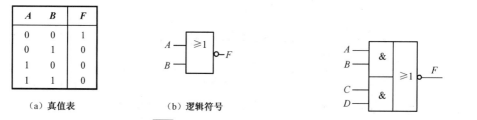

（a）真值表　　　　　　（b）逻辑符号

图 8.8　或非 $F=\overline{A+B}$　　　　　　图 8.9　与或非 $F=\overline{AB+CD}$ 的逻辑符号

小问答

请列出具有 4 个输入变量的与或非逻辑表达式 $F=\overline{AB+CD}$ 的真值表。

（4）异或和同或运算。

逻辑表达式 $F=\overline{A}B+A\overline{B}$ 表示 A 和 B 的异或运算，其真值表和逻辑符号如图 8.10 所示，从真值表中可以看出，异或运算的含义是当输入变量相同时，输出为 0；当输入变量不同时，输出为 1。$F=\overline{A}B+A\overline{B}$ 又可以表示为 $F=A\oplus B$，符号"$\oplus$"读成"异或"。

逻辑表达式 $F=\overline{A}\ \overline{B}+AB$ 表示 A 和 B 的同或运算，如图 8.3 所示的控制楼道照明的开关电路实例中所遇到的逻辑关系为同或运算。其真值表和逻辑符号如图 8.11 所示，这个真值表和实例中的表 8.3 是完全相同的。从真值表中可以看出，同或运算的含义是当输入变量相同时，输出为 1；当输入变量不同时，输出为 0。$F=\overline{A}\ \overline{B}+AB$ 又可以表示为 $F=A\odot B$，符号"$\odot$"读成"同或"。

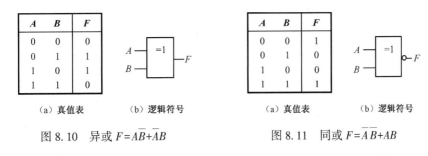

A	B	F
0	0	0
0	1	1
1	0	1
1	1	0

（a）真值表   （b）逻辑符号

图 8.10   异或 $F=A\overline{B}+\overline{A}B$

A	B	F
0	0	1
0	1	0
1	0	0
1	1	1

（a）真值表   （b）逻辑符号

图 8.11   同或 $F=\overline{A}\ \overline{B}+AB$

通过图 8.10 和图 8.11 的真值表可以看出，异或和同或互为非运算，即

$$F=A\odot B=\overline{A\oplus B}$$

8.1.3   逻辑函数的表示方法

逻辑函数有多种表示方法，常用的有逻辑表达式、真值表、卡诺图、逻辑电路图等。它们各有特点，又相互联系，还可以相互转换。

1. 逻辑表达式

用与、或、非等基本逻辑运算来表示输入变量和输出函数之间因果关系的代数式，叫作逻辑表达式，如 $F=A+B$，$Y=AB+C+D$ 等。由真值表直接写出的逻辑表达式是标准与或逻辑表达式。写标准与或逻辑表达式的方法如下。

（1）把任意一组变量取值中的 1 代以原变量，0 代以反变量，由此得到一组变量的与组合，如 A、B、C 三个变量的取值为 110 时，代换后得到的变量与组合为 $AB\overline{C}$。

（2）把逻辑函数值为 1 所对应的变量的与组合进行或运算，便得到标准与或逻辑表达式。

2. 真值表

在前面的论述中，已经多次用到真值表。真值表是根据给定的逻辑问题，把输入变量各种可能取值的组合和对应的输出函数值排列的表格。它表示逻辑函数与逻辑变量各种取值之间的一一对应关系。逻辑函数的真值表具有唯一性，若两个逻辑函数具有相同的真值表，则这两个逻辑函数必然相等。当逻辑函数有 n 个变量时，共有 2^n 个不同的变量取值组合。用真值表表示逻辑函数的优点是直观明了，可直接看出逻辑函数值与变量取值之间的关系。表 8.3 列出了两个变量与、或、与非及异或逻辑函数的真值表。下面举例说明列真值表的方法。

表 8.3　两变量函数真值表

变　量		函　数			
A	B	AB	$A+B$	$\overline{AB}$	$A \oplus B$
0	0	0	0	1	1
0	1	0	1	1	1
1	0	0	1	1	1
1	1	1	1	0	0

例 8.1　列出逻辑函数 $F = \overline{AB}$ 的真值表。

解：该逻辑函数有两个输入变量，共有 4 种输入取值组合，分别将它们代入逻辑表达式，并进行求解，可得到相应的输出函数值。将输入、输出值一一对应列出，即可得到如表 8.4 所示的真值表。

例 8.2　列出逻辑函数 $F = AB + \overline{AC}$ 的真值表。

解：该逻辑函数有 3 个输入变量，共有 $2^3 = 8$ 种输入取值组合，分别将它们代入逻辑表达式，并进行求解，可得到相应的输出函数值。将输入、输出值一一对应列出，即可得到如表 8.5 所示的真值表。

表 8.4　逻辑函数 $F = \overline{AB}$ 的真值表

A	B	F
0	0	1
0	1	1
1	0	1
1	1	0

表 8.5　逻辑函数 $F = AB + \overline{AC}$ 的真值表

A	B	C	F
0	0	0	0
0	0	1	1
0	1	0	0
0	1	1	1
1	0	0	0
1	0	1	0
1	1	0	1
1	1	1	1

注意：在列真值表时，输入变量的取值组合应按照二进制数递增的顺序排列，这样做既不易遗漏，又不会重复。

3. 卡诺图

卡诺图是图形化的真值表。如果把各种输入变量取值组合下的输出函数值填入一种特殊的方格图，即可得到逻辑函数的卡诺图。对卡诺图的详细介绍参见其他相关教材。

4. 逻辑电路图

用逻辑符号表示的逻辑函数的图形称为逻辑电路图，简称逻辑图。$F = \overline{A}\,\overline{B} + AB$ 的逻辑电路图如图 8.12 所示。

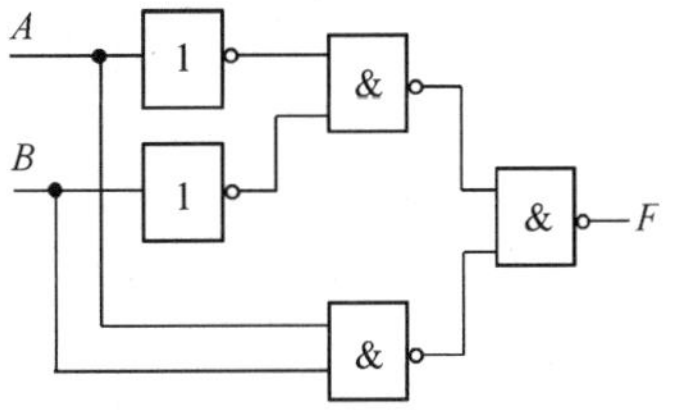

图 8.12 $F = \overline{A}\,\overline{B} + AB$ 的逻辑电路图

8.1.4 逻辑代数的基本定律

逻辑代数表示的是逻辑关系，而不是数量关系，这是它与普通代数的本质区别。逻辑代数的基本定律显示了逻辑运算应遵循的基本规律，是化简和变换逻辑函数的基本依据。这些定律有其自身的特性，但也有一些和普通代数相似，因此要严格区分，不能混淆。

在逻辑代数中只有与逻辑、或逻辑和非逻辑 3 种基本运算。根据这 3 种基本运算可以导出逻辑代数的基本法则和定律，如表 8.6 所示。

表 8.6 逻辑代数的基本法则和定律

0-1 定律	$A + 1 = 1$	$A0 = 0$
自等律	$A + 0 = A$	$A1 = A$
重叠律	$A + A = A$	$AA = A$
互补律	$A + \overline{A} = 1$	$A\overline{A} = 0$
交换律	$A + B = B + A$	$AB = BA$
结合律	$(A+B)+C = A+(B+C)$	$(AB)C = A(BC)$
分配律	$A(B+C) = AB+AC$	$A+BC = (A+B)(A+C)$
非非律	$\overline{\overline{A}} = A$	
吸收律	$A + AB = A$ $A + \overline{A}B = A + B$	$A(A+B) = A$ $A(\overline{A}+B) = AB$
对合律	$AB + A\overline{B} = A$	$(A+B)(A+\overline{B}) = A$
反演律	$\overline{A+B} = \overline{A}\,\overline{B}$	$\overline{AB} = \overline{A}+\overline{B}$

⏰ **自我测试** 18

1. （单选题）输入、输出关系为"有 1 出 1，全 0 出 0"的逻辑是（   ）。
   A. 与逻辑   B. 或逻辑
   C. 非逻辑   D. 或非逻辑

2. （单选题）在决定某事件结果的所有条件中，要求所有条件同时满足时结果就发生，这种结果和条件的逻辑关系是（   ）。

自我测试 18

   A. 与逻辑   B. 或逻辑   C. 非逻辑   D. 异或逻辑

3.（单选题）在（　　）输入情况下，与非运算的结果是逻辑 0。

A. 仅一输入是 0　　　　　　　　　　B. 任一输入是 0

C. 全部输入是 1　　　　　　　　　　D. 全部输入是 0

4.（判断题）在时间上和数值上均连续变化的电信号称为模拟信号；在时间上和数值上离散的信号叫作数字信号。（　　）

A. 正确　　　　　　　　　　　　　　B. 错误

5.（判断题）在数字电路中，最基本的逻辑关系是与逻辑、或逻辑、非逻辑。（　　）

A. 正确　　　　　　　　　　　　　　B. 错误

6.（判断题）逻辑变量的取值，1 比 0 大。（　　）

A. 正确　　　　　　　　　　　　　　B. 错误

7.（判断题）数字电路中用 1 和 0 分别表示逻辑变量的两种状态，两者无大小之分。（　　）

A. 正确　　　　　　　　　　　　　　B. 错误

8.2 【知识链接】 逻辑门电路的基础知识

8.2.1 基本逻辑门电路

逻辑门电路是指能实现一些基本逻辑关系的电路，简称门电路或逻辑元器件，是数字电路最基本的单元。门电路通常有一个或多个输入端，输入与输出之间满足一定的逻辑关系。实现基本逻辑运算的电路称为基本门电路，基本门电路有与门、或门、非门。

门电路可以由二极管、三极管及阻容等分立元件构成，也可由 TTL 型或 CMOS 型集成电路构成。目前所使用的门电路一般是集成门电路。

最基本的逻辑关系有 3 种：与逻辑、或逻辑和非逻辑，与之相对应的门电路有与门、或门和非门。它们的逻辑关系、逻辑表达式、电路组成、逻辑功能及逻辑符号如表 8.7 所示。

表 8.7　三种基本门电路

逻辑关系	逻辑表达式	电路组成	逻辑功能	逻辑符号
与	$Y=AB$		全 1 出 1 见 0 出 0	
或	$Y=A+B$		全 0 出 0 见 1 出 1	

续表

逻 辑 关 系	逻辑表达式	电路组成	逻辑功能	逻 辑 符 号
非	$Y=\overline{A}$	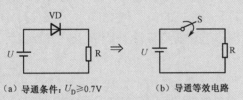	见 0 出 1 见 1 出 0	

 小知识

二极管的开关特性

（1）导通条件及导通时的特点。

当二极管两端所加的正向电压 U_D 大于死区电压时，二极管开始导通。在数字电路中，常常把 $U_D \geqslant 0.7V$ 看作硅二极管的导通条件，而且二极管一旦导通，就近似一个闭合的开关，如图 8.13 所示。

（a）导通条件：$U_D \geqslant 0.7V$　　　　（b）导通等效电路

图 8.13　硅二极管导通

（2）截止条件及截止时的特点。

由硅二极管的伏安特性可知，当 U_D 小于死区电压时，I_D 很小，因此在数字电路中常把 $U_D < 0.5V$ 看作硅二极管的截止条件，而且二极管一旦截止，就认为 $I_D \approx 0$，如同断开的开关，如图 8.14（b）所示。

（a）截止条件：$U_D \leqslant 0.5V$　　　　（b）截止等效电路

图 8.14　硅二极管截止

三极管的开关特性

在数字电路中，三极管是最基本的开关元器件，通常工作在饱和区和截止区。

（1）饱和导通条件及饱和时的特点。

由三极管组成的开关电路，如图 8.15 所示。当输入高电平时，发射结正偏，当其基极电流足够大时，三极管饱和导通。三极管处于饱和状态时，其管压降 U_{CES} 很小，在工程上可以认为 $U_{CES} = 0$，即集电极与发射极之间相当于短路，在电路中相当于开关闭合。

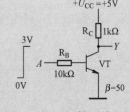

图 8.15　三极管开关电路

这时的集电极电流为

$$I_{CS} = \frac{U_{CC}}{R_C}$$

所以三极管的饱和条件是

$$I_B \geq I_{BC} = \frac{U_{CC}}{\beta R_C}$$

三极管饱和时的特点是 $U_{CE} = U_{CES} \leq 0.3V$，如同一个闭合开关。

(2) 截止条件及截止时的特点。

当电路无输入信号时，三极管的发射结偏置电压为 0V，所以其基极电流 $I_B = 0$，集电极电流为 $I_C = 0$，$U_{CE} = U_{CC}$，三极管处于截止状态，即集电极和发射极之间相当于断路。因此通常把 $U_i = 0$ 作为三极管的截止条件。

8.2.2 复合门电路

在实际中可以将上述基本门电路组合起来，构成常用的复合门电路，以实现各种逻辑功能。常见的复合门电路有与非门、或非门、与或非门、异或门、同或门等。

与非门、或非门、与或非门分别是与门、或门、非门的组合，如图 8.16 所示。

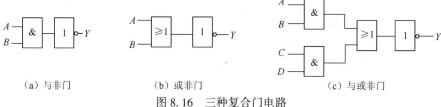

（a）与非门　　　　　　　（b）或非门　　　　　　　（c）与或非门

图 8.16　三种复合门电路

异或门的特点是两个输入端信号相异时输出为 1，相同时输出为 0，如图 8.17 所示；同或门的特点是两个输入端信号相同时输出为 1，相异时输出为 0，如图 8.18 所示。

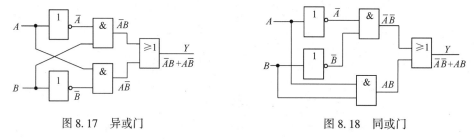

图 8.17　异或门　　　　　　　　　　　　图 8.18　同或门

表 8.8 列出了几种常见的复合门电路的逻辑关系、逻辑表达式、逻辑功能及逻辑符号。

表 8.8　几种常见的复合门电路

逻辑关系	逻辑表达式	逻辑功能	逻辑符号
与非	$Y = \overline{ABC}$	全 1 出 0 见 0 出 1	

续表

逻 辑 关 系	逻辑表达式	逻 辑 功 能	逻 辑 符 号
或非	$Y=\overline{A+B+C}$	全 0 出 1 见 1 出 0	
与或非	$Y=\overline{AB+CD}$	只要有 1 个乘积项为 1, 则输出为 0; 其余输出全为 1	
异或	$Y=A\oplus B$ $Y=A\overline{B}+\overline{A}B$	相同出 0 相异出 1	
同或	$Y=\overline{A\oplus B}$ $Y=\overline{A}\,\overline{B}+AB$	相同出 1 相异出 0	

8.2.3　TTL 集成门

用分立元件组成的门电路,使用元器件多、焊接点多、可靠性差、体积大、功耗大、使用不便,因此在数字设备中一般极少采用,而目前广泛使用的是 TTL 和 CMOS 集成门。

TTL 集成门,即晶体管-晶体管逻辑（Transistor-Transistor Logic）电路,该电路的内部各级均由晶体管构成。对于集成门电路,一般不讨论它的内部结构和工作原理,而更关心它的外部特性,如引脚功能、参数和使用方法等。

集成门通常为双列直插式塑料封装。图 8.19 所示为 74LS00 四 2 输入与非门的逻辑电路芯片结构及引脚排列图,在一块集成电路芯片上集成了 4 个与非门,各个与非门互相独立,可以单独使用,但它们共用一根电源引线和一根地线。无论使用哪种门,都必须将 V_{CC} 接+5V 电源,地线引脚接公共地线。下面介绍几种常用的 TTL 集成门。

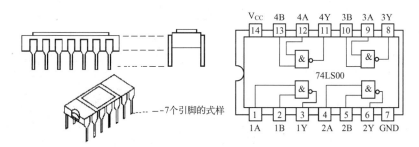

图 8.19　74LS00 四 2 输入与非门的逻辑电路芯片结构及引脚排列图

1. 常用的 TTL 集成门

（1）TTL 与非门。

74LS00 内含四个 2 输入与非门,其引脚排列图如图 8.19 所示,74LS00 的互换型号有 SN7400、SN5400、MC7400、MC5400、T1000、CT7400、CT5400 等。74LS00 的逻辑表达式为

$$Y=\overline{AB}$$

74LS20 内含两个 4 输入与非门,其引脚排列图如图 8.20 所示,74LS20 的互换型号有

SN7420、SN5420、MC7420、MC5420、CT7420、CT5420、T1020 等。74LS20 的逻辑表达式为

$$Y=\overline{ABCD}$$

（2）TTL 与门。

74LS08 内含四个 2 输入与门，其引脚排列图如图 8.21 所示，74LS08 的互换型号有 SN7408、SN5408、MC7408、MC5408、CT7408、CT5408、T1008 等。74LS08 的逻辑表达式为

$$Y=AB$$

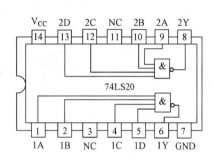

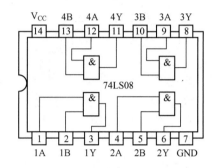

图 8.20　74LS20 的引脚排列图　　　　　图 8.21　74LS08 的引脚排列图

（3）TTL 非门。

74LS04 内含六个非门，其引脚排列图如图 8.22 所示，74LS04 的互换型号有 SN7404、SN5404、MC7404、MC5404、CT7404、CT5404 、T1004 等。74LS04 的逻辑表达式为

$$Y=\overline{A}$$

（4）TTL 或非门。

74LS02 内含四个 2 输入或非门，其引脚排列图如图 8.23 所示，74LS02 的互换型号有 SN7402、SN5402、MC7402、MC5402、CT7402、CT5402 、T1002 等。74LS02 的逻辑表达式为

$$Y=\overline{A+B}$$

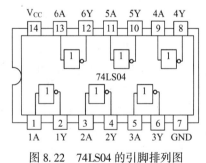

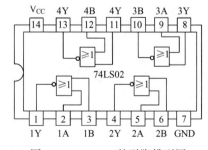

图 8.22　74LS04 的引脚排列图　　　　　图 8.23　74LS02 的引脚排列图

（5）TTL 异或门。

74LS86 内含四个 2 输入异或门，其引脚排列图如图 8.24 所示，74LS86 的互换型号有 SN7486、SN5486、MC7486、MC5486、CT7486、CT5486、T1086 等。74LS86 的逻辑表达式为

$$Y=A\oplus B=\overline{A}B+A\overline{B}$$

（6）TTL OC 门。

74LS03 内含四个 2 输入 TTL OC（集电极开路）门，其引脚排列图如图 8.25 所示，

74LS03 的互换型号有 SN7403、SN5403、MC7403、MC5403、CT7403、CT5403、T1003 等。
74LS03 的逻辑表达式为

$$Y = \overline{AB}$$

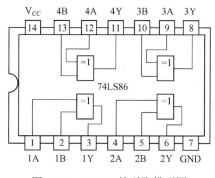

图 8.24　74LS86 的引脚排列图

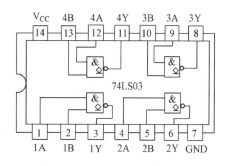

图 8.25　74LS03 的引脚排列图

OC 门的逻辑符号如图 8.26 所示，其主要用途有实现"线与"（见图 8.27）、驱动显示、电平转换。

图 8.26　OC 门的逻辑符号

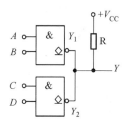

图 8.27　OC 门实现"线与"电路

（7）三态输出门。

三态输出门（TSL 门）的输出有高阻态、高电平和低电平 3 种状态，简称三态门。三态门有一个控制端（又称使能端）EN，三态门的控制端分为高电平有效和低电平有效。表 8.9 所示为控制端高电平有效的三态功能表，表 8.10 所示为控制端低电平有效的三态功能表，其逻辑符号如图 8.28 所示。

表 8.9　控制端高电平有效的三态功能表

EN（控制端）	Y（输出端）
EN = 1	$Y = \overline{AB}$（正常）
EN = 0	Y 呈高阻态（悬空）

表 8.10　控制端低电平有效的三态功能表

$\overline{EN}$（控制端）	Y（输出端）
$\overline{EN} = 0$	$Y = \overline{AB}$（正常）
$\overline{EN} = 1$	Y 呈高阻态（悬空）

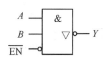

（a）控制端低电平有效

（b）控制端高电平有效

图 8.28　TSL 门的逻辑符号

 小技能

数字集成电路的查找方法

数字集成电路可通过以下4种方法查找。

(1) 使用 D. A. T. A. DIGEST。D. A. T. A. DIGEST 创刊于 1956 年，原名 D. A. T. A. BOOK，专门收集和提供世界各国生产的有商品货供应的种类电子元器件的功能特性、电气特性和物理特性的数据资料、电路图和外形图等图纸，以及生产厂家的有关资料，每年以期刊的形式出版各个分册，分册品种逐年增加。整套 D. A. T. A. DIGEST 具有资料累积性，一般不必进行回溯性检索，原则上应使用最新的版本。D. A. T. A. DIGEST 由美国 D. A. T. A. 公司以英文出版，初通英语的电子科技人员，只要掌握该资料的检索方式，均可以查到要找的电子元器件。

(2) 使用一些权威器件手册。除上面讲的 D. A. T. A. DIGEST 之外，国内还有两套很有权威的电子元器件手册：一套是国防工业出版社出版的《中国集成电路大全》，另一套是电子工业出版社出版的《电子工作手册系列》。这两套手册都包含数本分册，给出了集成电路的功能、引脚定义及电气参数等。

(3) 经常阅读一些电子技术期刊及报纸。有很多电子技术期刊及报纸可供阅读，如《无线电》《电子世界》《现代通信》等杂志，以及《电子报》等报刊。它们也可以成为查阅电子元器件、拓展思路的信息库。

(4) 网上获取。

2. TTL 集成门参数

在使用 TTL 集成门时，应注意以下几个主要参数。

(1) 输出高电平 U_{oH} 和输出低电平 U_{oL}。

U_{oH} 是指输入端有一个或几个是低电平时的输出高电平，典型值是 3.6V；

U_{oL} 是指输入端全为高电平且输出端接有额定负载时的输出低电平，典型值是 0.3V。

对于通用的 TTL 与非门，$U_{oH} \geq 2.4V$，$U_{oL} \leq 0.4V$。

(2) 阈值电压 U_{TH}。U_{TH} 是理想传输特性曲线上规定的一个特殊界限电压，如图 8.29 所示。当 $u_i < U_{TH}$ 时，输出高电平 U_{oH} 保持不变；当 $u_i > U_{TH}$ 时，输出很快下降为低电平 U_{oL}，并保持不变。

(3) 扇出系数 N_o。N_o 是指一个与非门能带同类门的最大数目，表示与非门带负载的能力。对于 TTL 与非门，$N_o \geq 8$。

(4) 平均传输延迟时间 t_{pd}。与非门工作时，其输出脉冲相对于输入脉冲有一定的时间延迟，如图 8.30 所示。

从输入脉冲上升沿的 50% 处起到输出脉冲下降沿的 50% 处止的时间称为导通延迟时间 t_{pd1}；从输入脉冲下降沿的 50% 处起到输出脉冲上升沿的 50% 处止的时间称为截止延迟时间 t_{pd2}。t_{pd1} 和 t_{pd2} 的平均值称为平均传输延迟时间 t_{pd}，它是表示门电路开关速度的一个参数。

$t_{\rm pd}$ 越小，开关速度越快，所以此值越小越好。在 TTL 集成门中，TTL 与非门的开关速度比较快，典型值是 3~4ns。

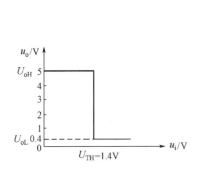

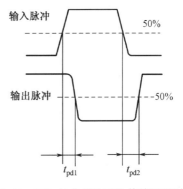

图 8.29　TTL 与非门的理想传输特性　　　　图 8.30　TTL 与非门的平均传输延迟时间

（5）输出低电平时的电源电流 $I_{\rm CCL}$ 和输出高电平时的电源电流 $I_{\rm CCH}$。$I_{\rm CCL}$ 是指输出低电平时，该电路从直流电源处吸取的直流电流；$I_{\rm CCH}$ 是指输出高电平时，该电路从直流电源处吸取的直流电流，通常 $I_{\rm CCH}<I_{\rm CCL}$。

 小知识

用 T4000（74LS00）四 2 输入与非门构成一个 2 输入或门。用 74LS00 组成的或门如图 8.31 所示，其逻辑表达式为

$$Y=\overline{\overline{A}\,\overline{B}}=A+B$$

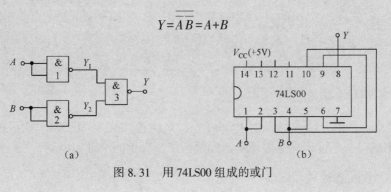

图 8.31　用 74LS00 组成的或门

 小问答

如何用 T4000（74LS00）四 2 输入与非门构成一个 2 输入与门和一个非门？

3. TTL 集成门的使用注意事项

（1）TTL 集成门（OC 门、三态门除外）的输出端不允许并联使用，也不允许直接与+5V 电源或地线相连。否则，将会使电路的逻辑混乱并损坏器件。

（2）或门、或非门等 TTL 集成门的多余输入端不能悬空，只能接地。对与门、与非门等 TTL 集成门的多余输入端可以进行如下处理。

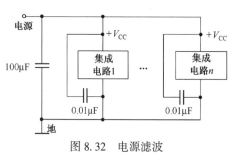

图 8.32　电源滤波

① 悬空。相当于接高电平。

② 与其他输入端并联使用。可增加电路的可靠性。

③ 直接或通过电阻（100Ω～10kΩ）与电源相接以获得高电平输入。

（3）电源滤波。一般可在电源的输入端并联一个 100μF 的电容作为低频滤波，在每块集成电路芯片电源输入端接一个 0.01～0.1μF 的电容作为高频滤波，如图 8.32 所示。

（4）严禁带电操作。要在电路切断电源以后，插拔和焊接集成电路芯片，否则容易引起电路芯片的损坏。

 自我测试 19

1.（单选题）具有"有 1 出 0，全 0 出 1"功能的门电路是（　　）。
　A. 与非门　　　　　　　　　　　B. 或非门
　C. 异或门　　　　　　　　　　　D. 同或门

2.（单选题）具有"相异出 1，相同出 0"功能的门电路是（　　）。
　A. 与门　　　　　　　　　　　　B. 或门
　C. 非门　　　　　　　　　　　　D. 异或门

自我测试 19

3.（判断题）具有"相异出 0，相同出 1"功能的门电路是非门。（　　）
　A. 正确　　　　　　　　　　　　B. 错误

4.（判断题）TTL 与非门多余输入端的处理方法是接地。（　　）
　A. 正确　　　　　　　　　　　　B. 错误

8.2.4　CMOS 集成门

CMOS 集成门是由 N 沟道增强型 MOSFET 和 P 沟道增强型 MOSFET 构成的一种互补对称场效应管集成门，是近年来国内外迅速发展、广泛应用的一种门电路。

1. 常用 CMOS 集成门

（1）CMOS 与非门。CD4011 是一种常用的四 2 输入与非门，采用 14 引脚双列直插式塑料封装，其引脚排列图如图 8.33 所示。

（2）CMOS 反相器。CD40106 是一种常用的 6 输入反相器，采用 14 引脚双列直插式塑料封装，其引脚排列图如图 8.34 所示。

（3）CMOS 传输门。CC4016 是 4 双向模拟开关传输门，其引脚排列图如图 8.35 所示，互换型号有 CD4016B、MC14016B 等。其逻辑符号如图 8.36 所示，模拟开关真值表如表 8.11 所示。

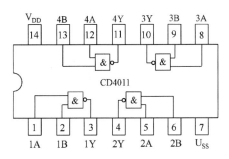

图 8.33　CD4011 引脚排列图

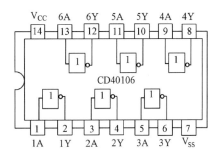

图 8.34　CD40106 引脚排列图

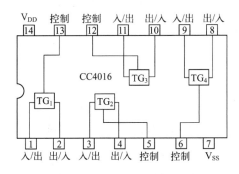

图 8.35　CC4016 引脚排列图

表 8.11　CC4016 的模拟开关真值表

控制端	开关通道
1	导通
0	截止

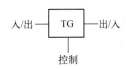

图 8.36　CC4016 的逻辑符号

2. CMOS 集成门的主要特点

（1）静态功耗低。CMOS 集成门在工作时，几乎不吸取静态电流，所以功耗极低。

（2）电源电压范围宽。CMOS 集成门的工作电源电压很宽，从 3～18V 均可正常工作，与严格限制电源的 TTL 与非门相比要方便得多，便于和其他电路接口。

（3）抗干扰能力强。输出高、低电平的差值大，因此 CMOS 集成门具有较强的抗干扰能力，工作稳定性好。

（4）制造工艺较简单。

（5）集成度高，宜于实现大规模集成。

（6）缺点是速度比 74LS 系列慢。

由于 CMOS 集成门具有上述特点，因此在数字电路、电子计算机及显示仪表等方面获得了广泛应用。

CMOS 集成门和 TTL 集成门在逻辑功能方面是相同的，而且当 CMOS 集成门的电源电压 $V_{DD} = +5V$ 时，还可以与低功耗的 TTL 集成门直接兼容。

 小知识

　　CMOS 集成门的电源电压越大，抗干扰能力越强，允许的工作频率越高，但相应的功耗也越大。

3. CMOS 集成门的使用注意事项

（1）应注意存放的环境，防止外来感应电势将栅极击穿。

（2）焊接时不能使用 25W 以上的电烙铁，通常采用 20W 内热式烙铁，并用带松香的焊锡丝，焊接时间不宜过长，焊接量不宜过大。

（3）CMOS 集成门电路不用的输入端，不允许悬空，必须按逻辑要求接 V_{DD} 或 V_{SS}，否则不仅会造成逻辑混乱，而且容易损坏器件。输出端不允许直接与 V_{DD} 或 V_{SS} 连接，否则将导致器件损坏。

（4）V_{DD} 接电源正极，V_{SS} 接电源负极（通常接地），不允许反接，在接装电路、插拔电路器件时，必须切断电源，严禁带电操作。

（5）器件的输入信号不允许超出电压范围，若不能保证这一点，则必须在输入端串联限流电阻，以起到保护作用。

（6）所有测试仪器，外壳必须良好接地。若信号源需要换挡，则最好先将输出幅度减到最小。

 小技能

用万用表检查 TTL 集成门

（1）将万用表拨到 R×1k 挡，黑表笔接被测电路的电源地端，红表笔依次测量其他各端对地端的直流电阻。正常情况下，各端对地端的直流阻值为 5kΩ 左右，其中电源正端对地端的阻值为 3kΩ 左右。如果测得某端阻值小于 1kΩ，则表明被测电路已损坏；若测得阻值大于 12kΩ，则表明该电路已失去功能或功能下降，不能使用了。

（2）将万用表表笔对换，即表笔红接地，黑表笔依次测量其他各端的反向电阻，多数应大于 40kΩ，其中电源正端对地阻值为 3~10kΩ。若阻值近乎为零，则电路内部已短路；若阻值为无穷大，则电路内部已断路。

（3）少数 TTL 集成门的内部有空脚，如 7413 的 11 脚，7421 的 2、8、12、13 脚等，测量时应注意查阅电路型号及引脚排列，以免错判。

自我测试 20

1.（单选题）三态门输出高阻态时，下列说法错误的是（　　）。
A. 用电压表测量电压指针不动　　　　　B. 相当于悬空
C. 电压不高不低　　　　　D. 用万用表测量电阻指针不动
2.（单选题）对于 TTL 与非门闲置输入端的处理，不可以（　　）。
A. 接电源　　　　　B. 通过电阻 3kΩ 接电源
C. 接地　　　　　D. 与有用输入端并联

自我测试 20

3.（判断题）一般 TTL 和 CMOS 集成门相比，TTL 集成门的输入端通常不可以悬空。（　　）
A. 正确　　　　　B. 错误
4.（判断题）普通门电路的输出端不可以并联在一起，否则可能会损坏器件。（　　）
A. 正确　　　　　B. 错误
5.（判断题）CMOS 或非门与 TTL 或非门的逻辑功能完全相同。（　　）
A. 正确　　　　　B. 错误

8.3 【知识拓展】　不同类型集成门的接口

不同类型集成门在同一个数字电路系统中使用时，必须考虑门电路之间的连接问题。门电路在连接时，前者称为驱动门，后者称为负载门。驱动门必须能为负载门提供符合要求的高、低电平和足够的输入电流，具体条件如下：

驱动管		负载管
U_{oH}	>	U_{iH}
U_{oL}	<	U_{iL}
I_{oH}	>	I_{iH}
I_{oL}	>	I_{iL}

两种不同类型的集成门，在连接时必须满足上述条件，否则需要通过接口电路进行电平或电流的变换之后，才能连接。

TTL 和 CMOS 集成门的参数比较如表 8.12 所示。

表 8.12　TTL 和 CMOS 集成门的参数比较

参数	TTL 集成门				CMOS 集成门		
	CT74S	CT74LS	CT74AS	CT74ALS	4000	CC74HC	CC74HCT
电源电压/V	5	5	5	5	5	5	5
U_{oH}/V	2.7	2.7	2.7	2.7	4.95	4.9	4.9
U_{oL}/V	0.5	0.5	0.5	0.5	0.05	0.1	0.1
I_{oH}/mA	-1	-0.4	-2	-0.4	-0.51	-4	-4
I_{oL}/mA	20	8	20	8	0.51	4	4
U_{iH}/V	2	2	2	2	3.5	3.5	2
U_{iL}/V	0.8	0.8	0.8	0.8	1.5	1.0	0.8
I_{iH}/μA	50	20	20	20	0.1	0.1	0.1
I_{iL}/mA	-2	-0.4	-0.5	-0.1	-0.1×10^{-3}	0.1×10^{-3}	0.1×10^{-3}
t_{pd}/ns	3	9.5	3	3.5	45	8	8
P/mW	19	2	8	1.2	5×10^{-3}	3×10^{-3}	3×10^{-3}
f_{max}/MHz	130	50	230	100	5	50	50

8.3.1　TTL 集成门驱动 CMOS 集成门

通过比较 TTL 和 CMOS 集成门的有关参数可知，CMOS 集成门的高速 HCT 系列与 TTL 集成门完全兼容，可直接互相连接，而 CMOS 集成门的 74HC 系列与 TTL 集成门不匹配，因为 TTL 集成门的 $U_{oH} \geqslant 2.7\text{V}$，而 74HC 系列在接 5V 电源时 $U_{iH} \geqslant 3.5\text{V}$，两者电压显然不符合要求，所以不能直接相接，可以采用如图 8.37 所示的方法实现电平匹配。

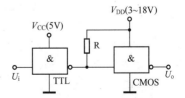

图 8.37　TTL 集成门驱动 CMOS 集成门的接口电路

8.3.2　CMOS 集成门驱动 TTL 集成门

CMOS 集成门驱动 TTL 集成门，可将 CMOS 集成门的输出参数与 TTL 集成门的输入参数进行比较，可以看到在某些系列间同样存在 CMOS 集成门输出高电平与 TTL 集成门输入高电平不匹配，CMOS 集成门输出电流太小不能满足 TTL 集成门输入电流要求的问题。在这种情况下，可以采用 CMOS 缓冲驱动器做接口电路，也就是在 CMOS 集成门的输出端加反相器当作缓冲级，如图 8.38 所示，该缓冲级可选用 CC4049（六反相缓冲器）和 CC4050（六同相缓冲器）。

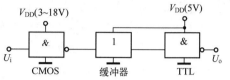

图 8.38　CMOS 驱动 TTL 的接口电路

小　　结

1. 逻辑代数是分析和设计逻辑电路的重要工具。逻辑变量是一种二值变量，只能取值 0 和 1，仅用来表示两种截然不同的状态。

2. 基本逻辑运算有与运算、或运算和非运算 3 种。常用的导出逻辑运算有与非运算、或非运算、与或非运算及同或运算，利用这些简单的逻辑关系可以组合成复杂逻辑运算。

3. 逻辑函数有 4 种常用的表示方法，分别是真值表、逻辑表达式、卡诺图、逻辑电路图。它们之间可以相互转换，在逻辑电路的分析和设计中会经常用到这些方法。

4. 最基本的门电路有与门、或门和非门。在数字电路中，常用的门电路有与非门、或非门、与或非门、异或门、三态门等。门电路是组成各种复杂逻辑电路的基础。

5. 在使用集成门时，未被使用的闲置输入端应注意正确连接。对于与非门，闲置输入端可通过上拉电阻接正电源，也可和已用的输入端并联使用；对于或非门，闲置输入端可直接接地，也可和已用的输入端并联使用。

习　题　8

一、填空题

8.1　在时间上和数值上均连续变化的电信号称为＿＿＿＿＿信号；在时间上和数值上离散的信号称为＿＿＿＿＿信号。

8.2　在数字电路中，输入信号和输出信号之间是＿＿＿＿＿关系，所以数字电路又称＿＿＿＿＿电路；在数字电路中，最基本的关系是＿＿＿＿＿、＿＿＿＿＿和＿＿＿＿＿。

8.3　具有"相异出 1，相同出 0"功能的门电路是＿＿＿＿＿门，与之相反的是＿＿＿＿＿门。

8.4　一般 TTL 和 CMOS 集成门相比，＿＿＿＿＿集成门的带负载能力强，＿＿＿＿＿集成门的抗干扰能力强，＿＿＿＿＿集成门的输入端通常不可以悬空。

8.5　TTL 与非门多余输入端的处理方法是＿＿＿＿＿＿＿＿＿＿＿＿＿＿＿＿。

8.6　集成门的输出端不允许＿＿＿＿＿＿＿＿＿＿＿＿＿＿＿＿＿，否则将损坏器件。

二、选择题

8.7　为实现"线与"逻辑功能，应选用（　　）。

A. OC 门　　　　　　B. 与门　　　　　C. 异或门

8.8　某门电路的输入、输出波形如图 8.39 所示，试问此门电路的功能是（　　）。

A. 与非　　　　　　B. 或非　　　　　　C. 异或　　　　　　D. 同或

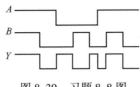

图 8.39　习题 8.8 图

三、判断题（正确的打√，错误的打×）

8.9　输入全为低电平"0"，输出也为"0"时，必为与逻辑。（　　）

8.10　或逻辑是"有 0 出 0，见 1 出 1"。（　　）

四、分析题

8.11　某门电路有三个输入：A、B 和 C，当输入相同时，输出为 1，否则输出为 0。列出此逻辑事件的真值表，写出逻辑表达式。

8.12　试绘制用与非门构成具有下列逻辑关系的逻辑电路图。

（1）$L=\bar{A}$　　　　　（2）$L=AB$　　　　　（3）$L=A+B$

8.13　试确定图 8.40 各门的输出 Y，并写出 Y 的逻辑表达式。

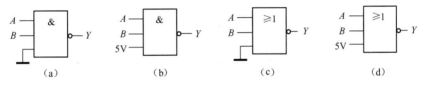

图 8.40　习题 8.13 图

项目 9　电子表决器的设计与制作

■ 能力目标

（1）会识别和测试常用 TTL、CMOS 集成电路产品。

（2）能完成电子表决器的设计与制作。

■ 知识目标

掌握逻辑函数的化简；了解组合逻辑电路的分析步骤，掌握组合逻辑电路的分析方法，了解组合逻辑电路的设计步骤；初步掌握用小规模集成电路（SSI）设计组合逻辑电路的方法。

■ 素质目标

（1）培养电子产品创新的专业能力。

（2）提高学生的自我认知，提升学生自主学习、合作探究、沟通协作的职业精神。

【任务工单】

工作任务		电子表决器的设计与制作					
姓名		班级		学号		日期	

📚 **学习情景**

中国"互联网+"大学生创新创业大赛是由教育部等政府部门和各高校共同主办的全国大型赛事。大赛旨在以赛促学、以赛促教、以赛促创，培养创新创业生力军，探索素质教育途径，搭建成果转化新平台。某高校参赛作品众多，校组委会专家组拟公开表决遴选优秀作品。作为电子科学与技术专业的学生，请你为组委会专家设计一款四人表决器。

📋 **学习目标**

1. 掌握四人表决器的设计方法。

2. 能借助资料读懂集成电路的型号，明确各引脚功能。

3. 了解数字集成电路的检测方法。

📑 **任务要求**

1. 各小组制订工作计划。

2. 分析四人表决器的逻辑要求，列出真值表。

3. 由真值表写出逻辑表达式并化简。

4. 画出逻辑电路图。

5. 画出装配图，列出所需元器件的清单。

6. 完成四人表决器电路的安装和功能检测。

7. 通过小组讨论完成电路的详细分析并撰写任务工单。

任务分组

班级		组号		分工
组长		学号		
组员		学号		
组员		学号		

获取信息

认真阅读任务要求，理解工作任务内容，明确工作任务的目标，为顺利完成工作任务，回答引导问题，做好充分的知识准备、技能准备和元器件等耗材的准备，同时拟订任务实施计划。

设计要求。设计一个 A、B、C、D 四人表决器的逻辑电路。当表决某个提案时，多数人（三人以上）同意，提案通过。要求用与非门实现。

引导问题

1. 根据设计要求，列出四人表决器的真值表。

2. 进行组合逻辑电路设计时，列写逻辑表达式是否必须得到最小项表达式或最简与或式？

3. 根据真值表，列出四人表决器的与非逻辑表达式。

4. 画出四人表决器逻辑电路图。

5. 可以实现与非运算的芯片有哪些？

工作计划

工序步骤安排

序号	工作内容	计划用时	备注

进行决策

1. 各小组派代表阐述设计方案、芯片选型方案、元器件参数。

2. 各小组对其他小组的设计方案提出自己的看法。

3. 教师对大家完成的方案进行点评，选出最佳方案。

工作实施

1. 确定元器件需求。根据电路设计方案、芯片选型方案、元器件参数，填写元器件需求明细表。

元器件需求明细表

代号	名称	规格型号	数量

2. 元器件识别与检测。

根据元器件清单核对元器件，检测所有元器件有无损伤、变形，封装、型号、参数是否符合要求。

　　3. 安装与调试。

　　(1) 根据四人表决器的逻辑电路图，画出装配图。

　　(2) 根据装配图完成电路的安装。

　　(3) 对比引导问题设计的真值表，验证四人表决器的逻辑功能。

课堂讨论

　　1. 简述你选择逻辑门电路芯片的依据？

　　2. 假如不限制使用与非门，你还有其他设计方案吗？

　　3. 从成本角度考虑，你认为你的设计还有进一步优化的可能性吗？

课程思政

　　制作完后，你认为你应具备怎样的职业素养？

评价反馈

　　评分表（与项目 1 任务工单的评分表一样）。

9.1 【知识链接】 逻辑函数的化简方法

　　大多数情况下，由真值表写出的逻辑表达式，以及由此画出的逻辑电路图往往比较复杂。如果可以化简逻辑函数，就可以使对应的逻辑电路变得简单，所用器件减少，电路的可靠性也因此而提高。逻辑函数的化简有两种方法，分别是公式化简法和卡诺图化简法。

9.1.1 公式化简法

　　公式化简法就是运用逻辑代数运算法则和定律把复杂的逻辑表达式化简，通常采用以下几种方法。

1. 吸收法

　　吸收法是利用公式 $A+AB=A$，消去多余的项。

　　例 9.1　化简函数 $Y=AB+AB(C+D)$。

　　解：$Y=AB+AB(C+D)=AB(1+C+D)=AB$

2. 并项法

　　利用公式 $A+\bar{A}=1$，将两项并为一项，消去一个变量。

　　例 9.2　化简函数 $Y=\bar{A}BC+\bar{A}B\bar{C}$。

　　解：$Y=\bar{A}BC+\bar{A}B\bar{C}=\bar{A}B(C+\bar{C})=\bar{A}B$

3. 消去法

　　利用公式 $A+\bar{A}B=A+B$，消去多余的因子。

例 9.3　化简函数 $Y=AB+\overline{A}C+\overline{B}C$。

解：$Y=AB+\overline{A}C+\overline{B}C=AB+(\overline{A}+\overline{B})C=AB+\overline{AB}C=AB+C$

4. 配项法

利用公式 $A+\overline{A}=1$，$A+A=A$ 等，增加必要的乘积项，用并项或吸收的办法化简。

例 9.4　化简函数 $Y=\overline{A}BC+A\overline{B}C+AB\overline{C}+ABC$。

解：$Y=\overline{A}BC+A\overline{B}C+AB\overline{C}+ABC$

$=\overline{A}BC+ABC+A\overline{B}C+ABC+AB\overline{C}+ABC$　　　　　　（配项）

$=BC(\overline{A}+A)+AC(\overline{B}+B)+AB(\overline{C}+C)$

$=BC+AC+AB$　　　　　　　　　　　　　　　　　　　（并项）

9.1.2　卡诺图化简法

1. 基本概念

卡诺图是逻辑函数的图解化简法，它克服了公式化简法对最终结果难以确定的缺点。卡诺图化简法具有确定的化简步骤，能比较方便地获得逻辑函数的最简与或式。为了更好地掌握这种方法，必须理解下面几个概念。

（1）最小项。在 n 个变量的逻辑函数中，若乘积（与）项中包含全部变量，且每个变量在该乘积项中或以原变量或以反变量只出现一次，则该乘积就定义为逻辑函数的最小项。n 个变量的最小项有 2^n 个。

3 变量最小项表如表 9.1 所示。

（2）最小项表达式。若一个逻辑表达式中的每个乘积项都是最小项，则称该逻辑表达式为最小项表达式（又称标准与或式）。任意一种形式的逻辑表达式都可以利用基本定律和配项法化为最小项表达式，并且最小项表达式是唯一的。

表 9.1　3 变量最小项表

A	B	C	最　小　项	简记符号
0	0	0	$\overline{A}\,\overline{B}\,\overline{C}$	m_0
0	0	1	$\overline{A}\,\overline{B}C$	m_1
0	1	0	$\overline{A}B\overline{C}$	m_2
0	1	1	$\overline{A}BC$	m_3
1	0	0	$A\overline{B}\,\overline{C}$	m_4
1	0	1	$A\overline{B}C$	m_5
1	1	0	$AB\overline{C}$	m_6
1	1	1	ABC	m_7

例 9.5　把 $L=\overline{A}B\overline{C}+A\overline{B}\overline{C}+\overline{B}CD+\overline{B}C\overline{D}$ 化成最小项表达式。

解：从表达式中可以看出 L 是 4 变量的逻辑函数，但每个乘积项中都缺少一个变量，不符合最小项的规定。为此，将每个乘积项利用配项法把变量补足为 4 个变量，并进一步展开，即得最小项表达式：

$$L = \overline{A}B\overline{C}(D+\overline{D}) + AB\overline{C}(D+\overline{D}) + \overline{B}CD(A+\overline{A}) + \overline{B}C\overline{D}(A+\overline{A})$$

$$= \overline{A}B\overline{C}D + \overline{A}B\overline{C}\,\overline{D} + AB\overline{C}D + AB\overline{C}\,\overline{D} + \overline{B}CDA + \overline{B}CD\overline{A} + \overline{B}C\overline{D}A + \overline{B}C\overline{D}\,\overline{A}$$

（3）相邻最小项。若两个最小项中只有一个变量为互反变量，其余变量均相同，则称这样的两个最小项为逻辑相邻，并把它们称为相邻最小项，简称相邻项。例如，$\overline{A}B\overline{C}$ 和 $\overline{A}BC$，其中的 C 和 $\overline{C}$ 互为反变量，其余变量（$\overline{A}B$）都相同。

（4）最小项卡诺图。用 2^n 个小方格对应 n 个变量的 2^n 个最小项，并且使逻辑相邻的最小项在几何位置上也相邻，按这样的相邻要求排列起来的方格图，称为 n 个输入变量的最小项卡诺图，又称最小项方格图。图 9.1 所示为 2~4 变量的最小项卡诺图。图中横向变量和纵向排列顺序，保证了最小项在卡诺图中的循环相邻性。

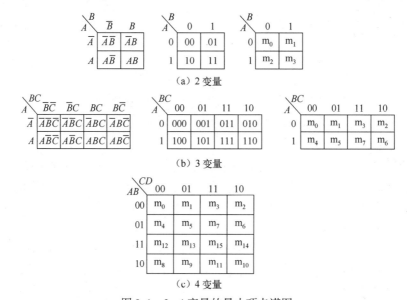

图 9.1　2~4 变量的最小项卡诺图

2. 用卡诺图表示逻辑函数

用卡诺图表示逻辑函数的步骤如下。

根据逻辑函数中的变量数，画出变量最小项卡诺图。

将逻辑表达式所包含的各最小项，在相应的小方格中填 1（称为读入、写入），在其余的小方格内填 0 或不填。

根据逻辑函数画出的卡诺图是唯一的，它是另一种描述逻辑函数的形式。下面举例说明根据逻辑函数不同的表示形式填写卡诺图的方法。

（1）已知逻辑表达式的最小项表达式，画出卡诺图。

例 9.6　逻辑函数 $L = \overline{A}BCD + \overline{A}BC\,\overline{D} + ABCD + ABC\,\overline{D} + A\overline{B}CD + \overline{A}\,\overline{B}CD + A\overline{B}\,\overline{C}D + \overline{A}\,\overline{B}\,\overline{C}D$，试画出 L 的卡诺图。

解：这是一个 4 变量逻辑函数。

① 画出 4 变量最小项卡诺图，如图 9.2 所示。

② 填卡诺图。在逻辑表达式中的 8 个最小项 $\overline{A}\,\overline{B}\,\overline{C}D$、$\overline{A}\,B\,\overline{C}\,\overline{D}$、$\overline{A}BCD$、$A\,B\,\overline{C}\,\overline{D}$、$A\,\overline{B}CD$、$\overline{A}\,\overline{B}CD$、$AB\overline{C}D$、$\overline{A}\,\overline{B}C\overline{D}$ 对应的方格中填入 1，其余不填。

（2）已知逻辑函数的一般表达式，画出卡诺图。

当已知逻辑函数为一般表达式时，可先将其化为最小项表达式，再画出卡诺图。但这样做往往很麻烦，实际上只需把逻辑表达式展开成与或式就行了，根据与或式每个乘积项的特征直接填卡诺图。具体方法是：把卡诺图中含有某个乘积项各变量的方格均填入 1，直到填完逻辑表达式的全部乘积项。

例 9.7　已知 $Y=\overline{A}D+\overline{AB(C+\overline{BD})}$，试画出 Y 的卡诺图。

解： ① 先把逻辑表达式展开成与或式

$$Y=\overline{A}D+AB+\overline{B}C\overline{D}$$

② 画出 4 变量最小项卡诺图。

③ 根据与或式中的每个乘积项，填卡诺图，如图 9.3 所示。

$AB\diagdown CD$	$\overline{C}\,\overline{D}(00)$	$\overline{C}D(01)$	$CD(11)$	$C\overline{D}(10)$
$\overline{A}\,\overline{B}(00)$			1	1
$\overline{A}B(01)$	1	1		
$AB(11)$	1	1		
$A\overline{B}(10)$			1	1

图 9.2　例 9.6 卡诺图

$AB\diagdown CD$	$\overline{C}\,\overline{D}(00)$	$\overline{C}D(01)$	$CD(11)$	$C\overline{D}(10)$
$\overline{A}\,\overline{B}(00)$		1	1	
$\overline{A}B(01)$		1	1	
$AB(11)$	1	1	1	1
$A\overline{B}(10)$				

图 9.3　例 9.7 卡诺图

（3）已知逻辑函数真值表，画出卡诺图。

例 9.8　已知逻辑函数 Y 的真值表如表 9.2 所示，试画出 Y 的卡诺图。

解： ① 画出 3 变量最小项卡诺图。

② 将真值表中 $Y=1$ 对应的最小项 m_0、m_2、m_4、m_6 在卡诺图中相应的方格里填入 1，其余的方格不填，如图 9.4 所示。

表 9.2　例 9.8 真值表

A	B	C	Y
0	0	0	1
0	0	1	0
0	1	0	1
0	1	1	0
1	0	0	1
1	0	1	0
1	1	0	1
1	1	1	0

$A\diagdown BC$	$\overline{B}\,\overline{C}(00)$	$\overline{B}C(01)$	$BC(11)$	$B\overline{C}(10)$
$\overline{A}(0)$	1			1
$A(1)$	1			1

图 9.4　例 9.8 卡诺图

3. 利用卡诺图化简逻辑函数

用卡诺图化简逻辑函数，其原理是利用卡诺图的相邻性，对相邻最小项进行合并，消去互反变量，以达到化简的目的。两个相邻最小项合并，可以消去 1 个变量；4 个相邻最小项合并，可以消去 2 个变量；把 2^n 个相邻最小项合并，可以消去 n 个变量。

化简逻辑函数的步骤和规则如下。

（1）画出逻辑函数的卡诺图。

（2）圈卡诺圈，合并最小项，没有可合并的方格可单独画圈。

由于卡诺图中，相邻的两个方格代表的最小项只有一个变量取不同的形式，所以以利用公式 $A B+A \bar{B}=A$，可以将这样的两个方格合并为一项，并消去那个取值不同的变量。卡诺图化简正是依据此原则寻找可以合并的最小项，将其用圈圈起来，称为卡诺圈，画卡诺圈的原则如下。

① 能够合并的最小项必须是 2^n 个，如 2，4，8，16。

② 能合并的最小项方格必须排列成方阵或矩阵形式。

③ 画卡诺圈时能大则大，卡诺圈的个数能少则少。

④ 画卡诺圈时，各最小项可重复使用，但每个卡诺圈中至少有一个方格没有被其他圈圈过。

包含两个方格的卡诺圈，可以消去一个取值不同的变量；包含 4 个方格的卡诺圈，可以消去 2 个取值不同的变量，依次类推，可以写出每个卡诺圈化简后的乘积项。

（3）把每个卡诺圈作为一个乘积项，将各乘积项相加就是化简后的与或表达式。

例 9.9　利用卡诺图化简 $L=\overline{A B C D}+\overline{A B C} D+\overline{A B} C \overline{D}+\overline{A B C} \overline{D}+A \overline{B} C D+\overline{A} \overline{B} C D+A \overline{B} C \overline{D}+\overline{A} \overline{B} C \overline{D}$。

解：① 画出逻辑函数的卡诺图。

② 圈卡诺圈，合并最小项，如图 9.5 所示。根据"圈要尽量画得大，圈的个数要尽量少"的原则画圈，可画两个圈，如图 9.5 虚线框所示。

AB ＼ CD	$\overline{C}\overline{D}(00)$	$\overline{C}D(01)$	$CD(11)$	$C\overline{D}(10)$
$\overline{A}\overline{B}(00)$			1	1
$\overline{A}B(01)$	1	1		
$AB(11)$	1	1		
$A\overline{B}(10)$			1	1

图 9.5　例 9.9 卡诺图

③ 写出每个卡诺圈对应的乘积项，分别是 $B\overline{C}$ 和 $\overline{B}C$。

④ 将各乘积项相加就是化简后的与或表达式：

$$L=B\overline{C}+\overline{B}C$$

在利用卡诺图化简逻辑函数的过程中，第②步是关键，应特别注意卡诺圈不要画错。

例 9.10　利用卡诺图化简函数 $Y(A, B, C, D)=\sum m(0, 1, 4, 6, 9, 10, 11, 12, 13, 14, 15)$。

解：① 画出逻辑函数的卡诺图，如图 9.6 所示。

② 圈卡诺圈，合并最小项。

③ 写出每个卡诺圈对应的乘积项，分别是 AC、AD、$\overline{B}\,\overline{D}$、$\overline{A}\,\overline{B}\,\overline{C}$。

④ 将各乘积项相加就是化简后的与或表达式：

$$Y = AC + AD + \overline{B}\,\overline{D} + \overline{A}\,\overline{B}\,\overline{C}$$

AB＼CD	$\overline{C}\,\overline{D}$(00)	$\overline{C}D$(01)	CD(11)	$C\overline{D}$(10)
$\overline{A}\,\overline{B}$(00)	1	1		
$\overline{A}B$(01)	1			1
AB(11)	1	1	1	1
$A\overline{B}$(10)		1	1	1

图 9.6　例 9.10 卡诺图

9.2 【知识链接】　组合逻辑电路的分析与设计

9.2.1　组合逻辑电路的概述

在实际应用中，为了实现各种不同的逻辑功能，可以将门电路组合起来，构成各种组合逻辑电路。组合逻辑电路是无反馈连接的电路，没有记忆单元，其任意时刻的输出状态仅取决于该时刻的输入状态，而与电路原有的状态无关。

9.2.2　组合逻辑电路的分析

组合逻辑电路的分析主要是根据给定的组合逻辑电路图，找出输出信号与输入信号间的关系，从而确定它的逻辑功能。具体分析步骤如下。

（1）根据给定的逻辑电路图写出输出逻辑表达式。一般从输入端向输出端逐级写出各个门输出对其输入的逻辑表达式，从而写出整个逻辑电路的输出对输入变量的逻辑表达式。必要时，可进行化简，求出最简输出逻辑表达式。

（2）列出逻辑函数的真值表。将输入变量的状态以自然二进制数顺序的各种取值组合代入输出逻辑表达式，求出相应的输出状态，并填入表中，即得真值表。

（3）分析逻辑功能。通常通过分析真值表的特点来说明电路的逻辑功能。

以上分析步骤可用如图 9.7 所示的框图描述。

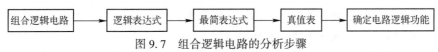

图 9.7　组合逻辑电路的分析步骤

例 9.11　组合逻辑电路如图 9.8 所示，分析该电路的逻辑功能。

解：（1）写出输出逻辑表达式，为

$$Y_1 = A \oplus B$$

$$Y = Y_1 \oplus C = A \oplus B \oplus C = \overline{A}\,\overline{B}C + \overline{A}B\overline{C} + A\overline{B}\,\overline{C} + ABC$$

（2）列出逻辑函数的真值表，如表 9.3 所示。

（3）逻辑功能分析。由表 9.3 可以看出，在输入 A、B、C 的变量中，有奇数个 1 时，输出 Y 为 1，否则 Y 为 0。因此，图 9.8 所示电路为三位判奇电路，又称奇校验电路。

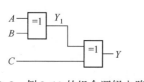

图 9.8　例 9.11 的组合逻辑电路

表 9.3　例 9.11 的真值表

输	入		输 出
A	**B**	**C**	**Y**
0	0	0	0
0	0	1	1
0	1	0	1
0	1	1	0
1	0	0	1
1	0	1	0
1	1	0	0
1	1	1	1

9.2.3　组合逻辑电路的设计

组合逻辑电路的设计是根据给出的实际问题求出能实现这一逻辑要求的最简逻辑电路。具体设计步骤如下。

(1) 分析设计要求，列出真值表。根据题意确定输入变量和输出函数及它们之间的关系，将输入变量以自然二进制数顺序的各种取值组合排列，列出真值表。

(2) 根据真值表写出输出逻辑表达式。将真值表中输出为 1 所对应的各最小项进行逻辑加后，便得到输出逻辑表达式。

(3) 对输出逻辑函数进行化简。通常用代数法或卡诺图法对逻辑函数进行化简。

(4) 根据最简输出逻辑表达式画逻辑电路图。可根据最简与或输出逻辑表达式画逻辑电路图，也可根据要求将输出逻辑表达式变换为与非表达式、或非表达式、与或非表达式或其他表达式来画逻辑电路图。

以上设计步骤可用如图 9.9 所示的框图描述。

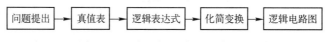

图 9.9　组合逻辑电路的设计步骤

例 9.12　设计一个 A、B、C 三人表决电路。当表决某个提案时，多数人同意，提案通过，同时 A 具有否决权。用与非门实现。

解：(1) 分析设计要求，列出真值表。设 A、B、C 三人表决同意提案时用 1 表示，不同意时用 0 表示；Y 为表决结果，提案通过用 1 表示，通不过用 0 表示，同时还应考虑 A 具有否决权。由此可列出如表 9.4 所示的真值表。

(2) 将输出逻辑表达式化简后，变换为与非表达式。用如图 9.10 所示的卡诺图进行化简，由此可得

$$Y = AC + AB$$

将上式变换成与非表达式为

$$Y = \overline{\overline{AC} + \overline{AB}} = \overline{\overline{AC} \cdot \overline{AB}}$$

表9.4 例9.12的真值表

输 入			输 出
A	B	C	Y
0	0	0	0
0	0	1	0
0	1	0	0
0	1	1	0
1	0	0	0
1	0	1	1
1	1	0	1
1	1	1	1

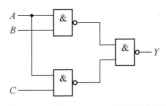

图9.10 例9.12的卡诺图

（3）根据输出逻辑函数画逻辑电路图。根据上式可画出如图9.11所示的逻辑电路图。

图9.11 例9.12的逻辑电路图

自我测试21

自我测试21

1. （单选题）当逻辑函数有 n 个输入变量时，最多有（ ）个最小项。

A. n　　　　　　B. $2n$　　　　　　C. n^2　　　　　　D. 2^n

2. （判断题）根据逻辑代数的基本定律，有：$A+A=2A$。（ ）

A. 正确　　　　　　　　　　　B. 错误

3. （判断题）逻辑函数两次求反则还原为它本身。（ ）

A. 正确　　　　　　　　　　　B. 错误

4. （判断题）若两个逻辑函数具有相同的真值表，则这两个逻辑函数必然相等。（ ）

A. 正确　　　　　　　　　　　B. 错误

5. （判断题）数字电路中用1和0分别表示两种状态，二者无大小之分。（ ）

A. 正确　　　　　　　　　　　B. 错误

小 结

1. 组合逻辑电路是由各种门电路组成的没有记忆功能的电路。它在逻辑功能上的特点是其任意时刻的输出状态仅取决于该时刻的输入状态，而与电路原有状态无关。

2. 组合逻辑电路的分析方法是根据给定的组合逻辑电路图，找出输出信号与输入信号间的关系，从而确定它的逻辑功能。具体分析步骤如下。

3. 组合逻辑电路的设计方法是根据给出的实际问题求出能实现这一逻辑要求的最简逻辑电路。具体设

计步骤如下。

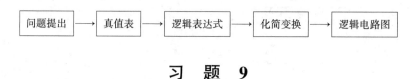

习　题　9

9.1　用公式法化简下列逻辑函数。

（1）$F=(A+\overline{B})C+\overline{A}B$。

（2）$F=A\overline{C}+\overline{A}B+BC$。

（3）$F=\overline{A}\,\overline{B}C+\overline{A}B\overline{C}+AB\overline{C}+\overline{A}\,\overline{B}\,\overline{C}+ABC$。

（4）$F=A\overline{B}+B\overline{C}D+\overline{C}\,\overline{D}+AB\overline{C}+A\overline{C}D$。

9.2　用卡诺图法化简下列逻辑函数。

（1）$F(A,B,C)=\sum m(0,1,2,4,5,7)$。

（2）$F=\overline{A}\,\overline{B}\,\overline{D}+\overline{A}\,\overline{B}\,CD+\overline{A}\,\overline{B}C+\overline{A}BCD+A\overline{B}\,\overline{C}\,\overline{D}$。

（3）$F(A,B,C,D)=\sum m(2,3,6,7,8,10,12,14)$。

（4）$F=ABD+\overline{A}B\overline{D}+A\overline{C}\,\overline{D}+\overline{A}D+B\overline{C}$。

9.3　写出如图 9.12 所示逻辑电路的逻辑表达式。

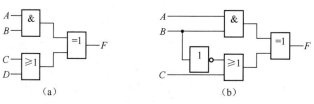

图 9.12　习题 9.3 图

9.4　某车间有黄、红两个故障指示灯，用来监测三台设备的工作情况。当只有一台设备有故障时，黄灯亮；当有两台设备同时有故障时，红灯亮；当三台设备都有故障时，红灯和黄灯都亮。试用 SSI 设计一个设备运行故障监测报警电路。

项目 10　一位十进制加法计算器的设计与制作

■ 能力目标

（1）能借助资料读懂集成电路的型号，明确各引脚功能。

（2）能完成一位十进制加法计算器逻辑电路的设计与制作。

■ 知识目标

了解编码器、译码器、常用数字显示器、显示译码器、加法器的逻辑功能和主要用途；掌握编码器、译码器、常用数字显示器、显示译码器、加法器的基本应用；初步掌握一位十进制加法计算器逻辑电路的设计方法。

■ 素质目标

（1）培养创新意识及逻辑思维能力。

（2）培养资料收集、整理能力。

一位十进制加法计算器实物如图 10.1 所示。

图 10.1　一位十进制加法计算器实物

【任务工单】

工作任务	一位十进制加法计算器的设计与制作				
姓名		班级		学号		日期	

🖳 **学习情景**

我们在小学一年级就学会了一位数加法计算，通过学习编码器、译码器、显示译码器、加法器，我们能否使用中规模数字集成芯片设计并制作一款一位十进制加法计算器呢？请按某电子科技有限公司陈工的设计方案完成计算器的设计及制作。

📋 **学习目标**

1. 能借助资料读懂集成电路的型号，明确引脚及其功能。

2. 掌握一位十进制加法计算器逻辑电路的设计与制作方法。

3. 掌握常用中规模集成电路编码器、加法器、显示译码器、移位寄存器的正确使用方法。

任务要求

1. 各小组制订工作计划。
2. 完成一位十进制加法计算器逻辑电路的设计。
3. 画出装配图。
4. 完成电路所需元器件的购买与检测。
5. 根据装配图安装一位十进制加法计算器逻辑电路。
6. 完成一位十进制加法计算器逻辑电路的功能检测和故障排除。
7. 通过小组讨论完成电路的详细分析并撰写任务工单。

任务分组

班级		组号		分工
组长		学号		
组员		学号		
组员		学号		

获取信息

认真阅读任务要求，理解工作任务内容，明确工作任务的目标，为顺利完成工作任务，回答引导问题，做好充分的知识准备、技能准备和元器件等耗材的准备，同时拟订任务实施计划。

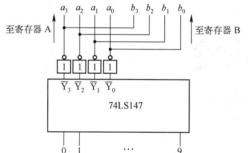

图 10.2 一位十进制加法计算器的编码电路

1. 编码电路的安装及测试。

一位十进制加法计算器的编码电路如图 10.2 所示，设计并安装编码电路。

安装好编码电路后，依次输入 0~9 十个数码，记录 $a_3 a_2 a_1 a_0$ 的状态到表 10.1。

表 10.1 74LS147 编码电路的测试

十进制数	输 入									输 出							
	$\overline{I_9}$	$\overline{I_8}$	$\overline{I_7}$	$\overline{I_6}$	$\overline{I_5}$	$\overline{I_4}$	$\overline{I_3}$	$\overline{I_2}$	$\overline{I_1}$	$\overline{Y_3}$	$\overline{Y_2}$	$\overline{Y_1}$	$\overline{Y_0}$	a_3	a_2	a_1	a_0
0	1	1	1	1	1	1	1	1	1	1	1	1	1				
1	1	1	1	1	1	1	1	1	0	1	1	1	0				
2	1	1	1	1	1	1	1	0	×	1	1	0	1				
3	1	1	1	1	1	1	0	×	×	1	1	0	0				
4	1	1	1	1	1	0	×	×	×	1	0	1	1				
5	1	1	1	1	0	×	×	×	×	1	0	1	0				
6	1	1	1	0	×	×	×	×	×	1	0	0	1				
7	1	1	0	×	×	×	×	×	×	1	0	0	0				
8	1	0	×	×	×	×	×	×	×	0	1	1	1				
9	0	×	×	×	×	×	×	×	×	0	1	1	0				

2. 数码寄存电路的安装及测试。

数码寄存电路主要由与门、非门和两个 CC40194 等组成。图 10.3 所示为数码寄存电路的原理图。

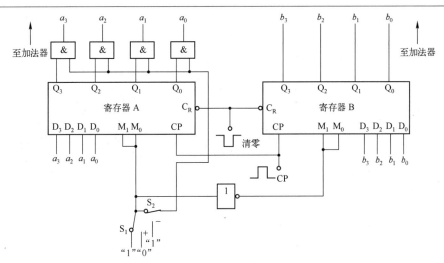

图 10.3　数码寄存电路的原理图

数码寄存电路工作过程如下。

先令 $\overline{C_R}=0$，寄存器被清零，寄存器 A 和寄存器 B 的输出均为 0000；再令 $\overline{C_R}=1$，准备开始工作。起初 S_1、S_2 均为高电平（工作前 S_1 必须置于"1"），输入十进制数 A 时，由于寄存器 A 的 $M_1M_0=11$，寄存器 B 的 $M_1M_0=00$，所以当 CP 的上升沿到来后，寄存器 A 存入数码 $a_3a_2a_1a_0$，经与门送到加法器，而寄存器 B 的输出仍为 0000，直接送入加法器。把开关 S_1 由"1"置为"0"（相当于按加号键），输入十进制数 B 时，由于寄存器 A 的 $M_1M_0=00$，寄存器 B 的 $M_1M_0=11$，所以当 CP 上升沿到来后，寄存器 A 保持原来的状态 $a_3a_2a_1a_0$，但由于 G1～G4 门均被封锁，故 $a_3a_2a_1a_0$ 不能被送入加法器（只有 0000 被送入）；而寄存器 B 存入数码 $b_3b_2b_1b_0$，并送入加法器。

把 S_2 置于高电平"1"（相当于按等号键），两个寄存器的数码 $a_3a_2a_1a_0$、$b_3b_2b_1b_0$ 被同时送入加法器，此时显示相加后的得数。

①参考图 10.3，安装数码寄存电路。

②根据数码寄存电路的工作过程及原理，使用逻辑电平显示器，对寄存器进行测试，并将测试结果记录下来，完成表 10.2。

表 10.2　CC40194 寄存器的测试结果

$\overline{C_R}$	M_1M_0	输　　入				输　　出			
		D_3	D_2	D_1	D_0	Q_3	Q_2	Q_1	Q_0
0	××	×	×	×	×				
1	00	×	×	×	×				
1	11	d_3	d_2	d_1	d_0				

3. 加法运算电路及译码显示电路的安装及测试。

加法运算电路采用集成 BCD 加法器 CC14560、显示译码器 CC4511 和发光二极管显示器 BS202 进行设计。加法运算及译码显示原理图如图 10.4 所示。

①查阅资料，了解 CC14560 的引脚排列及功能，如图 10.5 所示，完成 CC14560 的功能表 10.3。

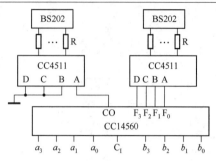

图 10.4　加法运算及译码显示原理图

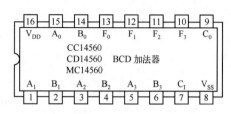

图 10.5　CC14560 的引脚排列图

②根据图 10.4 完成加法运算电路及译码显示电路的安装。

③加法运算的验证（与表 10.3 相比较）。

表 10.3　CC14560 的功能表

输　入									输　出				
a_3	a_2	a_1	a_0	b_3	b_2	b_1	b_0	C_I	CO	F_3	F_2	F_1	F_0
0	0	0	0	0	0	0	0	0					
0	0	0	0	0	0	0	0	1					
0	1	0	0	0	0	1	1	0					
0	1	0	0	0	0	1	1	1					
0	1	1	1	0	1	0	0	0					
0	1	1	1	0	1	0	0	1					
1	0	0	0	0	1	0	1	0					
1	0	0	0	0	1	0	1	1					
0	1	1	0	1	0	0	0	0					
1	0	0	1	1	0	0	1	1					

引导问题

1. 74LS147 为优先编码器，哪个输入端的优先级最高？输入端和输出端的有效电平为高电平还是低电平？

2. 74LS147 优先编码器输出端为何配置非门？

3. 在图 10.3 中，当 S_1 为 "1" 时，哪片寄存器接收编码电路传送过来的数据？

4. 在图 10.3 中，S_2 的作用是什么？

5. 在进行一位十进制加法运算时，C_I 输入端应输入 "1" 还是 "0"？

工作计划

工序步骤安排

序号	工作内容	计划用时	备注

进行决策

1. 各小组派代表阐述设计方案、芯片选型方案、元器件参数。

2. 各小组对其他小组的设计方案提出自己的看法。

3. 教师对大家完成的方案进行点评，选出最佳方案。

工作实施

1. 确定元器件需求。根据电路设计方案、芯片选型方案、元器件参数，填写元器件需求明细表。

元器件需求明细表

代号	名称	规格型号	数量

2. 元器件识别与检测。

根据元器件清单核对元器件，检测所有元器件有无损伤、变形，封装、型号、参数是否符合要求。

3. 安装与调试。

（1）检测与查阅器件。用数字集成电路测试仪检测所用的集成电路。通过查阅集成电路手册，标出电路图中各集成电路输入、输出端的引脚编号。

（2）根据图 10.2、图 10.3、图 10.4，画出完整的一位十进制加法计算器电路安装布线图。

（3）根据装配图完成电路的安装。先在实训电路板上插接好 IC 器件。在插接器件时，要注意 IC 芯片的豁口方向（都朝左侧），同时保证 IC 引脚与插座接触良好，引脚不能弯曲或折断。指示灯的正、负极不能接反。在通电前先用万用表检查各 IC 的电源接线是否正确。

（4）功能验证。

课堂讨论

1. 采购元器件时，如果 CC4069 缺货，可用什么芯片代替？

2. 图 10.3 中的与门能否用与非门代替？简述原因。

3. 根据 74LS147 优先编码器的逻辑功能，该芯片仅支持输入 1~9，如果需要输入加数 "0"，应如何实现？

课程思政

谈一谈在今后的工作和学习中，我们应该如何激发自己的创新兴趣，培养科学创新思维。

评价反馈

评分表（与项目 1 任务工单的评分表一样）。

10.1 【知识链接】 数制与编码

10.1.1 数制

数制是一种计数的方法，它是进位计数制的简称。数制所用的数字符号叫作数码，某种数制所用数码的个数称为基数。

1. 十进制（Decimal）

日常生活中人们最习惯用的是十进制。十进制是以 10 为基数的计数制。在十进制中，每位有 0~9 十个数码，它的进位规则是"逢十进一，借一当十"。例如

$$(6341)_{10} = 6 \times 10^3 + 3 \times 10^2 + 4 \times 10^1 + 1 \times 10^0$$

其中，10^3、10^2、10^1、10^0 为千位、百位、十位、个位的权，它们都是基数 10 的幂。数码与权的乘积，称为加权系数，如上述的 6×10^3、3×10^2、4×10^1、1×10^0。十进制的数值是各位加权系数的和。

由此可见，任意一个十进制整数 $(N)_{10}$，都可以用下式表示：

$$(N)_{10} = k_{n-1} \times 10^{n-1} + k_{n-2} \times 10^{n-2} + \cdots + k_1 \times 10^1 + k_0 \times 10^0$$

式中，$k_{n-1}, k_{n-2}, \cdots, k_1, k_0$ 为以 $0,1,2,3,\cdots,9$ 表示的数码。

2. 二进制（Binary）

数字电路中应用最广泛的是二进制。二进制是以 2 为基数的计数制。在二进制中，每位只有 0 和 1 两个数码，它的进位规则是"逢二进一，借一当二"。例如

$$(1011)_2 = 1 \times 2^3 + 0 \times 2^2 + 1 \times 2^1 + 1 \times 2^0 = 8 + 0 + 2 + 1 = (11)_{10}$$

各位的权都是 2 的幂，以上 4 位二进制数所在位的权依次为 2^3、2^2、2^1、2^0。

与十进制相似，任意一个二进制整数 $(N)_2$ 都可以用下式表示：

$$(N)_2 = k_{n-1} \times 2^{n-1} + k_{n-2} \times 2^{n-2} + \cdots + k_1 \times 2^1 + k_0 \times 2^0$$

式中，k_{n-1}、k_{n-2}、$\cdots$、k_1、k_0 为以 0、1 表示的数码。

3. 八进制和十六进制（Octal and Hexadecimal）

用二进制表示数时，数码串很长，书写和显示都不方便，在计算机中常采用八进制和十六进制。

八进制有 0~7 八个数码，进位规则是"逢八进一，借一当八"，计数基数是 8。例如

$$(253)_8 = 2 \times 8^2 + 5 \times 8^1 + 3 \times 8^0 = 128 + 40 + 3 = (171)_{10}$$

十六进制有 0~9，A，B，C，D，E，F 十六个数码，进位规则是"逢十六进一，借一当十六"，计数基数是 16。例如

$$(1AD)_{16} = 1 \times 16^2 + 10 \times 16^1 + 13 \times 16^0 = 256 + 160 + 13 = (429)_{10}$$

 小问答

与前面讲述的二进制和十进制一样，任意一个八进制或十六进制整数也能用一个数学公式表示，请读者写出该表达式。

10.1.2　不同数制之间的转换

1. 各种数制转换成十进制

用按权展开求和法。

例 10.1　将二进制数（10101）₂转换成十进制数。

解： 只要将二进制数的各位加权系数求和即可，得

$$(10101)_2 = 1 \times 2^4 + 0 \times 2^3 + 1 \times 2^2 + 0 \times 2^1 + 1 \times 2^0 = 16 + 0 + 4 + 0 + 1 = (21)_{10}$$

2. 十进制转换为二进制

需要将整数和小数分别转换，整数部分用"除 2 取余，后余先读"法；小数部分用"乘 2 取整，前整先读"法。

例 10.2　将十进制数（25.375）₁₀转换成二进制数。

解：

		余数		
2	25		0.375×2=0.750	积的小数部分为0.750，继续乘以2，整数部分为0
2	12	1		
2	6	0	0.750×2=1.500	积的小数部分为0.500，继续乘以2，整数部分为1
2	3	0		
2	1	1	0.500×2=1.000	积的小数部分为0.000，整数部分为1
	0	1		

读数顺序（从下向上）　　读数顺序（从上向下）

$$(25.375)_{10} = (11001.011)_2$$

3. 二进制与八进制之间的相互转换

（1）二进制数转换成八进制数。从小数点开始，整数部分向左（小数部分向右）三位一组，最后不足三位的加 0 补足，按顺序写出各组对应的八进制数。

例 10.3　将二进制数（11100101.11101011）₂转换成八进制数。

解：

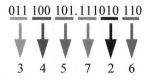

$$\underline{011}\ \underline{100}\ \underline{101}.\underline{111}\underline{010}\ \underline{110}$$
$$3\quad 4\quad 5\quad 7\quad 2\quad 6$$

$$(11100101.11101011)_2 = (345.726)_8$$

（2）八进制数转换成二进制数。

例 10.4　将八进制数（745.361）₈转换成二进制数。

解： 将每位八进制数用三位二进制数代替，按原顺序排列，得

$$(745.361)_8 = (111100101.011110001)_2$$

4. 二进制与十六进制之间的相互转换

（1）二进制数转换成十六进制数。从小数点开始，整数部分向左（小数部分向右）四位

一组，最后不足四位的加 0 补足，按顺序写出各组对应的十六进制数。

　　例 10.5　将二进制数（10011111011. 111011）$_2$ 转换成十六进制数。

　　解：

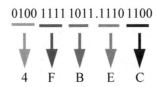

（10011111011. 111011）$_2$ =（4FB. EC）$_{16}$

（2）十六进制数转换成二进制数。

　　例 10.6　将十六进制数（3BE5. 97D）$_{16}$ 转换成二进制数。

　　解：将每位十六进制数用四位二进制数代替，再按原顺序排列，得

$$（3BE5. 97D）_{16} =（11101111100101. 100101111101）_2$$

10.1.3　编码

　　在数字系统中，二进制数码不仅可表示数值的大小，而且常用于表示特定的信息。将若干二进制数码 0 和 1 按一定的规则排列起来表示某种特定含义的代码，称为二进制代码。建立这种代码与图形、文字、符号或特定对象之间一一对应关系的过程，就称为编码。例如，在开运动会时，每个运动员都有一个号码，这个号码只用于表示不同的运动员，并不表示数值的大小。将十进制数的 0~9 十个数码用二进制数表示的代码，称为二-十进制码，又称 BCD 码。常用的二-十进制代码为 8421BCD 码，这种代码每位的权值都是固定不变的，为恒权码。它取了 4 位自然二进制数的前 10 种组合，即 0000(0)~1001(9)，从高位到低位的权值分别是 8、4、2、1，去掉后 6 种组合 1010~1111，所以称为 8421BCD 码。如（1001）$_{8421BCD}$ =（9）$_{10}$，（53）$_{10}$ =（01010011）$_{8421BCD}$。表 10.4 所示为十进制数与常用 BCD 码的对应关系。

表 10.4　十进制数与常用 BCD 码的对应关系

十进制数	8421 码	余 3 码	格雷码	2421 码	5421 码
0	0000	0011	0000	0000	0000
1	0001	0100	0001	0001	0001
2	0010	0101	0011	0010	0010
3	0011	0110	0010	0011	0011
4	0100	0111	0110	0100	0100
5	0101	1000	0111	1011	1000
6	0110	1001	0101	1100	1001
7	0111	1010	0100	1101	1010
8	1000	1011	1100	1110	1011
9	1001	1100	1101	1111	1100

自我测试 22

1. （单选题）一个停车场有 100 个车位，现采用二进制编码器对每个车位进行编码，则编码器至少输出（　　　）位二进制数才能满足要求。

A. 4　　　　　　　　B. 5　　　　　　　　C. 6　　　　　　　　D. 7

自我测试 22

2. （单选题）十进制数 25 用 8421BCD 码表示为（　　　）$_{8421BCD}$。

A. 10 101　　　　　　　　　　　　B. 0010 0101

C. 100101　　　　　　　　　　　　D. 10101

3. （单选题）与 8421BCD 码（000101110101）$_{8421BCD}$ 所对应的十进制数是（　　　）。

A. $(78)_{10}$　　　　　B. $(195)_{10}$　　　　　C. $(175)_{10}$　　　　　D. $(225)_{10}$

4. （单选题）十进制数 13 用 8421BCD 码表示为（　　　）$_{8421BCD}$。

A. 1101　　　　　B. 0001 0101　　　　　C. 0001 0011　　　　　D. 10101

5. （单选题）十进制数 13 转换成对应的二进制数是（　　　）$_{2}$。

A. 1101　　　　　B. 0001 0101　　　　　C. 0001 0011　　　　　D. 10101

10.2　【知识链接】　编码器

实现编码功能的逻辑电路，称为编码器。编码器又分为普通编码器和优先编码器两类。在普通编码器中，任何时刻只允许一个信号输入，如果同时有两个以上的信号输入，输出将发生混乱；在优先编码器中，对每位输入都设置了优先权，因此，当同时有两个以上的信号输入时，优先编码器只对优先级较高的输入进行编码，从而保证编码器能有序工作。

目前，常用的中规模集成电路编码器都是优先编码器，它们使用起来非常方便。下面讨论的二进制编码器和二–十进制编码器都是优先编码器。

10.2.1　二进制编码器

用 n 位二进制代码对 2^n 个信号进行编码的电路就是二进制编码器。下面以 74LS148 集成电路编码器为例，介绍二进制编码器。

74LS148 是 8 线–3 线优先编码器，常用于优先中断系统和键盘编码。它有 8 个输入信号，3 个输出信号。由于是优先编码器，故允许同时输入多个信号，但只对其中优先级最高的信号进行编码。

图 10.6 所示为 74LS148 优先编码器引脚排列图及逻辑符号，其中 $\overline{I}_0 \sim \overline{I}_7$ 是编码输入端，低电平有效；$\overline{Y}_2$、$\overline{Y}_1$、$\overline{Y}_0$ 为编码输出端，也是低电平有效，即以反码输出；$\overline{ST}$、$\overline{Y}_{EX}$、$\overline{Y}_S$ 为使能端。

74LS148 优先编码器的功能真值表如表 10.5 所示。

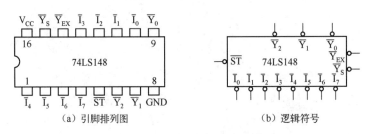

（a）引脚排列图　　　　　（b）逻辑符号

图 10.6　74LS148 优先编码器

表 10.5　74LS148 优先编码器的功能真值表

| 输　入 | | | | | | | | | 输　出 | | | | |
$\overline{ST}$	$\overline{I_7}$	$\overline{I_6}$	$\overline{I_5}$	$\overline{I_4}$	$\overline{I_3}$	$\overline{I_2}$	$\overline{I_1}$	$\overline{I_0}$	$\overline{Y_2}$	$\overline{Y_1}$	$\overline{Y_0}$	$\overline{Y_{EX}}$	$\overline{Y_S}$
1	×	×	×	×	×	×	×	×	1	1	1	1	1
0	1	1	1	1	1	1	1	1	1	1	1	1	0
0	0	×	×	×	×	×	×	×	0	0	0	0	1
0	1	0	×	×	×	×	×	×	0	0	1	0	1
0	1	1	0	×	×	×	×	×	0	1	0	0	1
0	1	1	1	0	×	×	×	×	0	1	1	0	1
0	1	1	1	1	0	×	×	×	1	0	0	0	1
0	1	1	1	1	1	0	×	×	1	0	1	0	1
0	1	1	1	1	1	1	0	×	1	1	0	0	1
0	1	1	1	1	1	1	1	0	1	1	1	0	1

从表中不难看出，当 $\overline{ST}=1$ 时，电路处于禁止工作状态，此时无论 8 个输入端为何种状态，3 个输出端都为高电平。$\overline{Y_{EX}}$ 和 $\overline{Y_S}$ 也为高电平，编码器不工作。当 $\overline{ST}=0$ 时，电路处于正常工作状态，允许 $\overline{I_0}\sim\overline{I_7}$ 中同时有几个输入端为低电平，即同时有几路编码输入信号有效，但它只给优先级较高的输入信号编码。在 8 个输入信号 $\overline{I_0}\sim\overline{I_7}$ 中，$\overline{I_7}$ 的优先级最高，依次递减，$\overline{I_0}$ 的优先级最低。例如，当 $\overline{I_7}$ 输入低电平时，其他输入端为任意状态（表中以×表示），输出端只输出 $\overline{I_7}$ 的编码，输出 $\overline{Y_2}\,\overline{Y_1}\,\overline{Y_0}=000$，为反码，其原码为 111；当 $\overline{I_7}=1$、$\overline{I_6}=0$ 时，其他输入端为任意状态，只对 $\overline{I_6}$ 进行编码，输出为 $\overline{Y_2}\,\overline{Y_1}\,\overline{Y_0}=001$，其原码为 110，其余状态依次类推。当输出 $\overline{Y_2}\,\overline{Y_1}\,\overline{Y_0}=111$ 时，由 $\overline{Y_{EX}}\,\overline{Y_S}$ 的不同状态来区分电路的工作情况，$\overline{Y_{EX}}$ $\overline{Y_S}=11$ 时，表示电路处于禁止工作状态；$\overline{Y_{EX}}\,\overline{Y_S}=10$ 时，表示电路处于工作状态，但没有输入编码信号；$\overline{Y_{EX}}\,\overline{Y_S}=01$ 时，表示电路在对 $\overline{I_0}$ 进行编码。

10.2.2　二-十进制编码器

将十进制数的 0~9 编成二进制代码的电路就是二-十进制编码器。下面以 8421BCD 码 74LS147 优先编码器为例加以介绍。图 10.7 所示为 74LS147 优先编码器引脚排列图及逻辑符号，74LS147 优先编码器的功能真值表如表 10.6 所示。

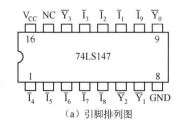 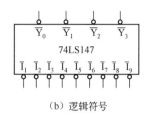

（a）引脚排列图　　　　　　（b）逻辑符号

图 10.7　74LS147 优先编码器

表 10.6　74LS147 优先编码器的功能真值表

输　　入									输　　出			
$\overline{I}_9$	$\overline{I}_8$	$\overline{I}_7$	$\overline{I}_6$	$\overline{I}_5$	$\overline{I}_4$	$\overline{I}_3$	$\overline{I}_2$	$\overline{I}_1$	$\overline{Y}_3$	$\overline{Y}_2$	$\overline{Y}_1$	$\overline{Y}_0$
1	1	1	1	1	1	1	1	1	1	1	1	1
1	1	1	1	1	1	1	1	0	1	1	1	0
1	1	1	1	1	1	1	0	×	1	1	0	1
1	1	1	1	1	1	0	×	×	1	1	0	0
1	1	1	1	1	0	×	×	×	1	0	1	1
1	1	1	1	0	×	×	×	×	1	0	1	0
1	1	1	0	×	×	×	×	×	1	0	0	1
1	1	0	×	×	×	×	×	×	1	0	0	0
1	0	×	×	×	×	×	×	×	0	1	1	1
0	×	×	×	×	×	×	×	×	0	1	1	0

由该表可见，编码器有 9 个编码信号输入端（$\overline{I}_1 \sim \overline{I}_9$），低电平有效，其中 $\overline{I}_9$ 的优先级最高，$\overline{I}_1$ 的优先级最低；4 个编码输出端（$\overline{Y}_3$、$\overline{Y}_2$、$\overline{Y}_1$、$\overline{Y}_0$）以反码输出，$\overline{Y}_3$ 为最高位，$\overline{Y}_0$ 为最低位。一组 4 位二进制代码表示 1 位十进制数。若无信号输入，即 9 个输入端全为"1"，则输出 $\overline{Y}_3\overline{Y}_2\overline{Y}_1\overline{Y}_0 = 1111$，为反码，其原码为 0000，表示输入十进制数是 0。若 $\overline{I}_1 \sim \overline{I}_9$ 有信号输入，则根据输入信号的优先级输出优先级最高的信号的编码。例如，当 $\overline{I}_9$ 输入低电平时，其他输入端为任意状态（表中以×表示），输出端只输出 $\overline{I}_9$ 的编码，输出 $\overline{Y}_3\overline{Y}_2\overline{Y}_1\overline{Y}_0 = 0110$，为反码，其原码为 1001，表示输入十进制数是 9；当 $\overline{I}_9 = 1$、$\overline{I}_8 = 0$ 时，其他输入端为任意状态，只对 $\overline{I}_8$ 进行编码，输出为 $\overline{Y}_3\overline{Y}_2\overline{Y}_1\overline{Y}_0 = 0111$，其原码为 1000，表示输入十进制数是 8；其余状态依次类推。

10.3　【知识链接】　译码器

译码是编码的逆过程，就是将编码时二进制代码中所含的原意翻译出来，实现译码功能的电路称为译码器。常用的译码器有二进制译码器、二-十进制译码器和显示译码器。

10.3.1　二进制译码器

二进制译码器输入的是二进制代码，输出的是一系列与输入代码对应的信息。

74LS138 是集成 3 线–8 线译码器，其引脚排列图和逻辑符号如图 10.8 所示。该译码器共有 3 个输入端：A_0、A_1、A_2，输入高电平有效；有 8 个输出端：$\overline{Y}_0 \sim \overline{Y}_7$，输出低电平有效；有 3 个使能端：$S_A$、$\overline{S}_B$、$\overline{S}_C$。

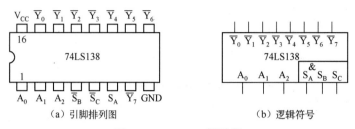

（a）引脚排列图   （b）逻辑符号

图 10.8   74LS138 译码器

74LS138 译码器的功能真值表如表 10.7 所示。由该表可见，当 $S_A = 0$ 或 $\overline{S}_B$、$\overline{S}_C$ 中有一个为"1"时，译码器处于禁止状态；当 $S_A = 1$，且 $\overline{S}_B = \overline{S}_C = 0$ 时，译码器处于工作状态。74LS138 译码器输出与输入 A_0、A_1、A_2 的逻辑函数关系为

$$\overline{Y}_0 = \overline{\overline{A}_2\overline{A}_1\overline{A}_0} \qquad\qquad \overline{Y}_4 = \overline{A_2\overline{A}_1\overline{A}_0}$$

$$\overline{Y}_1 = \overline{\overline{A}_2\overline{A}_1 A_0} \qquad\qquad \overline{Y}_5 = \overline{A_2\overline{A}_2 A_0}$$

$$\overline{Y}_2 = \overline{\overline{A}_2 A_1\overline{A}_0} \qquad\qquad \overline{Y}_6 = \overline{A_2 A_1\overline{A}_0}$$

$$\overline{Y}_3 = \overline{\overline{A}_2 A_1 A_0} \qquad\qquad \overline{Y}_7 = \overline{A_2 A_1 A_0}$$

表 10.7   74LS138 译码器的功能真值表

输入						输出								备注
S_A	$\overline{S}_B$	$\overline{S}_C$	A_2	A_1	A_0	$\overline{Y}_0$	$\overline{Y}_1$	$\overline{Y}_2$	$\overline{Y}_3$	$\overline{Y}_4$	$\overline{Y}_5$	$\overline{Y}_6$	$\overline{Y}_7$	备注
0	×	×	×	×	×	1	1	1	1	1	1	1	1	
×	×	1	×	×	×	1	1	1	1	1	1	1	1	不工作
×	1	×	×	×	×	1	1	1	1	1	1	1	1	
1	0	0	0	0	0	0	1	1	1	1	1	1	1	
1	0	0	0	0	1	1	0	1	1	1	1	1	1	
1	0	0	0	1	0	1	1	0	1	1	1	1	1	
1	0	0	0	1	1	1	1	1	0	1	1	1	1	
1	0	0	1	0	0	1	1	1	1	0	1	1	1	工作
1	0	0	1	0	1	1	1	1	1	1	0	1	1	
1	0	0	1	1	0	1	1	1	1	1	1	0	1	
1	0	0	1	1	1	1	1	1	1	1	1	1	0	

10.3.2   二–十进制译码器

将 4 位二–十进制代码翻译成 1 位十进制数字的电路就是二–十进制译码器。这种译码

器有 4 个输入端、10 个输出端，又称 4 线–10 线译码器。常用的集成的型号有 74LS145 和 74LS42。图 10.9 所示为 74LS42 译码器的引脚排列图和逻辑符号。

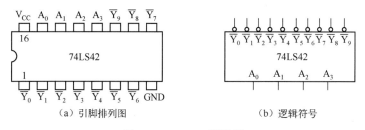

（a）引脚排列图　　　　　　　　　　　　（b）逻辑符号

图 10.9　74LS42 译码器

74LS42 译码器的功能真值表如表 10.8 所示。从表中可见，该电路的输入 $A_3 A_2 A_1 A_0$ 是 8421BCD 码，输出是与 10 个十进制数码相对应的 10 个信号，用 $\overline{Y}_0 \sim \overline{Y}_9$ 表示，低电平有效。例如，当 $A_3 A_2 A_1 A_0 = 0000$ 时，输出端 $\overline{Y}_0 = 0$，其余输出端均为 1；当 $A_3 A_2 A_1 A_0 = 0001$ 时，输出端 $\overline{Y}_1 = 0$，其余输出端均为 1。输入 1010~1111 这 6 个伪码时，输出 $\overline{Y}_0 \sim \overline{Y}_9$ 均为 1，所以它具有拒绝伪码的功能。

表 10.8　74LS42 译码器的功能真值表

十进制数	输入				输出									
	A_3	A_2	A_1	A_0	$\overline{Y}_0$	$\overline{Y}_1$	$\overline{Y}_2$	$\overline{Y}_3$	$\overline{Y}_4$	$\overline{Y}_5$	$\overline{Y}_6$	$\overline{Y}_7$	$\overline{Y}_8$	$\overline{Y}_9$
0	0	0	0	0	0	1	1	1	1	1	1	1	1	1
1	0	0	0	1	1	0	1	1	1	1	1	1	1	1
2	0	0	1	0	1	1	0	1	1	1	1	1	1	1
3	0	0	1	1	1	1	1	0	1	1	1	1	1	1
4	0	1	0	0	1	1	1	1	0	1	1	1	1	1
5	0	1	0	1	1	1	1	1	1	0	1	1	1	1
6	0	1	1	0	1	1	1	1	1	1	0	1	1	1
7	0	1	1	1	1	1	1	1	1	1	1	0	1	1
8	1	0	0	0	1	1	1	1	1	1	1	1	0	1
9	1	0	0	1	1	1	1	1	1	1	1	1	1	0
伪码	1	0	1	0	1	1	1	1	1	1	1	1	1	1
	1	0	1	1	1	1	1	1	1	1	1	1	1	1
	1	1	0	0	1	1	1	1	1	1	1	1	1	1
	1	1	0	1	1	1	1	1	1	1	1	1	1	1
	1	1	1	0	1	1	1	1	1	1	1	1	1	1
	1	1	1	1	1	1	1	1	1	1	1	1	1	1

10.3.3　译码器的应用

由于二进制译码器的输出为输入变量的全部最小项，即每个输出对应一个最小项，而任意一个逻辑函数都可变换为最小项之和的标准式，因此用译码器和门电路可实现任意单输出或多输出的组合逻辑函数。

例 10.7　用译码器实现逻辑函数 $L = \sum m(0, 3, 7)$。

解： 由于 $L = \sum m(0, 3, 7)$ 是三变量逻辑函数，所以可以选用 3 线–8 线译码器 74LS138 来实现。将逻辑函数的变量 A、B、C 分别加到 74LS138 译码器的输入端 A_2、A_1、A_0，将逻辑函数 L 所具有的最小项相对应的所有输出端，连接到一个与非门的输入上，则与非门的输出就是逻辑函数 L，如图 10.10 所示。

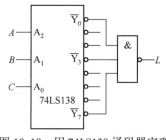

图 10.10　用 74LS138 译码器实现
逻辑函数 $L = \sum m(0, 3, 7)$

$$L = \sum m(0, 3, 7) = \overline{A}\,\overline{B}\,\overline{C} + \overline{A}BC + ABC$$

$$L = \overline{\overline{\overline{A}\,\overline{B}\,\overline{C}}\cdot\overline{\overline{A}BC}\cdot\overline{ABC}} = \overline{\overline{Y_0}\,\overline{Y_3}\,\overline{Y_7}}$$

⏰ 自我测试 23

自我测试 23

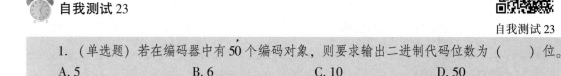

1. （单选题）若在编码器中有 50 个编码对象，则要求输出二进制代码位数为 (　　) 位。
A. 5　　　　　　　　B. 6　　　　　　　　C. 10　　　　　　　　D. 50

2. （单选题）8 输入端的编码器按二进制数编码时，输出端的个数是 (　　)。
A. 2 个　　　　　　B. 3 个　　　　　　C. 4 个　　　　　　D. 8 个

3. （单选题）4 输入端的译码器，其输出端最多为 (　　)。
A. 4 个　　　　　　B. 8 个　　　　　　C. 10 个　　　　　　D. 16 个

4. （判断题）编码与译码是互逆的过程。(　　)
A. 正确　　　　　　　　　　　　　　B. 错误

5. （判断题）组合逻辑电路的输出只取决于输入信号的现态。(　　)
A. 正确　　　　　　　　　　　　　　B. 错误

10.4 【知识链接】 数字显示电路

在数字系统中，往往要求把测量和运算的结果直接用十进制数显示出来，以便人们观测、查看，这一任务由数字显示电路实现。数字显示电路由译码器、驱动器及数字显示器件组成，通常译码器和驱动器集成在一块芯片中，简称显示译码器。

10.4.1　数字显示器件

数字显示器件的种类很多，在数字系统中最常用的有发光二极管显示器、液晶显示器 (LCD) 和等离子体显示板。

1. 发光二极管显示器

发光二极管显示器分为两种。一种是发光二极管（又称 LED）；另一种是发光数码管（又称 LED 数码管）。将发光二极管组成七段数字图形封装在一起，就做成发光数码管，又称七段发光二极管显示器，图 10.11 所示为发光二极管显示器的结构。这些发光二极管一般采用两种连接方式，即共阴极接法和共阳极接法。控制各段的亮或灭，就可以显示不同的数字。

半导体发光二极管显示器的特点是清晰悦目，工作电压低（1.5～3V）、体积小、寿命长（一般大于 1000h）、响应速度快（1～100ns）、颜色丰富多彩（有红、黄、绿等颜色）、工作可靠。发光数码管是目前最常用的数字显示器件，常用的共阴型号有 BS201、BS202、BS207 及 LC5011-11 等；共阳型号有 BS204、BS206 及 LA5011-11 等。

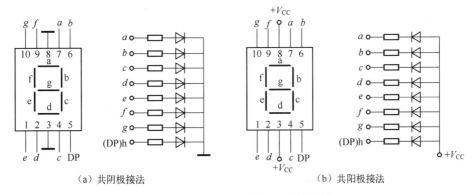

（a）共阴极接法　　　　　　　　　（b）共阳极接法

图 10.11　发光二极管显示器的结构

2. 液晶显示器

液晶显示器是用液态晶体材料制作的，这种材料在常温下既有液态的流动性，又有固态的某些光学性质。利用液晶在电场作用下产生光的散射或偏光作用原理，便可实现数字显示。

液晶显示器最大的优点是电源电压低和功耗低，电源电压为 1.5～5V，电流在 μA 量级，它是各类显示器中功耗最低的，可直接用 CMOS 集成电路驱动。同时它的制造工艺简单、体积小而薄，特别适用于小型数字仪表。液晶显示器近几年发展迅速，开始出现高清晰度、大屏幕显示的液晶器件。可以说，液晶显示器是具有广泛应用前景的显示器件。

3. 等离子体显示板

等离子体显示板是一种较大的平面显示器件，采用外加电压使气体放电发光，并借助放电点的组合形成数字图形。等离子体显示板的结构类似液晶显示器，但两平行板间的物质是惰性气体。这种显示器件工作可靠、发光亮度大，常用于大型活动场所。中国在等离子体显示板应用方面已经取得了巨大成功。

10.4.2　显示译码器

显示译码器将 BCD 码译成数码管所需的相应高、低电平信号，使数码管显示 BCD 码所表示的对应十进制数。显示译码器的种类和型号很多，现以 74LS48 和 CC4511 为例分别介绍。

74LS48 是中规模集成 BCD 码七段显示译码器，其引脚排列图和逻辑符号如图 10.12 所示。其中 A、B、C、D 是 8421BCD 码输入端，a、b、c、d、e、f、g 是七段译码器输出驱动信号，输出高电平有效，可直接驱动共阴极发光数码管。$\overline{LT}$、$\overline{RBI}$、$\overline{BI}/\overline{RBO}$ 是使能端，起辅助控制作用，从而增强 74LS48 显示译码器的功能。

74LS48 使能端的辅助控制功能如下。

（1）$\overline{BI}$ 是灭灯输入端，其优先级最高，当 $\overline{BI}=0$ 时，无论其他输入端状态如何，$a \sim g$ 均输出 0，则显示器全灭。

（2）$\overline{RBI}$ 是灭零输入端，当 $\overline{LT}=1$，且输入二进制码 0000 时，只有当 $\overline{RBI}=1$ 时，才产生 0 的七段显示码，如果此时输入 $\overline{RBI}=0$，则 $a \sim g$ 输出全为 0，显示器全灭。

（3）$\overline{RBO}$ 是灭零输出端（与灭灯输入端 $\overline{BI}$ 共用一个引脚），其输出状态受 $\overline{LT}$ 和 $\overline{RBI}$ 控制，当 $\overline{LT}=1$，$\overline{RBI}=0$，且输入二进制码 0000 时，$\overline{RBO}=0$，用于指示该芯片正处于灭零状态。

（4）$\overline{LT}$ 是试灯输入端，用于检查发光数码管的好坏，当 $\overline{LT}=0$，$\overline{BI}/\overline{RBO}=1$ 时，无论其他输入端状态如何，七段全亮，则说明发光数码管各发光段全部正常。

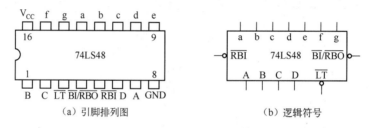

（a）引脚排列图　　　　　　　（b）逻辑符号

图 10.12　74LS48 显示译码器

74LS48 显示译码器的功能表如表 10.9 所示。

表 10.9　74LS48 显示译码器的功能表

功　能	输　入					输入/输出	输　出							显示字形
	$\overline{LT}$	$\overline{RBI}$	D	C	B	A	$\overline{BI}/\overline{RBO}$	a	b	c	d	e	f	g	
0	1	1	0	0	0	0	1	1	1	1	1	1	1	0	░
1	1	×	0	0	0	1	1	0	1	1	0	0	0	0	░
2	1	×	0	0	1	0	1	1	1	0	1	1	0	1	░
3	1	×	0	0	1	1	1	1	1	1	1	0	0	1	░
4	1	×	0	1	0	0	1	0	1	1	0	0	1	1	░
5	1	×	0	1	0	1	1	1	0	1	1	0	1	1	░
6	1	×	0	1	1	0	1	0	0	1	1	1	1	1	░
7	1	×	0	1	1	1	1	1	1	1	0	0	0	0	░
8	1	×	1	0	0	0	1	1	1	1	1	1	1	1	░
9	1	×	1	0	0	1	1	1	1	1	0	0	1	1	░
10	1	×	1	0	1	0	1	0	0	0	1	1	0	1	░
11	1	×	1	0	1	1	1	0	0	1	1	0	0	1	░
12	1	×	1	1	0	0	1	0	1	0	0	0	1	1	░
13	1	×	1	1	0	1	1	1	0	0	1	0	1	1	░
14	1	×	1	1	1	0	1	0	0	0	1	1	1	1	░
15	1	×	1	1	1	1	1	0	0	0	0	0	0	0	░

续表

功　能	输　入						输入/输出	输　出							显示字形
	$\overline{\text{LT}}$	$\overline{\text{RBI}}$	D	C	B	A	$\overline{\text{BI}}/\text{RBO}$	a	b	c	d	e	f	g	
灭灯	×	×	×	×	×	×	0	0	0	0	0	0	0	0	
灭零	1	0	0	0	0	0	0	0	0	0	0	0	0	0	
试灯	0	×	×	×	×	×	1	1	1	1	1	1	1	1	

 小问答

若 $\overline{\text{LT}}=0$，$\overline{\text{BI}}=0$，则发光数码管显示什么状态？说明为什么。

CC4511 为中规模集成 BCD 码锁存七段显示译码器，其引脚排列图和逻辑符号如图 10.13 所示，CC4511 显示译码器的功能表如表 10.10 所示，其中 A、B、C、D 是 8421BCD 码输入端，a～g 是七段显示译码器输出驱动信号，输出高电平有效，用来驱动共阴极发光数码管。$\overline{\text{LT}}$、$\overline{\text{BI}}$、LE 是使能端。

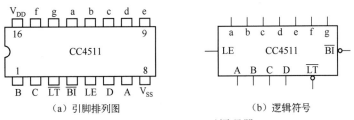

（a）引脚排列图　　　　　（b）逻辑符号
图 10.13　CC4511 显示译码器

$\overline{\text{LT}}$ 是试灯输入端，当 $\overline{\text{LT}}=0$ 时，无论其他输入端状态如何，七段全亮，说明发光数码管各发光段全部正常。

$\overline{\text{BI}}$ 是消隐输入端，$\overline{\text{BI}}=0$ 时，译码输出全为 0，使发光数码管全灭。

LE 是锁定端，LE＝1 时，显示译码器处于锁定（保持）状态；LE＝0 时，正常译码。

显示译码器还有拒伪功能，当输入码超过 1001 时，输出全为 0，发光数码管熄灭。

表 10.10　CC4511 显示译码器的功能表

输　入							输　出						
LE	$\overline{\text{BI}}$	$\overline{\text{LT}}$	D	C	B	A	a	b	c	d	e	f	g
×	×	0	×	×	×	×	1	1	1	1	1	1	1
×	0	1	×	×	×	×	0	0	0	0	0	0	0
0	1	1	0	0	0	0	1	1	1	1	1	1	0
0	1	1	0	0	0	1	0	1	1	0	0	0	0
0	1	1	0	0	1	0	1	1	0	1	1	0	1
0	1	1	0	0	1	1	1	1	1	1	0	0	1
0	1	1	0	1	0	0	0	1	1	0	0	1	1
0	1	1	0	1	0	1	1	0	1	1	0	1	1
0	1	1	0	1	1	0	1	0	1	1	1	1	1
0	1	1	0	1	1	1	1	1	1	0	0	0	0
0	1	1	1	0	0	0	1	1	1	1	1	1	1

续表

输　入							输　出						
LE	$\overline{BI}$	$\overline{LT}$	D	C	B	A	a	b	c	d	e	f	g
0	1	1	1	0	0	1	1	1	1	0	0	1	1
0	1	1	1	0	1	0	0	0	0	0	0	0	0
0	1	1	1	0	1	1	0	0	0	0	0	0	0
1	0	0	1	1	0	0	0	0	0	0	0	0	0
0	1	1	1	1	0	1	0	0	0	0	0	0	0
0	1	1	1	1	1	0	0	0	0	0	0	0	0
0	1	1	1	1	1	1	0	0	0	0	0	0	0
1	1	1	×	×	×	×	保　持						

 自我测试 24

1. (单选题) 七段发光数码管 BS202 是 (　　)。
A. 共阳极 LED 管　　B. 共阴极 LED 管　　C. 共阳极 LCD 管　　D. 共阴极 LCD 管
2. (判断题) 输出高电平有效的显示译码器 (如 74LS48) 配接共阴极接法的发光数码管。(　　)
A. 正确　　　　　　　　　　　　B. 错误

3. (判断题) 共阴极发光数码管需要选用输出为高电平有效的译码器来驱动。(　　)
A. 正确　　　　　　　　　　　　B. 错误
4. (判断题) 液晶显示器的优点是功耗极小、工作电压低。(　　)
A. 正确　　　　　　　　　　　　B. 错误
5. (判断题) 液晶显示器可以在完全黑暗的工作环境中使用。(　　)
A. 正确　　　　　　　　　　　　B. 错误

自我测试 24

6. (判断题) 半导体发光数码管的工作电流大，约为 10mA 左右，因此需要考虑电流驱动能力问题。(　　)
A. 正确　　　　　　　　　　　　B. 错误

10.5 【知识链接】　加法器

加法器是实现二进制加法运算的逻辑器件，是计算机系统中最基本的运算器，计算机进行的各种算术运算 (如加、减、乘、除) 都要转化为加法运算。加法器又分为半加器和全加器。

10.5.1　半加器

半加器的电路结构如图 10.14 (a) 所示，其逻辑符号如图 10.14 (b) 所示，图中 A、B 为两个 1 位二进制数的输入端，SO、CO 是两个输出端。

半加器的真值表如表 10.11 所示。从该真值表中可以看出，SO 是两个数相加后的本位和数输出端，CO 是向高位的进位输出端，电路能完成两个 1 位二进制数的加法运算。这种不考虑来自低位，只考虑本位的两个数相加的加法运算，称为半加，能实现半加运算的电路称为半加器。

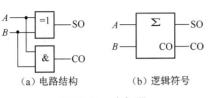
（a）电路结构　　　　（b）逻辑符号
图 10.14　半加器

表 10.11　半加器的真值表

输	入	输	出
A	**B**	**SO**	**CO**
0	0	0	0
0	1	1	0
1	0	1	0
1	1	0	1

10.5.2　全加器

两个 1 位二进制数 A 和 B 相加时，若还要考虑从低位来的进位，则称为全加，完成全加功能的电路称为全加器。全加器的电路结构如图 10.15（a）所示，其逻辑符号如图 10.15（b）所示，图中，A、B 是两个 1 位二进制加数的输入端，CI 是低位来的进位输入端，SO 是本位和数输出端，CO 是向高位的进位输出端。

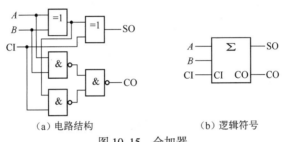
（a）电路结构　　　　　　（b）逻辑符号
图 10.15　全加器

图 10.16 所示为 74LS183 全加器的引脚排列图，它内部集成了两个 1 位全加器，其中 A、B、CI 为输入端，SO、CO 为输出端。

全加器的真值表如表 10.12 所示。从该表中可以看出，SO 是两个数相加后的本位和数输出端，CO 是向高位的进位输出端。该电路能完成两个 1 位二进制数及低位来的进位的加法运算。

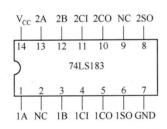
图 10.16　74LS183 全加器的引脚排列图

表 10.12　全加器的真值表

输		入	输	出
A	**B**	**CI**	**SO**	**CO**
0	0	0	0	0
0	0	1	1	0
0	1	0	1	0
0	1	1	0	1
1	0	0	1	0
1	0	1	0	1
1	1	0	0	1
1	1	1	1	1

10.5.3　多位加法器

1 个全加器只能实现 1 位二进制数的加法运算，如果把 N 个全加器组合起来，就能实现 N 位二进制数的加法运算。实现多位二进制数相加运算的电路称为多位加法器。在构成多位加法器电路时，按进位方式不同，分为串行进位加法器和超前进位加法器两种。

1. 串行进位加法器

把 N 位全加器串联起来，即依次将低位全加器的进位输出端 CO 接到相邻高位全加器的进位输入端 CI，就构成了 N 位串行进位加法器。用 4 个全加器构成的 4 位串行进位加法器电路如图 10.17 所示。

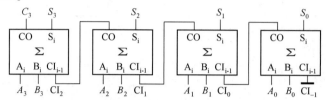

图 10.17　4 位串行进位加法器电路

串行进位加法器电路比较简单，但它的运算速度不高。因为最高位的运算一定要等到所有低位的运算完成，并将进位送到后才能进行。为了提高运算速度，可以采用超前进位加法器。

2. 超前进位加法器

超前进位加法器在进行加法运算的同时，利用快速进位电路把各位的进位算出来，从而加快运算速度。中规模集成电路 TTL 加法器 74LS283 和 CMOS 加法器 4008 就是具有这种功能的超前进位加法器，这种组件结构复杂，引脚排列图如图 10.18 所示。

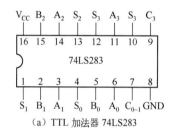
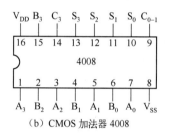

　（a）TTL 加法器 74LS283　　　　　（b）CMOS 加法器 4008

图 10.18　引脚排列图

3. 加法器的级联

一片 74LS283 只能完成 4 位二进制数的加法运算，如果要进行更多位数的计算，可以把若干片 74LS283 级联起来，构成更多位数的加法器电路。例如，用两片 74LS283 构成的 8 位加法器的电路如图 10.19 所示，其中 74LS283(1) 是低位片，完成 $A_3 \sim A_0$ 与 $B_3 \sim B_0$ 低 4 位数的加法运算，74LS283(2) 是高位片，完成 $A_7 \sim A_4$ 与 $B_7 \sim B_4$ 高 4 位数的加法运算，把低位片的进位端 CI 接地，低位片的进位输出端 CO 接高位片的进位输入端 CI 即可。

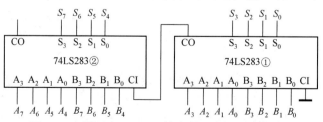

图 10.19　用两片 74LS283 构成的 8 位加法器的电路

10.6　【知识链接】　寄存器

　　寄存器是数字电路中的一个重要数字部件，具有接收、存放及传送数码的功能。寄存器属于计算机技术中存储器的范畴，但与存储器相比，又有些不同。存储器一般用于存储运算结果，存储时间长，容量大，而寄存器一般只用来暂存中间运算结果，存储时间短，存储容量小，一般只有几位。

　　移位寄存器除具有存储代码的功能之外，还具有移位功能，即寄存器存储的代码能在移位脉冲的作用下依次左移或右移。因此，移位寄存器不仅可以用来寄存代码，还可以用来实现数据的串行-并行转换、数值的运算及数据处理等。

　　CC40194 或 74LS194 为 4 位双向通用移位寄存器，CC40194 引脚排列图如图 10.20 所示。其中 D_0、D_1、D_2、D_3 为并行输入端；Q_0、Q_1、Q_2、Q_3 为并行输出端；D_{SR} 为右移串行输入端；D_{SL} 为左移串行输入端；M_1、M_0 为操作模式控制端；$\overline{C_R}$ 为直接无条件清零端；CP 为时钟脉冲输入端。

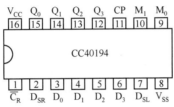

图 10.20　CC40194 引脚排列图

　　CC40194 有 5 种不同的操作模式：并行送数寄存、右移（方向由 $Q_0 \rightarrow Q_3$）、左移（方向由 $Q_3 \rightarrow Q_0$）、保持及清零。CC40194 移位寄存器的功能表如表 10.13 所示。

表 10.13　CC40194 移位寄存器功能表

	输　　入										输　　出			
	$\overline{C_R}$	M_1	M_0	CP	D_{SL}	D_{SR}	D_0	D_1	D_2	D_3	Q_0	Q_1	Q_2	Q_3
清零	0	×	×	×	×	×	×	×	×	×	0	0	0	0
保持	1	×	×	0	×	×	×	×	×	×	Q_0	Q_1	Q_2	Q_3
	1	0	0	×							Q_0	Q_1	Q_2	Q_3
并行送数寄存	1	1	1	↑	×	×	d_0	d_1	d_2	d_3	d_0	d_1	d_2	d_3
右移	1	0	1	↑	×	0	×	×	×	×	0	Q_0	Q_1	Q_2
	1	0	1	↑	×	1	×	×	×	×	1	Q_0	Q_1	Q_2
左移	1	1	0	↑	0	×	×	×	×	×	Q_1	Q_2	Q_3	0
	1	1	0	↑	1	×	×	×	×	×	Q_1	Q_2	Q_3	1

小　　结

1. 编码器、译码器、显示译码器、加法器等是常用的中规模集成逻辑部件。
2. 编码器将输入的电平信号编成二进制代码，而译码器的功能和编译器正好相反，将输入的二进制代码译成相应的电平信号。

3. 显示译码器按输出电平高低可分为高电平有效和低电平有效两种。输出低电平有效的显示译码器（如 74LS47、74LS247）配接共阳极发光数码管；输出高电平有效的显示译码器（如 74LS48、74LS248、CC4511 等）配接共阴极发光数码管。

4. 不考虑来自低位，只考虑本位的两个数相加的加法运算，称为半加；考虑从低位来的进位的加法，则称为全加。串行进位加法器电路比较简单，但它的运算速度不高；采用超前进位加法器可提高运算速度。

习　题　10

一、填空题

10.1　一个班级有 78 位学生，现采用二进制编码器对每位学生进行编码，则编码器至少输出 ＿＿＿＿＿＿ 位二进制数才能满足要求。

10.2　欲使 74LS138 译码器完成数据分配器的功能，其使能端 $\overline{S}_B$ 接输入数据 D，而 S_A 应接 ＿＿＿＿＿＿，$\overline{S}_C$ 应接 ＿＿＿＿＿＿。

10.3　共阴极发光数码管应与输出 ＿＿＿＿＿＿ 电平有效的译码器匹配，而共阳极发光数码管应与输出 ＿＿＿＿＿＿ 电平有效的译码器匹配。

二、判断题 （正确的打√，错误的打×）

10.4　组合逻辑电路的输出只取决于输入信号的现态。（　　　）

10.5　共阴极结构的显示器需要低电平驱动才能显示。（　　　）

三、选择题

10.6　下列各型号中属于优先编码器的是（　　　）。

A. 74LS85　　　　　　　　　　　　　B. 74LS138

C. 74LS148　　　　　　　　　　　　　D. 74LS48

10.7　当 74LS148 的输入端 $\overline{I}_0 \sim \overline{I}_7$ 按顺序输入 11011101 时，输出 $\overline{Y}_2 \sim \overline{Y}_0$ 为（　　　）。

A. 101　　　　　　　　　　　　　　　B. 010

C. 001　　　　　　　　　　　　　　　D. 110

四、分析题

10.8　将下列二进制数转换成十进制数。

（1）$(1011)_2$　　　　　（2）$(1010010)_2$　　　　　（3）$(11101)_2$

10.9　将下列十进制数转换成二进制数。

（1）$(25)_{10}$　　　　　（2）$(100)_{10}$　　　　　（3）$(1025)_{10}$

10.10　请给出下列十进制数的 8421BCD 码。

（1）$(27)_{10}$　　　　　（2）$(138)_{10}$　　　　　（3）$(5209)_{10}$

10.11　请给出下列 8421BCD 码对应的十进制数。

（1）$(10010010100001100100)_{8421BCD}$

（2）$(10000111.0011)_{8421BCD}$

10.12　试用 74LS138 实现函数 $F(A,B,C) = \sum m(0,2,4,6,7)$。

10.13　某车间有黄、红两个故障指示灯，用来监测三台设备的工作情况。只有一台设备有故障时，黄灯亮；有两台设备同时产生故障时，红灯亮；三台设备都产生故障时，红灯和黄灯都亮。试用译码器设计一个设备运行故障监测报警电路。

10.14　试用 3 线–8 线译码器 74LS138 和适当的门电路实现 1 位二进制全加器。

10.15　图 10.21 所示为 74LS138 译码器和与非门组成的电路。试写出输出函数 F_0 和 F_1 的最简与或表达式。

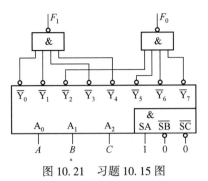

图 10.21　习题 10.15 图

项目 11　故障监测报警电路的制作

■ 能力目标

(1) 能借助资料读懂常用中规模集成电路产品的型号，明确各引脚功能。

(2) 能完成电动机运行故障监测报警电路的制作。

(3) 会用中规模集成电路设计组合逻辑电路。

■ 知识目标

了解数据选择器、数据分配器等中规模集成电路的逻辑功能和主要用途；熟悉数据选择器、数据分配器的基本应用；初步掌握用中规模集成电路设计组合逻辑电路的方法；了解大规模集成组合逻辑电路的结构和工作原理。

■ 素质目标

(1) 培养严谨治学、安全规范等职业素养。

(2) 培养工作责任心与职业道德。

【任务工单】

工作任务	故障监测报警电路的制作				
姓名		班级		学号	日期

🎒 学习情景

　　某车间有 3 台电动机，要求设计一个故障监测报警电路对 3 台电动机的工作状态进行监测。使用发光二极管显示监测结果：①绿色发光二极管亮，表示 3 台电动机都正常工作；②黄色发光二极管亮，表示有 1 台电动机出现故障；③红色发光二极管亮，表示有 2 台及以上电动机出现故障。请你完成电动机故障监测报警电路的设计、制作与调试。

📋 学习目标

1. 增强专业意识，培养良好的职业道德和职业习惯。

2. 能借助资料读懂集成电路的型号，明确各引脚功能。

3. 了解数字集成电路的设计方法。

4. 掌握故障监测报警电路的制作方法。

🗂 任务要求

1. 各小组制订工作计划。

2. 识别故障监测报警电路原理图，明确元器件连接和电路连线。

3. 画出故障监测报警电路的装配图。

4. 完成故障监测报警电路所需元器件的购买与检测。

5. 根据装配图制作故障监测报警电路。

6. 完成故障监测报警电路的功能验证和故障排除。

7. 通过小组讨论完成电路的详细分析并撰写任务工单。

任务分组

班级		组号		分工
组长		学号		
组员		学号		
组员		学号		

获取信息

认真阅读任务要求，理解工作任务内容，明确工作任务的目标，为顺利完成工作任务，回答引导问题，做好充分的知识准备、技能准备和元器件等耗材的准备，同时拟订任务实施计划。

电路说明：假设 3 台电动机的工作状态分别用逻辑变量 A、B、C 表示，$A=1$ 表示第 1 台电动机工作正常，$A=0$ 表示第 1 台电动机出现故障；$B=1$ 表示第 2 台电动机工作正常，$B=0$ 表示第 2 台电动机出现故障；$C=1$ 表示第 3 台电动机工作正常，$C=0$ 表示第 3 台电动机出现故障。本电路有 3 个输出，分别为 L_1——绿色发光二极管状态；L_2——黄色发光二极管状态；L_3——红色发光二极管状态。

故障监测报警电路参考原理图如图 11.1 所示。

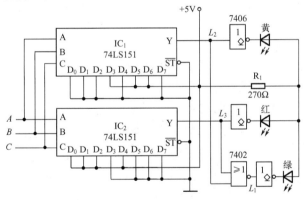

图 11.1　故障监测报警电路参考原理图

引导问题

1. 根据设计要求，列出故障监测报警电路的真值表。

2. 根据真值表，列出故障监测报警电路的逻辑表达式。

3. 74LS151 数据选择器的地址信号输入端为 "A" "B" "C"，哪个是高位地址输入端？

4. 一块 7406 芯片集成了多少个非门？

5. 根据 74LS151 数据选择器的逻辑符号，如何明确使能输入端的有效电平？

6. 简述电阻 R_1 的作用及其参数设计的依据。

📋 工作计划

工序步骤安排

序号	工作内容	计划用时	备注

进行决策

1. 各小组派代表阐述设计方案、芯片选型方案、元器件参数。

2. 各小组对其他小组的设计方案提出自己的看法。

3. 教师对大家完成的方案进行点评，选出最佳方案。

工作实施

1. 确定元器件需求。根据电路设计方案、芯片选型方案、元器件参数，填写元器件需求明细表。

元器件需求明细表

代号	名称	规格型号	数量

2. 元器件识别与检测。

根据元器件清单核对元器件，检测所有元器件有无损伤、变形，封装、型号、参数是否符合要求。

3. 安装与功能验证。

（1）根据故障监测报警电路的逻辑电路图，画出装配图。

（2）根据安装布线图完成电路的安装。

（3）验证故障监测报警电路的逻辑功能（与表 11.1 比较）。

表 11.1　故障监测报警电路的真值表

输　入			输　出		
C	B	A	L_1（绿灯）	L_2（黄灯）	L_3（红灯）
0	0	0	0	0	1
0	0	1	0	0	1
0	1	0	0	0	1
0	1	1	0	1	0
1	0	0	0	0	1
1	0	1	0	1	0
1	1	0	0	1	0
1	1	1	1	0	0

> **课堂讨论**
>
> 1. 使用万用表测量 74LS151 数据选择器输出高、低电平时的电压，对比 74LS151 数据手册，判断是否在允许的范围内。
> 2. 本电路中的 7406 能否替换为 74LS04？
> 3. 请核算本电路硬件成本，并思考是否可以使用与非门代替 74LS151 数据选择器。
>
> **课程思政**
>
> 电路制作完后，你认为你应具备怎样的职业素养？
>
> **评价反馈**
>
> 评分表（与项目 1 任务工单的评分表一样）。

11.1 【知识链接】　数据选择器与数据分配器

在数字系统尤其是计算机数字系统中，为了减少传输线，经常采用总线技术，即在同一条线上对多路数据进行接收与传送。用来实现这种逻辑功能的数字电路需要使用数据选择器和数据分配器，如图 11.2 所示。数据选择器和数据分配器的作用相当于单刀多掷开关。数据选择器是多输入、单输出；数据分配器是单输入、多输出。

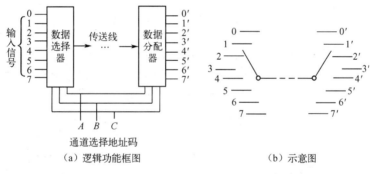

（a）逻辑功能框图　　　　　　　　　　　　（b）示意图

图 11.2　在同一条线上接收与传送 8 路数据

11.1.1　数据选择器

数据选择器有 2^n 根输入线，n 根选择控制线和一根输出线。根据 n 个选择变量的不同代码组合，在 2^n 个不同输入中选一个送到输出。常用的数据选择器有 4 选 1、8 选 1、16 选 1 等多种类型。

图 11.3 所示为集成 8 选 1 数据选择器 74LS151 的引脚排列图和逻辑符号。

图中，$D_0 \sim D_7$ 是 8 个数据输入端，$A_2 \sim A_0$ 是地址信号输入端，Y 和 $\overline{Y}$ 是互补输出端。输出信号选择输入信号中的哪一路，由地址信号决定。例如，当地址信号 $A_2 A_1 A_0 = 000$ 时，$Y = D_0$；若 $A_2 A_1 A_0 = 101$，则 $Y = D_5$。$\overline{ST}$ 为使能端，低电平有效，即当 $\overline{ST} = 0$ 时，数据选择器工作；当 $\overline{ST} = 1$ 时，数据选择器不工作。表 11.2 所示为 74LS151 的真值表。

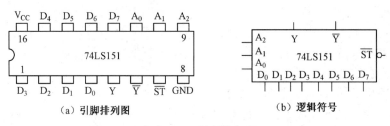

（a）引脚排列图   （b）逻辑符号

图 11.3   集成 8 选 1 数据选择器 74LS151

表 11.2   74LS151 的真值表

输　　入				输　　出	
$\overline{ST}$	A_2	A_1	A_0	Y	$\overline{Y}$
1	×	×	×	0	1
0	0	0	0	D_0	$\overline{D_0}$
0	0	0	1	D_1	$\overline{D_1}$
0	0	1	0	D_2	$\overline{D_2}$
0	0	1	1	D_3	$\overline{D_3}$
0	1	0	0	D_4	$\overline{D_4}$
0	1	0	1	D_5	$\overline{D_5}$
0	1	1	0	D_6	$\overline{D_6}$
0	1	1	1	D_7	$\overline{D_7}$

8 选 1 数据选择器工作时的输出逻辑函数 Y 为

$$Y=\overline{A_2}\,\overline{A_1}\,\overline{A_0}D_0+\overline{A_2}\,\overline{A_1}A_0D_1+\overline{A_2}A_1\overline{A_0}D_2+\overline{A_2}A_1A_0D_3+A_2\overline{A_1}\,\overline{A_0}D_4$$
$$+A_2\overline{A_1}A_0D_5+A_2A_1\overline{A_0}D_6+A_2A_1A_0D_7$$

数据选择器是开发性较强的中规模集成电路，用数据选择器可实现任意组合逻辑函数。一个逻辑函数可以用门电路来实现，当电路设计并连线完成后，就再也不能改变其逻辑功能了，这就是硬件电路的唯一性。用数据选择器实现逻辑函数，只要将数据输入端的信号变化一下即可改变其逻辑功能。对于 n 变量的逻辑函数，可以选用 2^n 选 1 的数据选择器来实现。

例 11.1   用 8 选 1 数据选择器 74LS151 实现逻辑函数 $Y=AB+BC+AC$。

解：（1）将逻辑函数转换成最小项表达式：

$$Y =AB+BC+AC$$
$$=\overline{A}BC+A\overline{B}C+AB\overline{C}+ABC$$
$$=\sum m(3,5,6,7)$$

（2）按照最小项的编号，将数据选择器的相应输入端接高电平，其余输入端接低电平。若将 74LS151 的输入端 D_3、D_5、D_6、D_7 接高电平 1，将 D_0、D_1、D_2、D_4 接地，则在 Y 输出端就可得到这个函数的值，如图 11.4 所示。

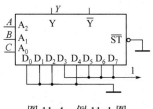

图 11.4   例 11.1 图

    小问答

当逻辑函数的变量个数多于地址码的个数时，如何用数据选择器实现逻辑函数？

11.1.2　数据分配器

数据分配是数据选择的逆过程。数据分配器有 1 根输入线，n 根选择控制线和 2^n 根输出线。根据 n 个选择变量的不同代码组合来选择输入数据从哪个输出通道输出。

在集成电路系列器件中并没有专门的数据分配器，一般说来，凡具有使能控制端输入的译码器，都能作为数据分配器使用。只要将译码器使能控制输入端作为数据输入端，将二进制代码输入端作为地址控制端即可。

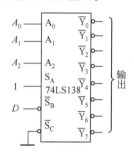

图 11.5 所示为由 3 线-8 线译码器 74LS138 构成的 8 路数据分配器。图中，$\overline{S}_B$ 作为数据输入端，$A_2 \sim A_0$ 为地址信号输入端，$\overline{Y}_0 \sim \overline{Y}_7$ 为数据输出端。

图 11.5　由 3 线-8 线译码器 74LS138 构成的 8 路数据分配器

例 11.2　在许多通信应用中，通信线路是成本较高的资源，为了有效利用线路资源，经常采用分时复用线路的方法。多个发送设备（如 X_0、X_1、X_2、…）与多个接收设备（如 Y_0、Y_1、Y_2、…）间只使用一条线路连接，如图 11.6 所示。

当发送设备 X_2 需要向接收设备 Y_5 发送数据时，发送设备选择电路输出"010"，数据选择器将 X_2 的输出接到线路上；而接收设备选择电路输出"101"，数据分配器将线路上的数据分配到接收设备 Y_5 的接收端，从而实现信息传送。这种方法称为分时复用技术。

当然，在 X_2 向 Y_5 传送数据时其他设备不能传送数据，打电话时听到的"占线"或"线路繁忙"提示音就是这种情况。

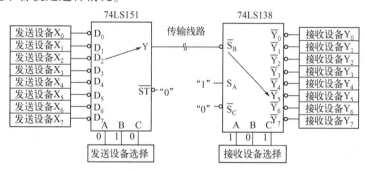

图 11.6　传输线路的分时复用

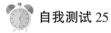
自我测试 25

自我测试 25

1.（单选题）一个 8 选 1 数据选择器的数据输入端有（　　）个。

A. 1　　　　　　　　B. 2　　　　　　　　C. 3　　　　　　　　D. 8

2.（单选题）数据选择器为（　　）的组合逻辑电路。

A. 多输入、多输出　　　　　　　　　B. 单输入、多输出

C. 多输入、单输出

3. (判断题) 74LS151 数据选择器的使能端 $\overline{ST}$ 等于 1 时，数据选择器能工作。(　　)

A. 正确　　　　　　　　　　　　　　B. 错误

4. (判断题) 数据分配是数据选择的逆过程。(　　)

A. 正确　　　　　　　　　　　　　　B. 错误

11.2 【知识拓展】 存储器

在数字电路系统中，需要存储和记忆大量信息，这都离不开大规模集成电路。在此仅介绍属于大规模集成组合逻辑电路的只读存储器（Read-Only Memory，ROM）和可编程逻辑阵列（Programmable Logic Array，PLA）。

11.2.1 存储器的分类

存储器是用于存储一系列二进制数的大规模集成器件，存储器的种类很多，按功能分类如下。

1. 随机存取存储器（Random Access Memory，RAM）

随机存取存储器也叫读/写存储器，它既能方便地读出所存数据，又能随时写入新的数据。RAM 的缺点是数据的易失性，即一旦掉电，所存的数据就全部丢失。

2. ROM

ROM 的内容一般是固定不变的，它预先将信息写入存储器，在正常工作状态下只能读出数据，不能写入数据。ROM 的优点是电路结构简单，而且在断电以后数据不会丢失，常用来存放固定的资料及程序。

11.2.2 ROM 的结构原理

根据逻辑电路的特点，ROM 属于组合逻辑电路，即给一组输入信息（地址），存储器相应地给出一种输出信息（存储的字），故要实现这种功能，可以采用一些简单的逻辑门。ROM 按存储内容存入方式的不同可分为掩膜 ROM、可编程 ROM（PROM）和可改写 ROM（EPROM、EEPROM、Flash Memory）等。

1. 掩膜 ROM

掩膜 ROM 又称固定 ROM，这种 ROM 在制造时，生产厂家利用掩膜技术把信息写入存储器。按使用的器件可分为二极管掩膜 ROM、双极型三极管掩膜 ROM 和 MOSFET 掩膜 ROM 三种类型，在这里主要介绍二极管掩膜 ROM。图 11.7 所示为 4×4 二极管掩膜 ROM，它由地址译码器、存储矩阵和输出电路 3 部分组成，图中 4 条横线称为字线，每条字线可存放一个 4 位二进制数码（信息），又称一个字，故 4 条字线可存放 4 个字。4 条纵线代表每个字的位，称为位线，4 条位线即表示 4 位，作为字的输出。字线与位线相交处为一位二进制数的存储单元，相交处有二极管者存 1，无二极管者存 0。

例如，当输入地址码 $A_1A_0 = 10$ 时，字线 $W_2 = 1$，其余字线为 0，字线 W_2 上的高电平通过接有二极管的位线使 D_0、D_3 为 1，其他位线与字线 W_2 相交处没有二极管，所以输出 $D_3D_2D_1D_0 = 1001$，根据如图 11.7 （a）所示的二极管存储矩阵，可列出对应的真值表如表 11.3 所示，所以这种 ROM 的存储矩阵可采用如图 11.7 （b）所示的简化画法。有二极管的交叉点画实心点，无二极管的交叉点不画。

显然，ROM 并不能记忆前一时刻的输入信息，因此只是用门电路来实现组合逻辑关系。

实际上，如图 11.7 （a）所示的二极管存储矩阵和电阻 R 组成了 4 个二极管或门，以 D_2 为例，其二极管或门电路如图 11.7 （c）所示，$D_2 = W_0 + W_1$，属于组合逻辑电路。用于存储矩阵的或门阵列，也可由双极型三极管或 MOSFET 构成，这里不再赘述，其工作原理与二极管掩膜 ROM 相同。

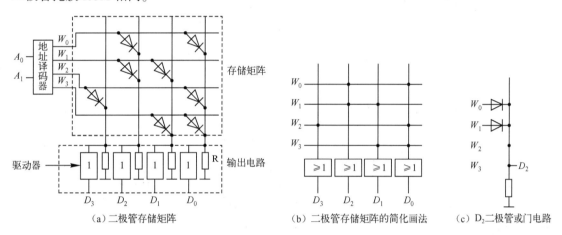

（a）二极管存储矩阵　　　　（b）二极管存储矩阵的简化画法　　　（c）D_2二极管或门电路

图 11.7　4×4 二极管掩膜 ROM

ROM 中地址译码器形成了输入变量的最小项，实现了逻辑变量的与运算，其代表的地址取决于与阵列竖线上的黑点位置的数据组合；而 ROM 中的存储矩阵实现了最小项的或运算，因而 ROM 可以用来产生组合逻辑函数。结合表 11.3 可以看出，若把 ROM 的地址端作为逻辑变量的输入端，把 ROM 的位输出端作为逻辑函数的输出端，列出逻辑表达式的真值表或最小项表达式，将 ROM 的地址和数据端进行变量代换，画出 ROM 的阵列图，定制相应的 ROM，就用 ROM 实现了组合逻辑函数。图 11.7 （b）的与门阵列（地址译码器）输出表达式为

$$W_0 = \overline{A_1}\,\overline{A_0}, \quad W_1 = \overline{A_1}A_0, \quad W_2 = A_1\overline{A_0}, \quad W_3 = A_1A_0$$

或门阵列输出表达式为

$$D_0 = W_0 + W_2 + W_3, \quad D_1 = W_1 + W_3, \quad D_2 = W_0 + W_1, \quad D_3 = W_2$$

表 11.3　二极管存储矩阵的真值表

地　　　址		数　　　据			
A_1	A_0	D_3	D_2	D_1	D_0
0	0	0	1	0	1
0	1	0	1	1	0
1	0	1	0	0	1
1	1	0	0	1	1

2. PROM

掩膜 ROM 在出厂前已经写好了内容，使用时只能根据需要选用某一电路，限制了用户的灵活性。PROM 在封装出厂前，存储单元中的内容全为 1（或全为 0），用户在使用时可以根据需要将某些单元的内容改为 0（或改为 1），此过程称为编程。图 11.8 所示为 PROM 的可编程存储单元，图中的二极管位于字线与位线之间，二极管前端串有熔断丝，在编程前，存储矩阵中的全部存储单元的熔断丝都是连通的，即每个单元存储的都是 1；用户使用时，只需按自己的需要，借助一定的编程工具，将某些存储单元上的熔断丝用大电流烧断，该存储单元的内容就变为 0。熔断丝烧断后不能再接上，故 PROM 只能进行一次编程。

PROM 是由固定的与阵列和可编程的或阵列组成的，如图 11.9 所示。与阵列为全译码方式，当输入为 $I_1 \sim I_n$ 时，与阵列的输出为 n 个输入变量可能组合的全部最小项，即 2^n 个最小项。或阵列是可编程的，如果 PROM 有 m 个输出，则包含 m 个可编程的或门，每个或门有 2^n 个输入可供选用，由用户编程来选定。所以在 PROM 的输出端，输出表达式是最小项之和的标准与或式。

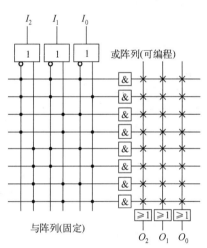

图 11.8　PROM 的可编程存储单元　　　　图 11.9　PROM 结构图

3. 光可擦除可编程 ROM（EPROM）

EPROM 是另一种广泛使用的存储器。PROM 虽然可以编程，但只能编程一次，而 EPROM 克服了 PROM 的缺点，可以根据用户要求写入信息，从而长期使用。当不需要原有信息时，也可以擦除后重写。若要擦去所写入的内容，可用 EPROM 擦除器产生的强紫外线，对 EPROM 照射 20 分钟左右，使全部存储单元恢复"1"，以便用户重新编写。EPROM 主要是在计算机电路中作为程序存储器使用，在数字电路中，可以用来实现码制转换、字符发生器、波形发生器电路等。

4. 电可擦除可编程 ROM（EEPROM）

EEPROM 是近年来被广泛使用的一种 ROM，被称为电可擦除可编程只读存储器，有时也写作 E²PROM。其主要特点是能在应用系统中进行在线改写，并能在断电的情况下保存数据而不需要保护电源。特别是最近出现的+5V EEPROM，通常不需要单独的擦除操作，可在写入过程中自动擦除，使用非常方便。

5. 闪速存储器（Flash Memory）

Flash Memory 又称快速擦写存储器或快闪存储器，由 Intel 公司首先发明，是近年来较为流行的一种新型半导体存储器。它在断电的情况下可以保留信息，在不加电的情况下，信息可以保存 10 年，可以进行在线擦除和改写。Flash Memory 是在 EEPROM 基础上发展起来的，属于 EEPROM 类型，其编程方法和 EEPROM 类似，但 Flash Memory 不能按字节擦除。Flash Memory 既具有 ROM 非易失性的优点，又具有存取速度快、可读可写、集成度高、价格低、耗电少的优点，目前已被广泛使用。

无论是 ROM、PROM、EPROM 还是 EEPROM，其功能均是进行"读"操作。

11.2.3　PLA

PLA 的典型结构是由与门组成的阵列确定哪些变量相乘（与）及由或门组成的阵列确定哪些乘积项相加（或）。究竟哪些变量相乘？哪些变量相加？完全可由使用者来设计决定，把这样的与、或阵列称为 PLA。

从前面 ROM 的讨论中可知，与阵列是全译码方式，其输出产生 n 个输入的全部最小项。对大多数逻辑函数而言，并不需要使用输入变量的全部乘积项，有许多乘积项是没用的，尤其是当函数包含较多的约束项时，许多乘积项是不可能出现的，由于不能充分利用 ROM 的与阵列，从而会造成硬件的浪费。

PLA 是处理逻辑函数的一种更有效的方法，其结构与 ROM 类似，但它的与阵列是可编程的，且不是全译码方式而是部分译码方式，只产生函数所需的乘积项。或阵列也是可编程的，它选择所需的乘积项来完成或功能。在 PLA 的输出端产生的逻辑函数是简化的与或表达式。图 11.10 所示为 PLA 结构，图中"×"表示可编程连接。

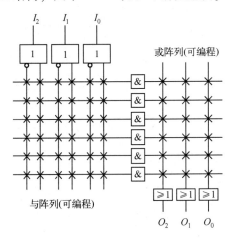

图 11.10　PLA 结构

PLA 规模比 ROM 小，工作速度快，当输出函数包含较多的公共项时，使用 PLA 更节省硬件。目前 PLA 的集成化产品越来越多，用途也非常广泛，和 ROM 一样，有固定不可编程的、可编程的和可改写的三种。

小　结

1. 数据选择器是在地址码的控制下，在同一时间内从多路输入信号中选择相应的一路信号输出。因此，数据选择器为多输入、单输出的组合逻辑电路，在输入数据都为 1 时，它的输出表达式为地址变量的全部最小项之和，适用于实现单输出组合逻辑函数。

2. 用中规模集成电路芯片设计组合逻辑电路已越来越普遍。通常用数据选择器设计多输入、单输出的逻辑函数，用数据分配器设计单输入、多输出的逻辑函数；用二进制译码器设计多输入、多输出的逻辑函数。

习　题　11

11.1　选择合适的数据选择器来实现下列组合逻辑函数。

（1）$Y=\overline{A}B\overline{C}+AB+C$

（2）$Y=\sum m(1,3,5,7)$

（3）$Y=\sum m(0,2,3,4,8,9,10,13,14)$

（4）$Y=ABC+ABC\overline{D}$

11.2　某车间有黄、红两个故障指示灯，用来监测三台设备的工作情况。只有一台设备有故障时，黄灯亮；有两台设备同时产生故障时，红灯亮；三台设备都产生故障时，红灯和黄灯都亮。试用数据选择器设计一个设备运行故障监测报警电路，并与习题 9.4 及习题 10.13 比较，总结用三种方案设计此逻辑电路的体会。

11.3　你认为用门电路实现逻辑函数方便还是用数据选择器实现逻辑函数方便？

11.4　试写出如图 11.11 （a）、（b）所示电路的输出 Z 的逻辑表达式。

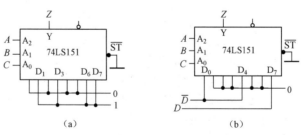

图 11.11　习题 11.4 图

11.5　简述 ROM 的主要组成部分及其作用。

11.6　试分别用 ROM、PLA 设计一个全加器电路，并画出阵列图。

11.7　简述 PLA 的主要结构和特点。

项目 12　由触发器构成的改进型抢答器的制作

■ **能力目标**

(1) 能借助资料读懂常用集成触发器产品的型号，明确各引脚功能。

(2) 能完成触发器构成的改进型抢答器的制作。

(3) 会正确选用集成触发器产品及进行相互转换。

■ **知识目标**

了解基本触发器的电路组成，理解触发器的记忆功能；熟悉基本 RS 触发器、同步型 RS 触发器、边沿型 D 触发器和边沿型 JK 触发器等的触发方式及逻辑功能；掌握常用集成触发器的正确使用及相互转换。

由触发器构成的改进型抢答器实物如图 12.1 所示。

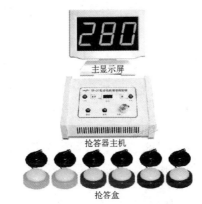

图 12.1　由触发器构成的改进型抢答器实物

■ **素质目标**

(1) 培养创新意识，提升电子产品创新的专业能力。

(2) 培养团队组织沟通、工作协调能力。

【任务工单】

工作任务	由触发器构成的改进型抢答器的制作			
姓名	班级	学号	日期	

🖥 **学习情景**

前面我们设计过一款基于集成门电路的简单抢答器。由门电路构成的抢答器线路复杂，不便于扩展抢答线路，特别是当抢答路数增多时，实现起来更加困难，而且随着门电路的增加，还将因门电路竞争、冒险等现象引起电路可靠性降低。通过学习集成 D 触发器的工作原理、逻辑功能，请你设计一款基于集成 D 触发器的改进型抢答器。

学习目标

1. 熟悉集成触发器芯片的逻辑功能。
2. 熟悉由集成触发器构成的改进型抢答器的工作特点。
3. 掌握集成触发器芯片的正确使用。

任务要求

1. 各小组制订工作计划。
2. 识别改进型抢答器电路原理图，正确识别元器件和电路连线。
3. 画出装配图。
4. 完成电路所需元器件的购买与检测。
5. 根据装配图制作改进型抢答器电路。
6. 完成改进型抢答器电路功能检测和故障排除。
7. 通过小组讨论完成电路的详细分析并撰写任务工单。

任务分组

班级		组号		分工
组长		学号		
组员		学号		
组员		学号		

获取信息

认真阅读任务要求，理解工作任务内容，明确工作任务的目标，为顺利完成工作任务，回答引导问题，做好充分的知识准备、技能准备和元器件等耗材的准备，同时拟订任务实施计划。

1. 逻辑要求。在由集成触发器构成的改进型抢答器中，S_1、S_2、S_3、S_4 为 4 路抢答操作开关。任何人先将某一开关按下，则与其对应的发光二极管（指示灯）被点亮，表示此人抢答成功；而紧随其后的其他开关再被按下均无效，发光二极管仍保持第一个开关按下时所对应的状态不变。S_5 为由主持人控制的复位操作开关，当 S_5 被按下时，抢答器电路清零，松开后则允许抢答。

2. 电路组成。电路原理图如图 12.2 所示，该电路由集成触发器 74LS175、双 4 输入与非门 74LS20、四 2 输入与非门 74LS00 及脉冲触发电路等组成。其中 S_1、S_2、S_3、S_4 为抢答操作开关，S_5 为主持人复位操作开关。74LS175 为四 D 触发器，其内部具有 4 个独立的 D 触发器，4 个触发器的输入端分别为 D_1、D_2、D_3、D_4，输出端为 Q_1、$\overline{Q_1}$，Q_2、$\overline{Q_2}$，Q_3、$\overline{Q_3}$，Q_4、$\overline{Q_4}$。四 D 触发器具有共同的上升沿触发的时钟端（CP）和共同的低电平有效的清零端（$\overline{CR}$）。74LS20 为双 4 输入与非门，74LS00 为四 2 输入与非门。

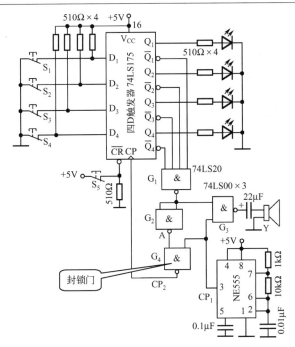

图 12.2　由触发器构成的改进型抢答器电路原理图

3. 电路的工作过程。

（1）准备期间。主持人将电路清零（$\overline{CR}=0$）之后，74LS175 的输出端 $Q_1 \sim Q_4$ 均为低电平，发光二极管不亮；同时 $\overline{Q_1}\,\overline{Q_2}\,\overline{Q_3}\,\overline{Q_4}=1111$，$G_1$ 输出为低电平，蜂鸣器也不发出声音。G_4（称为封锁门）的输入端 A 为高电平，G_4 打开使触发器获得时钟脉冲信号，电路处于允许抢答状态。

（2）开始抢答。例如，S_1 被按下时，D_1 输入端变为高电平，在时钟脉冲 CP_2 的触发作用下，Q_1 变为高电平，对应的发光二极管点亮；同时 $\overline{Q_1}\,Q_2\,Q_3\,Q_4=0111$，使 G_1 输出为高电平，蜂鸣器发出声音。G_1 输出经 G_2 反相后，即 G_4 的输入端 A 为低电平，G_4 关闭使触发脉冲 CP_1 被封锁，于是触发器的输入时钟脉冲 $CP_2=1$（无脉冲信号），CP_1、CP_2 的脉冲波形如图 12.3 所示。此时 74LS175 的输出保持原来的状态不变，其他抢答者再按下开关也不起作用。若要清除，则由主持人按下 S_5（清零）完成，并为下一次抢答做好准备。

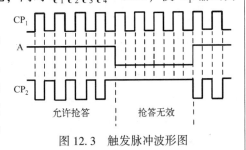

图 12.3　触发脉冲波形图

引导问题

1. 电路中 NE555 的作用是什么？
2. 74LS175 四 D 触发器有效的时钟触发方式是什么？

3. 74LS175 四 D 触发器是否有清零输入端？如果有清零功能，是同步清零还是异步清零？

4. 按下抢答操作开关 S_1、S_2、S_3、S_4，D_1、D_2、D_3、D_4 分别输入高电平还是低电平？

5. 电路中，G_1、G_2、G_4 的作用是什么？

6. 电路中，510Ω 电阻的作用是什么？

工作计划

工序步骤安排

序号	工作内容	计划用时	备注

进行决策

1. 各小组派代表阐述设计方案、芯片选型方案、元器件参数。

2. 各小组对其他小组的设计方案提出自己的看法。

3. 教师对大家完成的方案进行点评，选出最佳方案。

工作实施

1. 确定元器件需求。根据电路设计方案、芯片选型方案、元器件参数，填写元器件需求明细表。

元器件需求明细表

代号	名称	规格型号	数量

2. 元器件识别与检测。

根据元器件清单核对元器件，检测所有元器件有无损伤、变形，封装、型号、参数是否符合要求。

3. 安装与调试。

（1）安装。

① 检测与查阅器件。用数字集成电路测试仪检测所用的集成电路。通过查阅集成电路手册，标出电路图中各集成电路输入、输出端的引脚编号。

② 根据图 12.2 画出装配图。

③ 根据装配图完成电路的安装。先在实训电路板上插接好 IC 器件。在插接器件时，要注意 IC 芯片的豁口方向（都朝左侧），同时保证 IC 引脚与插座接触良好，引脚不能弯曲或折断。发光二极管的正、负极不能接反。在通电前先用万用表检查各 IC 的电源接线是否正确。

（2）功能验证。

① 通电后，按下清零开关 S_5，所有发光二极管灭。

② 分别按下 S_1、S_2、S_3、S_4，观察对应发光二极管是否被点亮。

③ 当其中某一发光二极管被点亮时，再按其他开关，观察其他发光二极管的变化。

📖 课堂讨论

1. 在电路调试过程中，如果怀疑时钟信号有问题，该如何检修？

2. G_2 的作用是非运算，能否将 G_2 换成非门？从功能与成本预算两个角度分析。

💡 课程思政

电路制作完成后，你认为你应具备怎样的职业素养？

🖥 评价反馈

评分表（与项目 1 任务工单的评分表一样）。

12.1 【知识链接】　触发器基础知识

触发器是一个具有记忆功能的二进制信息存储器件，是构成多种时序逻辑电路的最基本逻辑单元。触发器具有两个稳定状态，即"0"和"1"，在一定的外界信号作用下，可以从一个稳定状态翻转到另一个稳定状态。

触发器的种类较多，按照电路结构形式的不同，触发器可分为基本触发器、时钟控制型触发器，其中时钟控制型触发器有同步型触发器、主从型触发器、边沿型触发器。

根据逻辑功能的不同，触发器可分为 RS 触发器、JK 触发器、D 触发器、T 触发器和 T′ 触发器。

下面介绍基本 RS 触发器、同步型 RS 触发器、主从型触发器和边沿型触发器。

12.1.1　基本 RS 触发器

基本 RS 触发器是各类触发器中最简单的一种，是构成其他触发器的基本单元。电路结构可由与非门组成，也可由或非门组成，以下将讨论由与非门及反馈线路组成的基本 RS 触发器。

1. 电路组成及符号

由与非门及反馈线路构成的基本 RS 触发器电路结构如图 12.4（a）所示，输入端信号有 $\overline{R}_D$ 和 $\overline{S}_D$，电路有两个互补的输出端信号 Q 和 $\overline{Q}$，其中 Q 称为触发器的状态，有 0、1 两种稳定状态，若 $Q=1$，$\overline{Q}=0$，则称触发器处于 1 态；若 $Q=0$，$\overline{Q}=1$，则称触发器处于 0 态。该触发器的逻辑符号如图 12.4（b）所示。

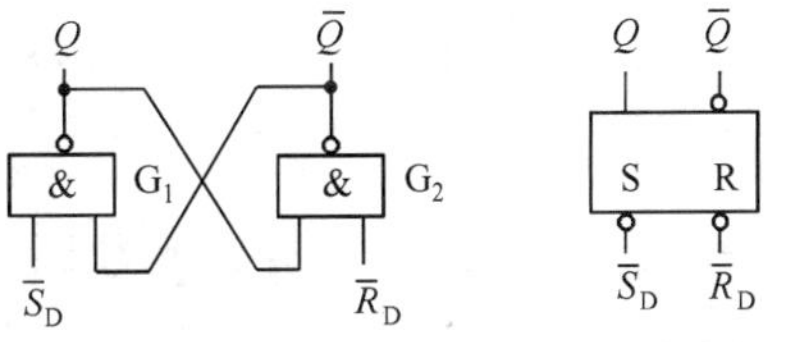

　　　（a）电路结构　　　　（b）逻辑符号

图 12.4　由与非门及反馈线路
构成的基本 RS 触发器

2. 逻辑功能分析

（1）当 $\overline{R}_D=0$，$\overline{S}_D=1$ 时，触发器的初态无论是 0 还是 1，由于 $\overline{R}_D=0$，因此 G_2 的输出

$\overline{Q}=1$，若 G_1 门的输入全为 1，则输出 Q 为 0，触发器置 0 状态。

（2）当 $\overline{R}_D=1$，$\overline{S}_D=0$ 时，由于 $\overline{S}_D=0$，因此 G_1 门输出 $Q=1$，若 G_1 的输入全为 1，则输出 $\overline{Q}=0$，触发器置 1 状态。

（3）当 $\overline{R}_D=\overline{S}_D=1$ 时，基本 RS 触发器无信号输入，触发器保持原有的状态不变。

（4）当 $\overline{R}_D=\overline{S}_D=0$ 时，$Q=\overline{Q}=1$，不是触发器的定义状态，此状态称为不定状态，要避免不定状态，对输入信号有约束条件：$\overline{R}_D+\overline{S}_D=1$（$\overline{R}_D$ 和 $\overline{S}_D$ 不能同时为零）。

根据以上的分析，把逻辑关系列成真值表，这种真值表又称基本 RS 触发器的功能表（或特性表），如表 12.1 所示。

表 12.1　基本 RS 触发器的功能表

$\overline{R}_D$	$\overline{S}_D$	Q^n	Q^{n+1}	说　　明
0	0	0	×	触发器状态不定
0	0	1	×	
0	1	0	0	触发器置 0
0	1	1	0	
1	0	0	1	触发器置 1
1	0	1	1	
1	1	0	0	触发器保持原状态不变
1	1	1	1	

Q^n 表示外加信号触发前，触发器原来的状态，称为现态；Q^{n+1} 表示外加信号触发后，触发器可从一种状态转为另一种状态，转变后触发器的状态称为次态。

3. 基本 RS 触发器的特点

（1）基本 RS 触发器的动作特点。输入信号 $\overline{R}_D$ 和 $\overline{S}_D$ 直接加在与非门的输入端，在输入信号作用的全部时间内，$\overline{R}_D=0$ 或 $\overline{S}_D=0$ 都能直接改变触发器的输出 Q 和 $\overline{Q}$ 状态，这就是基本 RS 触发器的动作特点。因此把 $\overline{R}_D$ 称为直接复位端，$\overline{S}_D$ 称为直接置位端。

（2）基本 RS 触发器的优缺点。基本 RS 触发器具有以下优缺点。

优点：电路简单，是构成各种触发器的基础。

缺点：输出受输入信号直接控制，不能定时控制；有约束条件（$\overline{R}_D$ 和 $\overline{S}_D$ 不能同时为零）。

12.1.2　同步型 RS 触发器

在数字系统中，为协调各部分的工作状态，需要由时钟 CP 来控制触发器按一定的节拍同步动作，由时钟脉冲控制的触发器称为时钟控制型触发器。时钟控制型触发器又可分为同步型触发器、主从型触发器、边沿型触发器。这里讨论同步型 RS 触发器。

1. 电路组成和符号

同步型 RS 触发器是在基本 RS 触发器的基础上增加两个控制门及一个控制信号, 让输入信号经过控制门传送, 其电路结构如图 12.5 (a) 所示。

与非门 G_1、G_2 组成基本 RS 触发器, 与非门 G_3、G_4 是控制门, CP 为控制信号, 常称为时钟脉冲信号或选通脉冲。在如图 12.5 (b) 所示的逻辑符号中, CP 为时钟控制端, 控制与非门 G_3、G_4 的开通和关闭, R、S 为输入信号, Q、$\bar{Q}$ 为输出信号。

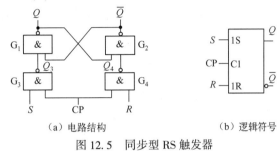

（a）电路结构　　　　　（b）逻辑符号

图 12.5　同步型 RS 触发器

2. 逻辑功能分析

(1) CP = 0 时, G_3、G_4 被封锁, 输出为 1, 无论输入信号 R、S 如何变化, 触发器的状态不变。

(2) CP = 1 时, G_3、G_4 被打开, 输出由 R、S 决定, 触发器的状态随输入信号 R、S 的不同而不同。

根据与非门和基本 RS 触发器的逻辑功能, 可列出同步型 RS 触发器的功能真值表, 如表 12.2 所示。

表 12.2　同步型 RS 触发器的功能真值表

CP	R	S	Q^n	Q^{n+1}	功 能 说 明
0	×	×	0	0	输入信号封锁
0	×	×	1	1	触发器状态不变
1	0	0	0	0	触发器状态不变
1	0	0	1	1	
1	0	1	0	1	触发器置 1
1	0	1	1	1	
1	1	0	0	0	触发器置 0
1	1	0	1	0	
1	1	1	0	不定	触发器状态不定
1	1	1	1	不定	

Q^n 表示时钟脉冲 CP 到来前, 触发器原来的状态, 称为现态; Q^{n+1} 表示时钟脉冲 CP 到来后, 触发器可从一种状态转为另一种状态, 转变后触发器的状态称为次态。

同步型 RS 触发器的特性方程为

$$\begin{cases} Q^{n+1} = \bar{\bar{S} + \bar{R} Q^n} = S + \bar{R} Q^n \\ RS = 0 \quad （约束条件） \end{cases}$$

3. 动作特点

(1) 时钟电平控制。同步型 RS 触发器在 CP = 1 期间接收输入信号, 在 CP = 0 期间状态保持不变，与基本 RS 触发器相比，对触发器状态的转变增加了时间控制。但在 CP = 1 期间内，输入信号的多次变化，会引起触发器的多次翻转，此现象称为触发器的空翻。空翻降低了电路的抗干扰能力，这是同步型 RS 触发器的一个缺点，所以这种触发器只能用于数据锁存，不能用于计数器、寄存器、存储等电路中。

（2）R、S 之间有约束。不允许出现 R 和 S 同时为 1 的情况，否则会使触发器处于不确定的状态。

12.1.3　主从型触发器

为提高触发器的可靠性，规定每个 CP 周期内输出端的状态只能动作一次，主从型触发器建立在同步型触发器的基础上，解决了触发器在 CP = 1 期间内，触发器多次翻转的空翻问题。

1. 主从型触发器的基本结构

主从型触发器的基本结构包含两个结构相同的同步型触发器，即主触发器和从触发器，它们的时钟信号相位相反，如图 12.6 所示。

（a）结构框图　　　　　　　　（b）逻辑符号

图 12.6　主从型触发器

2. 主从型触发器的动作特点

图 12.6 给出的主从型触发器，在 CP = 1 期间，主触发器接收输入信号；在 CP = 0 期间，主触发器保持不变，而从触发器接收主触发器状态。因此，主从型触发器的状态只在 CP 下降沿时刻翻转。这种触发方式称为主从触发式，克服了空翻现象。

12.1.4　边沿型触发器

为进一步提高触发器的抗干扰能力和可靠性，人们希望触发器的输出状态仅取决于 CP 上升沿或下降沿时刻的输入状态，而在此前和此后的输入状态对触发器无任何影响，具有此特性的触发器就是边沿型触发器。

其动作特点为只能在 CP 上升沿（或下降沿）时刻接收输入信号，因此，电路状态只能在 CP 上升沿（或下降沿）时刻翻转。这种触发方式称为边沿型触发式。

自我测试 26

 自我测试 26

1. （单选题）触发器由门电路构成，但它不同于门电路的功能，主要特点是（　　）。
A. 具有翻转功能　　　B. 具有保持功能　　　C. 具有记忆功能
2. （单选题）具有接收、保持和输出功能的电路称为触发器，一个触发器能存储
（　　）位二进制信息。
A. 0　　　　　　　　B. 1　　　　　　　　C. 2　　　　　　　　D. 3

3. （单选题）N 个触发器可以构成能寄存（　　　）位二进制数码的寄存器。

A. $N-1$　　　　　　　B. $N+1$　　　　　　　C. N　　　　　　　　D. 2^N

4. （单选题）存储 8 位二进制信息要（　　　）个触发器。

A. 2　　　　　　　　　B. 3　　　　　　　　　C. 4　　　　　　　　　D. 8

5. （判断题）触发器有两个互非的输出端 Q 和 $\bar{Q}$，通常规定 $Q=1$，$\bar{Q}=0$ 时为触发器的 1 态；$Q=0$，$\bar{Q}=1$ 时为触发器的 0 态。（　　　）

　A. 正确　　　　　　　　　　　　　　B. 错误

12.2　【知识链接】　常用集成触发器产品简介

12.2.1　集成 JK 触发器

1. 引脚排列和逻辑符号

常用的集成芯片型号有 74LS112（下降沿触发的双 JK 触发器）、CC4027（上升沿触发的双 JK 触发器）和 74LS276（共用置 1、置 0 端的四 JK 触发器）等。下面介绍的 74LS112 双 JK 触发器每块集成芯片都包含两个具有复位、置位端的下降沿触发的 JK 触发器，通常用于缓冲触发器、计数器和移位寄存器电路。74LS112 双 JK 触发器的引脚排列图和逻辑符号如图 12.7 所示。其中 J 和 K 为输入信号，是触发器状态更新的依据；Q、$\bar{Q}$ 为输出信号；CP 为时钟脉冲信号输入端，逻辑符号中 CP 引线上端的 "∧" 表示边沿触发，无此符号表示电位触发；CP 脉冲引线端既有 "∧" 又有小圆圈时，表示触发器状态变化发生在时钟脉冲下降沿时刻，只有 "∧" 没有小圆圈时，表示触发器状态变化发生在时钟脉冲上升沿时刻；$\bar{S}_D$ 为直接置 1 信号，$\bar{R}_D$ 为直接置 0 信号，$\bar{S}_D$ 和 $\bar{R}_D$ 信号引线端处的小圆圈表示低电平有效。

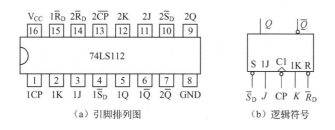

（a）引脚排列图　　　　　　（b）逻辑符号

图 12.7　74LS112 双 JK 触发器

2. 逻辑功能

JK 触发器是功能最完备的触发器，具有保持、置 0、置 1、翻转功能。表 12.3 所示为 JK 触发器（74LS112）的功能真值表。

表 12.3　JK 触发器（74LS112）的功能真值表

输　　　　入					输　　出	功 能 说 明
$\overline{R}_D$	$\overline{S}_D$	CP	J	K	Q^{n+1}	
0	1	×	×	×	0	直接置 0
1	0	×	×	×	1	直接置 1
0	0	×	×	×	不定	状态不定
1	1	↓	0	0	Q^n	状态保持不变
1	1	↓	1	0	1	置1
1	1	↓	0	1	0	置0
1	1	↓	1	1	$\overline{Q}^n$	状态翻转
1	1	↑	×	×	Q^n	状态保持不变

JK 触发器的特性方程为

$$Q^{n+1} = J\overline{Q}^n + \overline{K}Q^n$$

12.2.2　集成 D 触发器

1. 引脚排列和逻辑符号

目前国内生产的集成 D 触发器主要是维持阻塞型，这种集成 D 触发器是在时钟脉冲的上升沿触发翻转。常用的集成电路有 74LS74 双 D 触发器、74LS75 四 D 触发器和 74LS76 六 D 触发器等。74LS74 双 D 触发器的引脚排列图和逻辑符号如图 12.8 所示。其中 D 为输入信号，是触发器状态更新的依据；Q、$\overline{Q}$ 为输出信号；CP 为时钟脉冲信号输入端，逻辑符号中 CP 引线上端只有 "∧" 没有小圆圈，表示 74LS74 双 D 触发器状态变化发生在时钟脉冲上升沿；$\overline{S}_D$ 为直接置 1 信号、$\overline{R}_D$ 为直接置 0 信号，$\overline{S}_D$ 和 $\overline{R}_D$ 信号引线端处的小圆圈表示低电平有效。

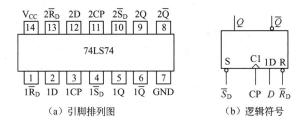

（a）引脚排列图　　　　　　　（b）逻辑符号

图 12.8　74LS74 双 D 触发器

2. 逻辑功能

D 触发器具有置 0 和置 1 功能。表 12.4 所示为 D 触发器（74LS74）功能真值表。

表 12.4　D 触发器（74LS74）功能真值表

输　入				输　出	功 能 说 明
$\overline{R}_D$	$\overline{S}_D$	CP	D	Q^{n+1}	
0	1	×	×	0	直接置 0
1	0	×	×	1	直接置 1
0	0	×	×	不定	状态不定
1	1	↑	1	1	置 1
1	1	↑	0	0	置 0
1	1	↓	×	Q^n	状态保持不变

D 触发器特性方程为

$$Q^{n+1}=D$$

74LS75 四 D 触发器每块集成芯片都包含 4 个
上升沿触发的 D 触发器，其逻辑功能与 74LS74 双
D 触发器一样，其引脚排列图如图 12.9 所示。
$\overline{CR}$ 为清零端，低电平有效。

例 12.1　已知 D 触发器（见图 12.10）输
入 CP、D 的波形如图 12.11 所示。试画出 Q 的波形（设初态 $Q=0$）。

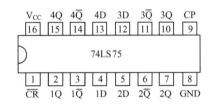

图 12.9　74LS75 四 D 触发器的引脚排列图

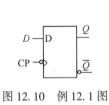

图 12.10　例 12.1 图

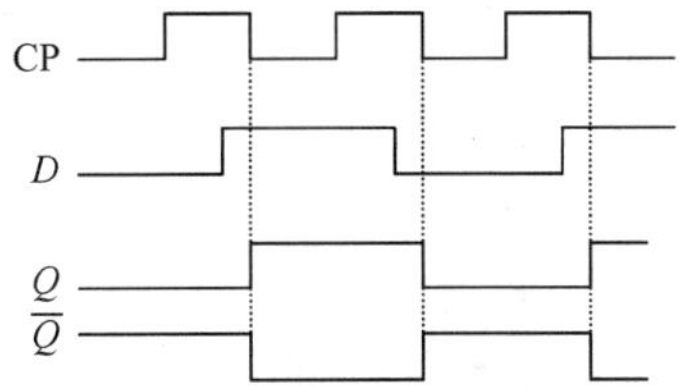

图 12.11　例 12.1 的波形图

12.3　【知识链接】　触发器的转换

常用的触发器按逻辑功能分为 RS 触发器、JK 触发器、D 触发器、T 触发器和 T′触发
器。实际上没有形成全部集成电路产品，但可通过触发器转换的方法，达到各种触发器相互
转换的目的。

12.3.1　JK 触发器转换为 D 触发器

JK 触发器是功能最齐全的触发器，把现有 JK 触发器稍加改动便可转换为 D 触发器，将
JK 触发器的特性方程 $Q^{n+1}=J\overline{Q}^n+\overline{K}Q^n$ 与 D 触发器的特性方程 $Q^{n+1}=D$ 做比较，如果令 $J=D$，
$\overline{K}=D$（$K=\overline{D}$），则 JK 触发器的特性方程变为

$$Q^{n+1}=D\overline{Q}^n+DQ^n=D$$

将 JK 触发器的 J 端接到 D，K 端接到 $\overline{D}$，就可将 JK 触发器转换为 D 触发器，其电路如
图 12.12 所示。

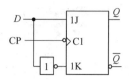

图 12.12　JK 触发器转换为 D 触发器

12.3.2　JK 触发器转换为 T 触发器和 T′触发器

1. JK 触发器转换为 T 触发器

T 触发器是具有保持和翻转功能的触发器，其特性方程为

$$Q^{n+1} = T\overline{Q}^n + \overline{T}Q^n$$

要把 JK 触发器转换为 T 触发器，应令 $J=T$，$K=T$，也就是把 JK 触发器的 J 端和 K 端相连作为 T 输入端，其电路如图 12.13 所示。

2. JK 触发器转换为 T′触发器

T′触发器是翻转触发器，其特性方程为

$$Q^{n+1} = \overline{Q}^n$$

将 JK 触发器的 J 端和 K 端并联接到高电平 1，就构成了 T′触发器，其电路如图 12.14 所示。

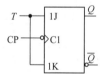
图 12.13　JK 触发器转换为 T 触发器

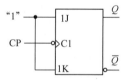
图 12.14　JK 触发器转换为 T′触发器

12.3.3　D 触发器转换为 T 触发器

比较 D 触发器的特性方程 $Q^{n+1}=D$ 与 T 触发器的特性方程 $Q^{n+1}=T\overline{Q}^n+\overline{T}Q^n$，只需 $D=T\overline{Q}^n+\overline{T}Q^n$ 即可，电路如图 12.15 所示。

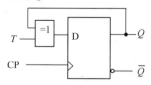

图 12.15　D 触发器转换为 T 触发器

 自我测试 27

自我测试 27

1.（单选题）为实现将 JK 触发器转换为 D 触发器，应使（　　　）。

A. $J=D$，$K=\overline{D}$　　　　B. $K=D$，$J=\overline{D}$　　　　C. $J=K=D$　　　　D. $J=K=\overline{D}$

2. （单选题）仅具有置"0"和置"1"功能的触发器是（　　）。

A. 基本 RS 触发器　　　　　　　　　　B. 时钟控制型 RS 触发器

C. D 触发器　　　　　　　　　　　　　D. JK 触发器

3. （单选题）仅具有保持和翻转功能的触发器是（　　）。

A. JK 触发器　　　　B. T 触发器　　　　C. D 触发器　　　　D. T' 触发器

4. （判断题）两个与非门构成的基本 RS 触发器不允许两个输入端同时为 0，否则将出现逻辑混乱。（　　）

A. 正确　　　　　　　　　　　　　　　B. 错误

5. （判断题）时序逻辑电路的基本单元是含有记忆功能的触发器。（　　）

A. 正确　　　　　　　　　　　　　　　B. 错误

小　　结

1. 具有接收、保持和输出功能的电路称为触发器，一个触发器能存储 1 位二进制信息。

2. 触发器有几种分类方法，其中按触发方式分为非时钟控制型触发器和时钟控制型触发器两大类。基本 RS 触发器是非时钟控制型触发器，而时钟控制型触发器有同步型触发器、主从型触发器和边沿型触发器。

3. 基本 RS 触发器的输出状态直接受输入信号影响；同步型触发器克服了直接受输入信号控制的缺点，只是在需要的时间段接收数据，但有空翻现象。

4. 主从型触发器克服了空翻现象，抗干扰能力强。

5. 边沿型触发器的输出状态仅取决于 CP 上升沿或下降沿时刻的输入状态，可靠性及抗干扰能力更强。

习　题　12

一、填空题

12.1　两个与非门构成的基本 RS 触发器的功能有_____、_____和_____。电路中不允许两个输入端同时为_____，否则将出现逻辑混乱。

12.2　JK 触发器具有_____、_____、_____和_____四种功能。欲使 JK 触发器实现 $Q^{n+1} = \overline{Q^n}$ 的功能，输入端 J 应接_____，K 应接_____。

12.3　D 触发器具有_____和_____的功能。

12.4　组合逻辑电路的基本单元是_____，时序逻辑电路的基本单元是_____。

12.5　JK 触发器的特性方程为_____；D 触发器的特性方程为_____。

12.6　触发器有两个互非的输出信号 Q 和 $\overline{Q}$，通常规定 $Q = 1$，$\overline{Q} = 0$ 时为触发器的_____状态；$Q = 0$，$\overline{Q} = 1$ 时为触发器的_____状态。

12.7　把 JK 触发器_____就构成了 T 触发器，T 触发器具有的逻辑功能是_____和_____。

12.8　让_____触发器恒输入"1"就构成了 T' 触发器，这种触发器仅具有_____功能。

二、选择题

12.9　由与非门组成的基本 RS 触发器不允许输入的变量组合 $\overline{S}\,\overline{R}$ 为（　　）。

A. 00　　　　　　　B. 01　　　　　　　C. 10　　　　　　　D. 11

12.10　TTL 集成触发器直接置 0 端 $\overline{R}_D$ 和直接置 1 端 $\overline{S}_D$ 在触发器正常工作时应（　　）。

A. $\overline{R}_D = 1$，$\overline{S}_D = 0$　　　B. $\overline{R}_D = 0$，$\overline{S}_D = 1$　　　C. 保持高电平"1"　　　D. 保持低电平"0"

12.11　按逻辑功能的不同，双稳态触发器可分为（　　）。

A. RS、JK、D、T 等　　B. 主从型和维持阻塞型　　C. TTL 型和 MOS 型　　D. 上述均包括

三、分析题

12.12　维持阻塞型 D 触发器的电路如图 12.16（a）所示，输入波形如图 12.16（b）所示，画出 Q 的波形。设触发器的初始状态为 0。

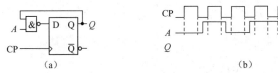

图 12.16　习题 12.12 图

12.13　由与非门组成的基本 RS 触发器及其输入信号如图 12.17 所示，请画出 Q 和 $\overline{Q}$ 的波形。

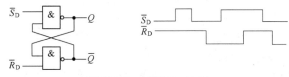

图 12.17　习题 12.13 图

12.14　JK 触发器及 CP、A、B、C 的波形如图 12.18 所示，设 Q 的初始状态为 0。

（1）写出电路的特性方程；

（2）画出 Q 的波形。

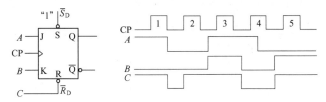

图 12.18　习题 12.14 图

12.15　D 触发器及输入信号如图 12.19 所示，设触发器的初始状态为 0，请画出 Q 和 $\overline{Q}$ 的波形。

图 12.19　习题 12.15 图

项目 13　数字电子钟的制作

■ 能力目标

（1）能借助资料读懂集成电路的型号，明确各引脚功能。

（2）会识别并测试常用集成计数器。

（3）能用集成计数器产品设计任意进制计数器。

（4）能完成数字电子钟的设计、安装与调试。

■ 知识目标

了解计数器的基本概念；掌握二进制计数器和十进制计数器常用集成产品的功能及其应用；掌握任意进制计数器的设计方法；掌握数字电子钟的电路组成与工作原理。

■ 素质目标

（1）培养制订、实施工作计划，交接工作及流程确认能力。

（2）培养创新意识及自我学习能力。

【任务工单】

工作任务 1		数字电子钟的制作				
姓名		班级		学号		日期	

🔖 学习情景

通过学习数字电子钟的基本知识、装配数字电子钟的工艺流程，以及质量检测方法等，请你完成一款数字电子钟的设计与制作任务。

📖 学习目标

1. 熟悉数字电子钟的结构及各部分的工作原理。
2. 掌握数字电子钟电路的设计、制作方法。
3. 熟悉中规模集成电路和显示器件的使用方法。
4. 用中小规模集成电路设计一台能显示时、分、秒的数字电子钟。

📋 任务要求

1. 各小组制订工作计划。
2. 完成数字电子钟的逻辑电路设计。
3. 绘制原理图、产品装配图。
4. 完成数字电子钟电路所需元器件的购买与检测。
5. 根据原理图设计数字电子钟 PCB。
6. 完成数字电子钟装配、功能检测和故障排除。
7. 通过小组讨论完成电路的详细分析并撰写任务工单。

📋 任务分组

班级		组号		分工
组长		学号		
组员		学号		
组员		学号		

📖 获取信息

认真阅读任务要求，理解工作任务内容，明确工作任务的目标，为顺利完成工作任务，回答引导问题，做好充分的知识准备、技能准备和元器件等耗材的准备，同时拟订任务实施计划。

数字电子钟电路原理图如图 13.1 所示。

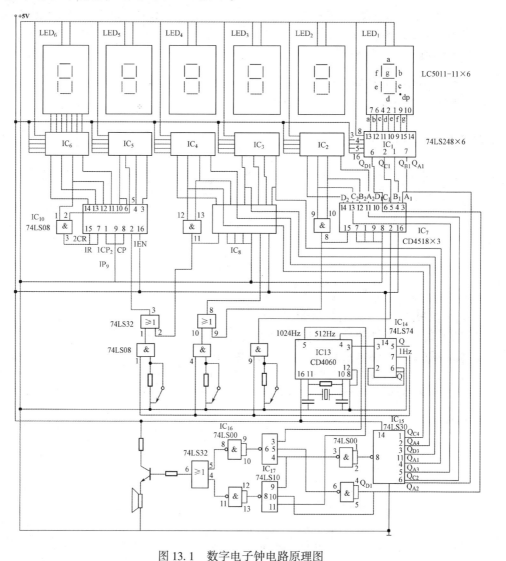

图 13.1　数字电子钟电路原理图

引导问题

1. 如何判断数码管的好坏？
2. 正确识别如图 13.2 所示芯片的 1 脚。

图 13.2　CD4518 芯片

3. 秒信号发生电路调试。调节微调电容 C_2，测量晶体振荡器输出信号，此时信号频率应为 32768Hz，通过示波器观察 CD4060 的 3 脚输出端波形，信号频率为多少？

4. 计数器的调试。秒脉冲信号通过 74LS74 的 6 脚进入秒计数器。通过示波器观察秒信号，当秒信号发生有效跳变时，观察 IC_7 的 $D_1C_1B_1A_1$ 是否按 0000~1001 的规律变化，且当 $D_1C_1B_1A_1$ 为 1001 时，如果再来一个秒脉冲，$D_2C_2B_2A_2$ 是否能正常进位。采用同样方法检测分计数器和时计数器。

5. 译码显示电路的调试。IC_1~IC_6 的作用是什么？在秒脉冲及计数器的作用下，观察数码管显示的时间是否正常？

6. 校时电路的调试。数字钟正常走时，校时开关 S_1、S_2、S_3 应分别拨至____、____、____；需要调整秒计时，S_1 应拨至____，需要调整分计时，S_2 应拨至____，需要调整时计时，S_3 应拨至____。

7. 在整点报时电路中，74LS30 的作用是什么？

工作计划

工序步骤安排

序号	工作内容	计划用时	备注

进行决策

1. 各小组派代表阐述设计方案、芯片选型方案、元器件参数。
2. 各小组对其他小组的设计方案提出自己的看法。
3. 教师对大家完成的方案进行点评，选出最佳方案。

工作实施

1. 确定元器件需求。根据数字电子钟设计方案、芯片选型方案、元器件参数，填写元器件需求明细表。

元器件需求明细表

代号	名称	规格型号	数量
$IC_1 \sim IC_6$	显示译码器	74LS248	6
$IC_7 \sim IC_9$	加法计数器	CD4518	3
IC_{10}、IC_{12}	四2输入与门	74LS08	2
IC_{11}	四2输入或门	74LS32	1
IC_{13}	振荡/分频器	CD4060	1
IC_{14}	双D触发器	74LS74	1
IC_{15}	8输入与非门	74LS30	1
IC_{16}	四2输入与非门	74LS00	1
IC_{17}	三3输入与非门	74LS10	1
$LED_1 \sim LED_6$	数码显示管	LC5011-11	6
$R_1 \sim R_3$	电阻	RTX-1/8W-5.6k$\Omega \pm 5\%$	3
R_4	电阻	RTX-1/8W-22M$\Omega \pm 5\%$	1
R_5	电阻	RTX-1/8W-100$\Omega \pm 5\%$	1
R_6	电阻	RTX-1/8W-1.5k$\Omega \pm 5\%$	1
XT	石英晶体	2^{15}Hz（32768Hz）	1
C_1	瓷介电容	CC1-63V-22pF$\pm 10\%$	1
C_2	瓷介电容	CC1-63V-22pF 可微调	1
$S_1 \sim S_3$	按钮式开关	单刀双掷	3
VT	晶体三极管	9013	1
B	扬声器	ϕ58/8Ω/0.25W	1
J1~J40	短接线	ϕ0.5 镀银铜线	若干
	扬声器及电源接线	安装线 AVR0.15×7	4
	PCB板		1

2. 元器件识别与检测。

根据元器件清单核对元器件，检测所有元器件有无损伤、变形，封装、型号、参数是否符合要求。

3. 安装与调试。

按照如图13.2所示的数字电子钟电路原理图，参考如图13.3所示的数字电子钟安装图、如图13.4所示的数字电子钟PCB和如图13.5所示的数字电子钟元件布局图进行设计安装，用常规工艺安装好电路。检查确认电路安装无误后，接通电源。

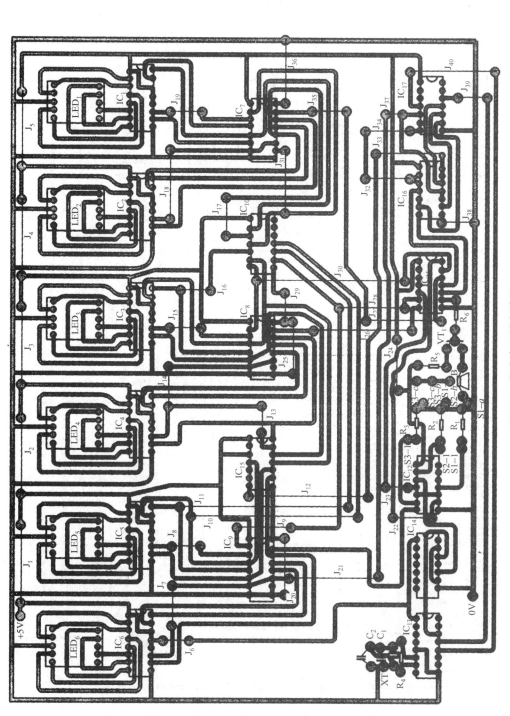

图13.3　数字电子钟安装图

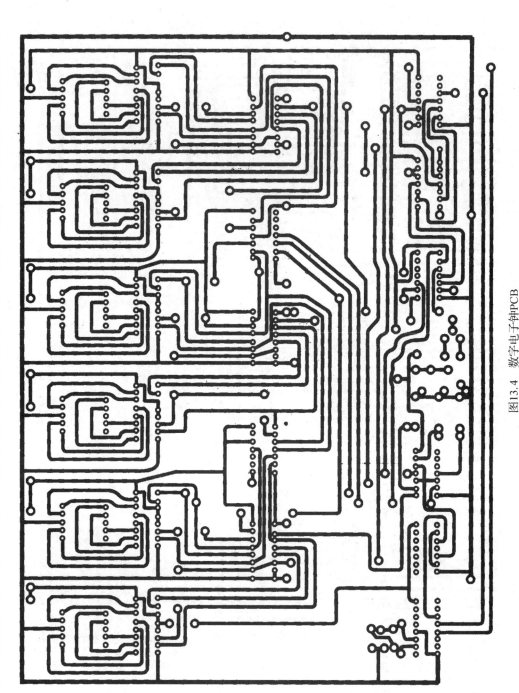

图13.4 数字电子钟PCB

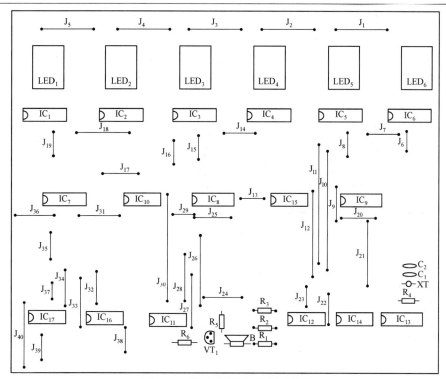

图 13.5　数字电子钟元件布局图

课堂讨论

谈一谈计数器在现代数字电子技术中的应用？

课程思政

电路制作完成后，你认为你应具备怎样的职业素养？

评价反馈

评分表（与项目 1 任务工单的评分表一样）。

工作任务 2	计数器及应用电路设计		
姓名	班级	学号	日期

学习情景

某保健饮料厂，易拉罐饮品在传送带上运行时，需要用到计数器对易拉罐饮品的数量进行统计，现在我们就来学习计数器的设计及译码显示电路的应用设计，掌握装配时序逻辑电路的工艺流程及质量检测方法，为日后的工作打下坚实基础。

学习目标

1. 熟悉中规模集成计数器的逻辑功能及使用方法。
2. 熟悉中规模集成译码器及数字显示器件的逻辑功能。

3. 掌握集成计数器逻辑功能测试。

4. 掌握任意进制计数器的设计方法及功能测试。

5. 掌握计数、译码、显示电路综合应用的方法。

任务要求

1. 各小组制订工作计划。

2. 识别中规模集成计数器的功能，引脚分布。

3. 完成 74LS161 集成计数器的逻辑功能测试。

4. 完成用 74LS161 构成五进制计数器的电路设计及功能测试。

5. 完成用 74LS161 构成七进制计数器的电路设计及功能测试。

6. 完成计数、译码和显示电路的测试。

7. 通过小组讨论完成电路的详细分析并撰写任务工单。

任务分组

班级		组号		分工
组长		学号		
组员		学号		
组员		学号		

获取信息

认真阅读任务要求，理解工作任务内容，明确工作任务的目标，为顺利完成工作任务，回答引导问题，做好充分的知识准备、技能准备和元器件等耗材的准备，同时拟订任务实施计划。

74LS161 功能测试图如图 13.6 所示。74LS161 反馈清零法实现五进制计数器如图 13.7 所示。

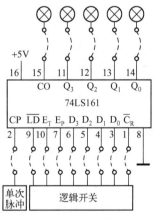

图 13.6　74LS161 功能测试图

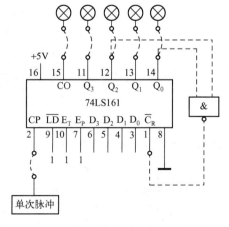

图 13.7　74LS161 反馈清零法实现五进制计数器

引导问题

1. 正确识别如图 13.8 所示芯片的 1 脚。

2. 令 $\overline{C}_R = 0$，其他均为任意态，此时计数器的输出状态 $Q_3 Q_2 Q_1 Q_0$ 是什么？清零之后，$\overline{C}_R$ 应置 1 还是清零？

3. 如果需要保持计数器计数值不变，应 $\overline{C}_R$ 和 $\overline{LD}$ 应输入什么电平？E_T 或 E_P 应输入什么电平？

图 13.8   SN74LS161 芯片

4. 何为 74LS161 的同步置数、异步清零功能？

5. 如需 74LS161 正常计数，$\overline{C}_R$、$\overline{LD}$、E_T、E_P 应分别设置为什么电平？

6. 把计数器 74LS161 的输出 Q_0、Q_2（0101）通过与非门反馈到 $\overline{C}_R$ 端，可以构成五进制计数器，画出计数器的循环状态图。

工作计划

工序步骤安排

序号	工作内容	计划用时	备注

进行决策

1. 各小组派代表阐述设计方案、芯片选型方案、元器件参数。
2. 各小组对其他小组的设计方案提出自己的看法。
3. 教师对大家完成的方案进行点评，选出最佳方案。

工作实施

1. 确定元器件需求。根据计数、译码和显示电路综合应用设计方案、芯片选型方案、元器件参数，填写元器件需求明细表，检测所有元器件有无损、变形，封装、型号、参数是否符合要求。

元器件需求明细表

代号	名称	规格型号	数量	备注

2. 元器件识别与检测。

根据元器件清单核对元器件，检测所有元器件有无损伤、变形，封装、型号、参数是否符合要求。

3. 测试 74LS161 计数器的逻辑功能。

4. 用 74LS161 计数器构成五进制计数器。

> **课堂讨论**
>
> 1. 参考 74LS161 五进制计数器，设计基于 74LS161 的七进制计数器。
> 2. 谈一谈计数器在日常生活、生产中的应用。
>
> **课程思政**
>
> 完成测试后，你认为你应具备怎样的职业素养？
>
> **评价反馈**
>
> 评分表（与项目 1 任务工单的评分表一样）。

13.1 【知识链接】 计数器及其应用

在数字系统中，经常需要对脉冲的个数进行计数，能实现计数功能的电路称为计数器。计数器的类型较多，都是由具有记忆功能的触发器作为基本计数单元组成的，各触发器的连接方式不一样，就构成了各种不同类型的计数器。

计数器按步长分为二进制、十进制和 N 进制计数器；按计数增减趋势分为加计数、减计数和可加可减的可逆计数器，一般所说的计数器均指加计数器；按计数器中各触发器的翻转是否同步，可分为同步计数器和异步计数器；按内部器件分为 TTL 计数器和 CMOS 计数器等。

13.1.1 二进制计数器

二进制计数器就是按二进制计数进位规律进行计数的计数器。由 n 个触发器组成的二进制计数器称为 n 位二进制计数器，可以累计 $2^n = M$ 个有效状态。M 称为计数器的模或计数容量。若 $n = 1, 2, 3, 4, \cdots$，则计数器的模 $M = 2, 4, 8, 16, \cdots$，相应的计数器称为 1 位二进制计数器、2 位二进制计数器、3 位二进制计数器、4 位二进制计数器……

下面以 4 位二进制加法计数器为例分析计数器的工作原理。

1. 工作原理

4 位二进制加法计数器清零后，输出状态从 0000 开始，即 $Q_3 Q_2 Q_1 Q_0 = 0000$；第 1 个脉冲出现时，$Q_3 Q_2 Q_1 Q_0 = 0001$；第 2 个脉冲出现时，$Q_3 Q_2 Q_1 Q_0 = 0010$；…；第 8 个脉冲出现时，$Q_3 Q_2 Q_1 Q_0 = 1000$；…；第 15 个脉冲出现时，$Q_3 Q_2 Q_1 Q_0 = 1111$；第 16 个脉冲出现时，$Q_3 Q_2 Q_1 Q_0 = 0000$，Q_3 输出进位脉冲，完成计数过程。工作波形如图 13.9 所示，状态转换图如图 13.10 所示。

若为二进制减法计数器，其工作波形如图 13.11 所示，状态转换图如图 13.12 所示。

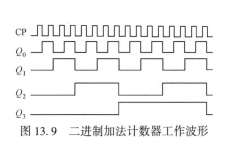

图 13.9　二进制加法计数器工作波形

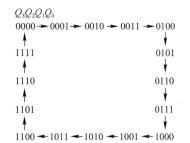

图 13.10　二进制加法计数器状态转换图

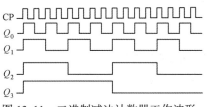

图 13.11　二进制减法计数器工作波形

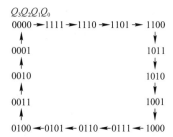

图 13.12　二进制减法计数器状态转换图

2. 集成二进制计数器芯片介绍

集成二进制计数器芯片有许多品种。74LS161 是 4 位同步二进制加法计数器，其引脚排列图如图 13.13 所示，其功能简图如图 13.14 所示。$\overline{C_R}$ 是异步清零端，低电平有效；$\overline{LD}$ 是同步并行预置数控制端，低电平有效；D_3、D_2、D_1、D_0 是并行输入端；E_P、E_T 是使能端（工作状态控制端）；CP 是触发脉冲，上升沿触发；Q_3、Q_2、Q_1、Q_0 是输出端；C_0 为进位输出端。其功能表如表 13.1 所示，可见 74LS161 具有上升沿触发、异步清零、并行送数、计数、保持等功能。

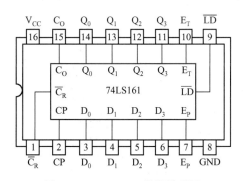

图 13.13　74LS161 引脚排列图

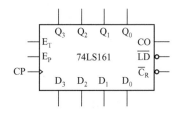

图 13.14　74LS161 功能简图

表 13.1　74LS161 集成计数器功能表

功能	输　　入									输　　出			
	$\overline{C_R}$	$\overline{LD}$	E_P	E_T	CP	D_3	D_2	D_1	D_0	Q_3	Q_2	Q_1	Q_0
异步清零	0	×	×	×	×	×	×	×	×	0	0	0	0
保持	1	1	×	0	×	×	×	×	×	Q_3	Q_2	Q_1	Q_0
	1	1	0	×						Q_3	Q_2	Q_1	Q_0
并行送数	1	0	×	×	↑	d_3	d_2	d_1	d_0	d_3	d_2	d_1	d_0
计数	1	1	1	1	↑	×	×	×	×	4 位二进制加法计数			

13.1.2　十进制计数器

1. 工作原理

用二进制数表示十进制数的方法称为二-十进制编码，简称 BCD 码。8421BCD 码是最常用也是最简单的一种 BCD 码。常用的集成十进制计数器多数按 8421BCD 码编码。

十进制加法计数器清零后，输出状态从 0000 开始，即 $Q_3Q_2Q_1Q_0 = 0000$；第 1 个脉冲出现时，$Q_3Q_2Q_1Q_0 = 0001$；第 2 个脉冲出现时，$Q_3Q_2Q_1Q_0 = 0010$；…；第 8 个脉冲出现时，$Q_3Q_2Q_1Q_0 = 1000$；第 9 个脉冲出现时，$Q_3Q_2Q_1Q_0 = 1001$；第 10 个脉冲出现时，$Q_3Q_2Q_1Q_0 = 0000$，Q_3 输出进位脉冲，完成计数过程。其状态转换图如图 13.15 所示。

2. 集成十进制计数器芯片介绍

集成十进制计数器应用芯片较多，以下介绍两种比较常用的计数器。

（1）同步十进制加法计数器 CD4518，其主要特点是时钟触发可用上升沿，也可用下降沿，采用 8421BCD 码。CD4518 的引脚排列图如图 13.16 所示。

CD4518 内含两个功能完全相同的十进制计数器。每个计数器均有两个时钟输入端 CP 和 EN，若用时钟上升沿触发，则信号由 CP 端输入，同时将 EN 端设置为高电平；若用时钟下降沿触发，则信号由 EN 端输入，同时将 CP 端设置为低电平。CD4518 的 CR 为清零信号输入端，当在该脚加高电平或正脉冲时，计数器各输出端均为零电平。CD4518 的功能表如表 13.2 所示。

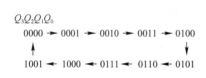

图 13.15　十进制计数器状态转换图

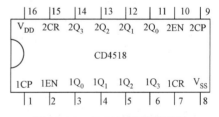

图 13.16　CD4518 引脚排列图

表 13.2　CD4518 的功能表

输　入			输　出
CR	CP	EN	
1	×	×	全部为 0
0	↑	1	加计数
0	0	↓	加计数
0	↓	×	保持
0	×	↑	
0	↑	0	
0	1	↓	

（2）74LS390 是双十进制计数器，其引脚排列图如图 13.17 所示，内部的每个十进制计数器都由一个二进制计数器和一个五进制计数器构成。C_R 是异步清零端，高电平有效；

$\overline{CP_A}$、CP_B 是脉冲输入端，下降沿触发；Q_3、Q_2、Q_1、Q_0 为 4 个输出端，其中 $\overline{CP_A}$、Q_0 分别是二进制计数器的脉冲输入端和输出端；$\overline{CP_B}$ 和 $Q_1 \sim Q_3$ 是五进制计数器的脉冲输入端和输出端。如果将 Q_0 直接与 $\overline{CP_B}$ 相连，以 $\overline{CP_A}$ 为脉冲输入端，则可以实现 8421BCD 十进制计数。可见 74LS390 具有下降沿触发、异步清零、二进制、五进制、十进制计数等功能。

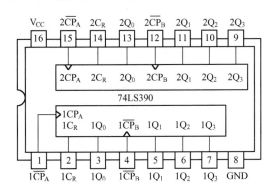

图 13.17　74LS390 引脚排列图

表 13.3 所示为常用的中规模集成计数器的主要品种。

表 13.3　常用的中规模集成计数器的主要品种

名　　称	型　　号		说　　明
二-十进制同步计数器	TTL	74160、74LS160	同步预置、异步清零
	CMOS	40160B	
4 位二进制同步计数器	TTL	74161、74LS161	同步预置、异步清零
	CMOS	40161B	
二-十进制同步计数器	TTL	74162、74LS162	同步预置、同步清零
	CMOS	40162B	
4 位二进制同步计数器	TTL	74163、74LS163	同步预置、同步清零
	CMOS	40163B	
二-十进制加/减计数器	TTL	74LS168	同步预置、无清零端
	TTL	74192、74LS192	异步预置、异步清零、双时钟
	CMOS	40192B	
	TTL	74190、74LS190	异步预置、无清零端、单时钟
	CMOS	4510B	
4 位二进制加/减计数器	TTL	74LS169	同步预置、无清零端
	TTL	74193、74LS193	异步预置、异步清零、双时钟
	CMOS	40193B	
	TTL	74191、74LS191	异步预置、无清零端、单时钟
	CMOS	4516B	
双二-十进制加计数器	CMOS	4518B	异步清零
双 4 位二进制加计数器	CMOS	4520B	异步清零

名　　称	型　　号		说　　明
4 位二进制 I/N 计数器	CMOS	4526B	同步预置
4 位二-十进制 I/N 计数器	CMOS	4522B	同步预置
十进制计数/分配器	CMOS	4017B	异步清零,采用约翰逊编码
八进制计数/分配器	CMOS	4022B	
二-五-十进制计数器	TTL	74LS90、74LS290、7490、74290	—
		74176、74LS196、74196	可预置
二-八-十六进制计数器	TTL	74177、74LS197、74197	可预置
		7493、74LS93、74293、74LS293	异步清零
二-六-十二进制计数器	TTL	7492、74LS92	异步清零
双 4 位二进制计数器	TTL	74393、74LS393、7469	异步清零
双二-五-十进制计数器	TTL	74390、74LS390、74490 74LS490、7468	—
七级二进制脉冲计数器	CMOS	4024B	—
十二级二进制脉冲计数器	CMOS	4040B	—
十四级二进制脉冲计数器	CMOS	4020B、4060B	4060B 外接电阻、电容和石英晶体等元件,可作振荡器。

13.1.3 实现 N 进制计数器的方法

在集成计数器产品中,只有二进制计数器和十进制计数器两大系列,但在实际应用中,常要用其他进制计数器,如七进制计数器、十二进制计数器、二十四进制计数器、六十进制计数器等。一般将二进制和十进制以外的进制统称为任意进制。要实现任意进制计数器,必须选择使用一些集成二进制或十进制计数器的芯片。设已有中规模集成计数器的模为 M,而需要得到一个 N 进制计数器。通常有小容量法($N<M$)和大容量法($N>M$)两种。利用 MSI 计数器芯片外部不同方式的连接或片间组合,可以很方便地构成 N 进制计数器。下面分别讨论在这两种情况下构成任意进制计数器的方法。

1. $N<M$ 的情况

采用反馈归零或反馈置数法来实现所需的任意进制计数。实现 N 进制计数,所选用的集成计数器的模必须大于 N。

例 13.1 试用 74LS161 构成十二进制计数器。

解:利用 74LS161 的异步清零端 $\overline{C_R}$,强行中止其计数趋势,若设初态为 0,则在前 11 个计数脉冲作用下,计数器按 4 位二进制规律正常计数,而当第 12 个计数脉冲到来后,计数器状态为 1100,此时与非门使 $\overline{C_R}=0$,借助异步清零功能,使计数器输出变为 0000,从而实现十二进制计数,其状态转换图如图 13.18 所示。电路连接方式如图 13.19 所示。在此电路工作中,1100 状态会瞬间出现,但并不属于计数器的有效状态。

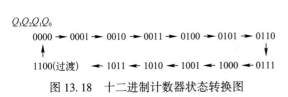

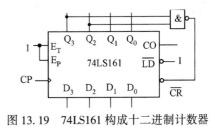

图 13.18   十二进制计数器状态转换图   图 13.19   74LS161 构成十二进制计数器

 思考

如果用 74LS163 实现十二进制计数器，电路与图 13.19 一样吗？为什么？

本例采用的是反馈归零法，按照此方法，可用 74LS161 方便地构成任意十六进制以内的计数器。

2. N>M 的情况

这时必须用多个 M 进制计数器组合起来，才能构成 N 进制计数器。

例 13.2   用两块 74LS161 级联成 256 进制同步加法计数器，如图 13.20 所示。

解：第一块的工作状态控制端 E_P 和 E_T 恒为 1，使计数器始终处在计数工作状态。以第一块的进位输出 CO 为第二块的 E_P 或 E_T 输入，每当第一块计数到 15（1111）时，CO 变为 1，下个脉冲信号到达时第二块为计数工作状态，计入 1，而第一块重复计数到 0（0000），它的 CO 端回到低电平，第二块保持原状态不变。电路能实现从 0000 0000 到 1111 1111 的 256 进制计数。

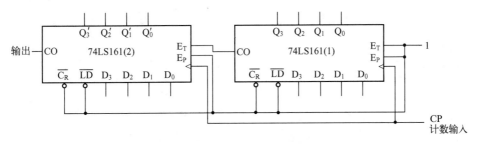

图 13.20   74LS161 构成 256 进制计数器

例 13.3   用两块 74LS161 级联成五十进制计数器，如图 13.21 所示。

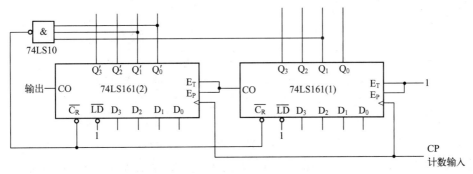

图 13.21   74LS161 构成五十进制计数器

解：第一块的工作状态控制端 E_P 和 E_T 恒为 1，使计数器始终处在计数工作状态。以第一块的进位输出 CO 为第二块的 E_P 或 E_T 输入，当第一块计数到 15（1111）时，CO 变为 1，下个脉冲信号到达时第二块为计数工作状态，计入 1，而第一块计数到 0（0000），它的 CO 端回到低电平，第二块保持原状态不变。因为十进制数 50 对应的二进制数为 0011 0010，所以当第二块计数到 3（0011），第一块计数到 2（0010）时，通过与非门控制第一块和第二块同时清零，从而实现从 0000 0000 到 0011 0001 的五十进制计数。在此电路工作中，0011 0010 状态会瞬间出现，但并不属于计数器的有效状态。

例 13.4　试用一块双 BCD 同步十进制加法计数器 CD4518 构成二十四进制计数器。

解：CD4518 内含两个功能完全相同的十进制计数器。每当个位计数器计数到 9（1001）时，下个 CP 脉冲信号到达，即个位计数器计数到 0（0000）时，十位计数器的 2EN 端获得一个脉冲下降沿，使十位计数器处于计数工作状态，计入 1。当十位计数器计数到 2（0010），个位计数器计数到 4（0100）时，通过与门控制十位计数器和个位计数器同时清零，从而实现二十四进制计数，如图 13.22 所示。

例 13.5　试用一块双 BCD 同步十进制加法计数器 CD4518 构成六十进制计数器，如图 13.23 所示。

解：CD4518 内含两个功能完全相同的十进制计数器。每当个位计数器计数到 9（1001）时，下个 CP 脉冲信号到达，即个位计数器计数到 0（0000）时，十位计数器的 2EN 端获得一个脉冲下降沿，使十位计数器处于计数工作状态，计入 1。当十位计数器计数到 6（0110）时，通过与门控制十位计数器清零，从而实现六十进制计数。

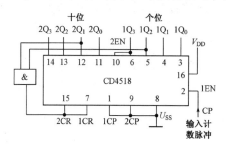
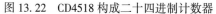
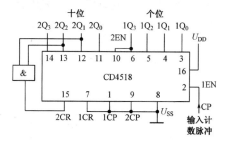

图 13.22　CD4518 构成二十四进制计数器　　图 13.23　CD4518 构成六十进制计数器

例 13.6　试用一块双十进制计数器 74LS390 构成六十进制计数器，如图 13.24 所示。

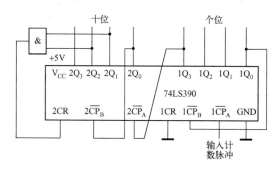

图 13.24　74LS390 构成六十进制计数器

解：（1）先将图中 $1Q_0$ 连接 $1\overline{CP}_B$，$2Q_0$ 连接 $2\overline{CP}_B$，使 74LS390 接成十进制计数器。

（2）$1Q_3$ 连接 $2\overline{CP_A}$，每当个位计数器计数到 9（1001）时，下个脉冲信号到达，即个位计数器计数到 0（0000）时，十位计数器的 $2\overline{CP_A}$ 端获得一个脉冲下降沿，使十位计数器处于计数工作状态，计入 1。当十位计数器计数到 6（0110）时，通过与门控制十位计数器清零，从而实现六十进制计数。

 自我测试 28

自我测试 28

1.（单选题）数字电路分成两大类，一类是组合逻辑电路，另一类是时序逻辑电路，具有记忆功能的是（　　）电路。

A. 组合逻辑　　　　　　　　　　B. 时序逻辑

2.（单选题）下列逻辑电路中为时序逻辑电路的是（　　）。

A. 译码器　　　　B. 加法器　　　　C. 计数器　　　　D. 数据选择器

3.（单选题）4 位二进制加法计数器现时的状态为 0111，当下一个时钟脉冲到来时，计数器的状态变为（　　）。

A. 1000　　　　　B. 0110　　　　　C. 1001　　　　　D. 0101

4.（判断题）时序逻辑电路的输出状态仅与输入状态有关。（　　）

A. 正确　　　　　　　　　　　　B. 错误

5.（判断题）构成六十四进制计数器至少需要两块双 BCD 同步十进制加法计数器 CD4518。（　　）

A. 正确　　　　　　　　　　　　B. 错误

13.2 【知识链接】　数字电子钟的电路组成与工作原理

数字电子钟是采用数字电路对"时""分""秒"数字显示的计时装置。与传统的机械钟相比，它具有走时准确、显示直观、无机械传动等优点，广泛应用于电子手表和车站、码头、机场等公共场所的大型电子钟。

13.2.1　电路组成

图 13.25 所示为数字电子钟的组成框图。由图可知，该数字电子钟由秒脉冲发生器（包括晶体振荡器和分频器）、"秒""分""时"计数器、译码显示器、校时电路和报时电路 5 部分电路组成。

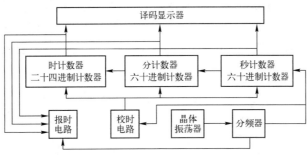

图 13.25　数字电子钟的组成框图

13.2.2　电路工作原理

1. 秒脉冲发生电路

秒脉冲发生电路产生频率为 1Hz 的时间基准信号。数字电子钟大多采用 32768（2^{15}）Hz 石英晶体振荡器，经过十五级二分频，获得 1Hz 的秒脉冲，秒脉冲信号发生电路如图 13.26 所示。该电路主要应用 CD4060。CD4060 是十四级二进制计数器/分频器/振荡器，它与外接电阻、电容、石英晶体共同组成 2^{15} = 32768Hz 振荡器，并进行十四级二分频，外加一级 D 触发器（74LS74）二分频，输出 1Hz 的秒时基信号。CD4060 的引脚排列图如图 13.27 所示。表 13.4 所示为 CD4060 的功能表。图 13.28 所示为 CD4060 的内部逻辑框图。

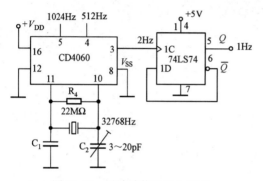

图 13.26　秒脉冲信号发生电路

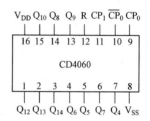

图 13.27　CD4060 的引脚排列图

表 13.4　CD4060 的功能表

R	CP	功　能
1	×	清零
0	↑	不变
0	↓	计数

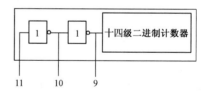

图 13.28　CD4060 的内部逻辑框图

R_4 是反馈电阻，可使 CD4060 内非门电路工作在电压传输特性的过渡区，即线性放大区。R_4 的阻值可在几兆欧姆到几十兆欧姆之间选择，一般取 22MΩ。C_2 是微调电容，可将振荡频率调整到精确值。

2. 计数器电路

"秒""分""时"计数器电路均采用双 BCD 同步加法计数器 CD4518，如图 13.29 所示的"秒""分"计数器是六十进制计数器，为便于应用 8421BCD 码显示译码器工作，"秒""分"个位采用十进制计数器，十位采用六进制计数器。"时"计数器是二十四进制计数器，如图 13.30 所示。

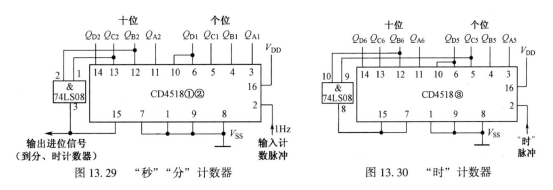

图 13.29　"秒""分"计数器　　　　　图 13.30　"时"计数器

3. 译码和显示电路

"时""分""秒"的译码和显示电路完全相同，均使用七段显示译码器 74LS248 直接驱动发光数码管 LC5011-11。图 13.31 所示为秒位译码器显示电路。74LS248 和 LC5011-11 的引脚排列图如图 13.32 所示。

4. 校时电路

校时电路如图 13.33 所示。"秒"校时采用等待时法。正常工作时，将开关 S_1 拨向 V_{DD} 位置，不影响与门 G_1 传送秒计数信号。进行校对时，将 S_1 拨向接地位置，封闭与门 G_1，暂停秒计时。标准时间一到，立即将 S_1 拨回 V_{DD} 位置，开放与门 G_1。"分"和"时"校时采用加速校时法。正常工作时，S_2 或 S_3 接地，封闭与门 G_3 或 G_5，不影响或门 G_2 或 G_4 传送秒、分进位计数脉冲。进行校对时，将 S_2、S_3 拨向 V_{DD} 位置，秒脉冲通过 G_2、G_3 门或 G_4、G_5 门直接引入"分""时"计数器，让"分""时"计数器以秒节奏快速计数。待标准分、时一到，立即将 S_2、S_3 拨回接地位置，封锁秒脉冲信号，开放或门 G_4、G_2 对秒、分进位计数脉冲的传送。

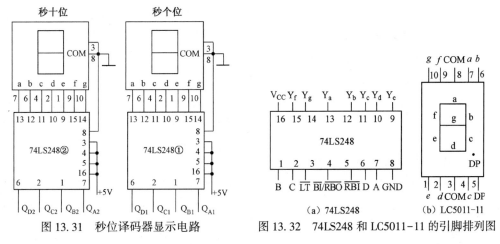

图 13.31　秒位译码器显示电路　　　　图 13.32　74LS248 和 LC5011-11 的引脚排列图

5. 整点报时电路

整点报时电路如图 13.34 所示，包括控制和音响两部分。当"分""秒"计数器计到 59 分 51 秒时，自动驱动音响电路发出 5 次持续 1 秒的鸣叫，前 4 次音调低，第 5 次音调高。最后一次鸣叫结束，计数器正好为整点（00 分 00 秒）。

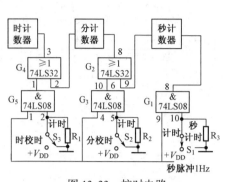

图 13.33　校时电路

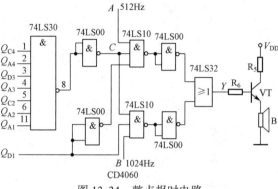

图 13.34　整点报时电路

（1）控制电路。当分、秒计数器计到 59 分 51 秒，即

$$Q_{D4}Q_{C4}Q_{B4}Q_{A4} = 0101$$

$$Q_{D3}Q_{C3}Q_{B3}Q_{A3} = 1001$$

$$Q_{D2}Q_{C2}Q_{B2}Q_{A2} = 0101$$

$$Q_{D1}Q_{C1}Q_{B1}Q_{A1} = 0001$$

时，开始鸣叫报时。此间，只有秒个位计数，所以

$$Q_{C4} = Q_{A4} = Q_{D3} = Q_{A3} = Q_{C2} = Q_{A2} = Q_{A1} = 1$$

另外，时钟到达 51 秒、53 秒、55 秒、57 秒和 59 秒（$Q_{A1} = 1$）时就鸣叫。为此，将 Q_{C4}、Q_{A4}、Q_{D3}、Q_{A3}、Q_{C2}、Q_{A2} 和 Q_{A1} 逻辑相与作为控制信号：

$$C = Q_{C4}Q_{A4}Q_{D3}Q_{A3}Q_{C2}Q_{A2}Q_{A1}$$

所以

$$Y = C\,\overline{Q_{D1}}A + CQ_{D1}B$$

在 51 秒、53 秒、55 秒和 57 秒时，$Q_{D1} = 0$，$Y = A$，扬声器以 512Hz 音频鸣叫 4 次。在 59 秒时，$Q_{D1} = 1$，$Y = B$，扬声器以 1024Hz 高音频鸣叫最后一次。报时电路中的 512Hz 低音频信号 A 和 1024Hz 高音频信号 B 分别取自 CD4060 的 Q_6 和 Q_5。

（2）音响电路。音响电路采用射极输出器 VT 驱动扬声器，R_6、R_5 用于限流。

小　结

1. 数字电路可以分成两大类：组合逻辑电路和时序逻辑电路。

2. 组合逻辑电路主要由门电路组成，组合逻辑电路的特点是无反馈连接的电路，没有记忆单元，其任意时刻的输出状态仅取决于该时刻的输入状态。在前面几个项目中学习过的编码器、译码器、加法器、数据选择器等均属于组合逻辑电路。

3. 时序逻辑电路主要由具有记忆功能的触发器组成，时序逻辑电路的特点是其任意时刻的输出状态不仅取决于该时刻的输入状态，还与电路原有的状态有关。计数器是极具典型性和代表性的时序逻辑电路，它的应用十分广泛。

4. 获得 N 进制计数器常用的方法有两种：一种是用时钟触发器和门电路进行设计；另一种是由集成计数器构成。第二种利用清零端或置数控制端，让电路跳过某些状态而获得 N 进制计数器。

习　题　13

一、填空题

13.1　构成一个六进制计数器最少要采用＿＿＿＿个触发器，这时构成的电路有＿＿＿＿个有效状态，＿＿＿＿个无效状态。

13.2　使用 4 个触发器构成的计数器最多有＿＿＿＿个有效状态。

13.3　4 位二进制加法计数器现时的状态为 0111，当下一个时钟脉冲到来时，计数器的状态变为＿＿＿＿。

二、计算题

13.4　试用 74LS161 构成七进制计数器。

13.5　用两块 74LS161 级联成六十进制计数器。

13.6　试用一块双 BCD 同步十进制加法计数器 CD4518 构成六十四进制计数器。

13.7　试分析如图 13.35 所示的计数器电路，说明这是多少进制的计数器，并列出状态转换图。

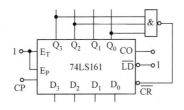

图 13.35　习题 13.7 图

参 考 文 献

[1]　中国集成电路大全编写委员会. 中国集成电路大全 [M]. 北京：国防工业出版社, 1985.

[2]　黄永定. 电子实验综合实训教程 [M]. 北京：机械工业出版社, 2004.

[3]　石小法. 电子技能与实训 [M]. 北京：高等教育出版社, 2002.

[4]　卢庆林. 数字电子技术基础实验与综合训练 [M]. 北京：高等教育出版社, 2004.

[5]　韦鸿. 电子技术基础 [M]. 北京：电子工业出版社, 2007.

[6]　李传珊. 新编电子技术项目教程 [M]. 北京：电子工业出版社, 2007.

[7]　杨碧石, 何其贵. 模拟电子技术基础 [M]. 北京：北京航空航天大学出版社, 2006.

[8]　蔡大华. 模拟电子技术基础 [M]. 北京：清华大学出版社, 2008.

[9]　章彬宏, 吴青萍. 模拟电子技术 [M]. 北京：北京理工大学出版社, 2009.

[10]　康华光. 电子技术基础 [M]. 北京：人民教育出版社, 1980.

[11]　吴伯英. 电子基本知识与技能 [M]. 北京：中国建筑工业出版社, 2005.